合格精選360題

一陸技

第一級陸上無線技術士
試験問題集 第4集

吉川忠久 著

東京電機大学出版局

はじめに

合格をめざして

第一級陸上無線技術士（一陸技）の免許は，無線従事者として放送局や固定局などの無線局の無線設備を運用する，あるいはメーカーなどでそれらの無線設備を保守するエンジニアとして勤務するときに必要な資格です．そこで国家試験では，これらに勤務するエンジニアとして必要な知識があるかどうかが判断されます．

したがって，国家試験に合格すればその知識が証明されるわけです．当然，常に国家試験に合格できる実力を持っているのに越したことはありませんが，逆に，国家試験に合格すれば，その実力がどの程度であろうと，能力があることが証明されるのです．

本書は，国家試験に合格できることをめざして，まとめたものです．しかし，第一級総合無線通信士と並ぶ，無線従事者のトップレベルの資格である，第一級陸上無線技術士の実力が身につくことを保証するものではありません．

国家試験は，合格するためにあるのです！！

なるべく，効率よく学習して合格できればあいた時間を有効に使えるではありませんか．

技術者はいずれにしても日々勉強です．効率よく国家試験に合格したら，あいた時間を技術者としての能力をみがくために活用してください．

第3集が出版されてから，数年が経過しています．国家試験の出題範囲などの状況は変わっていませんが，多数の新しい問題が出題されています．そこで，本書では，近年出題された新しい問題を収録しています．

本書を繰り返し学習すれば，合格点をとる力は十分つきますが，一陸技の国家試験で出題される問題の種類は，かなり多いので，第3集も合わせて活用すると，より効果的な学習が望めます．

また，マスコットキャラクターが，問題のヒントや解説のポイントなどを教えてくれますので，楽しく学習して一陸技の資格を取得しましょう．

一陸技を取ろう！

2020年1月

筆者しるす

もくじ

合格のための本書の使い方 ……………………………………………………… *iii*

無線工学の基礎 ……………………………………………………………………… 1
 電気物理
 電気回路
 半導体・電子管
 電子回路
 電気磁気測定

無線工学A ……………………………………………………………………… 95
 放送
 変調理論
 変復調器
 送受信機
 電源
 電波航法
 衛星通信
 伝送方式
 測定

無線工学B ……………………………………………………………………… 192
 アンテナ理論
 給電線
 アンテナの実際
 電波伝搬
 測定

電波法規 ……………………………………………………………………… 289
 無線局の免許
 無線設備
 無線従事者
 運用
 監督

合格のための本書の使い方

　無線従事者国家試験の出題の形式は，マークシートによる多肢選択式の試験問題です．学習の方法も問題形式に合わせて対応していかなければなりません．

　国家試験問題を解く際に，特に注意が必要なことをあげると，

　　1　どのような範囲から出題されるかを知る．
　　2　問題の中でどこがポイントかを知る．
　　3　計算問題は必要な公式を覚える．
　　4　問題文をよく読んで問題の構成を知る．
　　5　わかりにくい問題は繰り返し学習する．

　本書は，これらのポイントに基づいて，効率よく学習できるように構成されています．

ページの表に問題・裏に解答解説

　まず，問題を解いてみましょう．

　次に，問題のすぐ次のページに解答が，必要に応じて解説（ミニ解説もあります．）も収録されていますので，答えを確かめてください．間違った問題は問題文と解説をよく読んで，内容をよく理解してから次の問題に進んでください．

　また，問題のヒントや解説のポイントなどはマスコットキャラクターが教えてくれますので，楽しく学習することができます．

国家試験の傾向に沿った問題をセレクト

　問題は，国家試験の既出問題およびその類題をセレクトし，各項目別にまとめてあります．

　また，国家試験の出題に合わせて各項目の問題数を決めてありますので，出題される範囲をバランスよく効率的に学習することができます．

チェックボックスを活用しよう

　各問題には，チェックボックスがあります．正解した問題をチェックするか，あるいは正解できなかった問題をチェックするなど，工夫して活用してください．

　チェックボックスを活用して，不得意な問題が確実にできるようになるまで，繰り返し学習してください．

▌問題をよく読んで

　解答が分かりにくい問題では，問題文をよく読んで問題の意味を理解してください．何を問われているのかが理解できれば，選択肢もおのずと絞られてきます．すべての問題について正解するために必要な知識がなくても，ある程度正解に近づくことができます．

　また，穴埋め問題では，その問題の穴以外の部分が穴埋めになって出題されることがありますので，穴埋めの部分のみを覚えるのではなく，それ以外のところもよく読んで，覚えてください．

▌解説をよく読んで

　問題の解説では，その問題に必要な知識を取り上げるとともに，類問が出題されたときにも対応できるように，必要な内容を説明してありますので，合わせて学習してください．

　計算問題では，必要な公式を示してあります．公式は覚えておいて，類問に対応できるようにしてください．

▌いつでも・どこでも・繰り返し

　学習の基本は，何度も繰り返し学習して覚えることです．

　いつでも本書を持ち歩いて，すこしでも時間があれば本書を取り出して学習してください．案外，短時間でも集中して学習すると効果が上がるものです．

　一陸技の問題は，既出問題といっても全く同じ問題が出題されることはまれです．類問に対応するためには，解答のみを覚えるのではなく内容が理解できるように，繰り返し学習することが重要です．

　本書は，すべての分野を完璧に学習できることを目指して構成されているわけではありません．したがって，新しい傾向の問題もすべて解答できる実力がつくとはいえないでしょう．しかし，本書を活用することによって国家試験で合格点（60%）をとる力は十分につきます．

　国家試験の出題範囲が広いからといって，やみくもにいくつもの本を読みあさるより，本書の内容を繰り返し学習することが効率よく合格するこつです．

傾向と対策

試験問題の形式と合格点

　各科目5肢（電波法規は4肢）択一式のA問題が20問（電波法規は15問），穴埋め補完式および正誤式で五つの設問のあるB問題が5問の合わせて25問（電波法規は20問）出題されます．

　A問題は1問5点，B問題は一つの設問が1点で1問5点，合計して125点（電波法規は100点）満点のうち60%以上の75点（電波法規は60点）以上が合格です．

　本書の問題は，国家試験の問題と同じ形式で構成されていますので，問題を学習するうちに問題の形式に慣れることができます．

出題範囲および出題数

　効率良く合格するには，どの項目から何問出題されるかを把握しておき，確実に合格ライン（60%）に到達できるように学習しなければなりません．

　各試験科目で出題される項目と各項目ごとの標準的な問題数を次表に示します．各項目の問題数は試験期によって，増減することがありますが，合計の問題数は変わりません．

試験の科目　無線工学の基礎	
項目	問題数
電気物理	5
電気回路	5
半導体・電子管	5
電子回路	5
電気磁気測定	5

試験の科目　無線工学B	
項目	問題数
アンテナ理論	5
給電線	5
アンテナの実際	5
電波伝搬	5
測定	5

試験の科目　無線工学A	
項目	問題数
放送	1
変調理論	2
変復調器	3
送受信機	4
電源	2
電波航法	2
衛星通信	1
伝送方式	4
測定	6

試験科目　電波法規	
項目	問題数
無線局の免許	5
無線設備	6
無線従事者	2
運用	4
監督	3

試験問題の実際

試験問題の例を次に示します.

第一級陸上無線技術士「無線工学の基礎」試験問題

25問 2時間30分

A-1 次の記述は、図に示すように、真空中で、半径 a [m] の球の体積内に一様に Q [C] の電荷が分布しているとしたときの電界について述べたものである。□ 内に入れるべき字句の正しい組合せを下の番号から選べ。ただし、球の中心 O から r [m] 離れた点を P とし、真空の誘電率を ε_0 [F/m] とする。なお、同じ記号の □ 内には、同じ字句が入るものとする。

(1) 図1のように P が球の外部（$r > a$）のとき、P の電界の強さを E_0 [V/m] として、ガウスの定理を当てはめると次式が成り立つ。

$$E_0 \times 4\pi r^2 = \boxed{A} \quad \cdots\cdots\cdots \quad ①$$

(2) 式①から E_0 は、次式で表される。

$$E_0 = \frac{1}{4\pi r^2} \times \boxed{A} \quad [V/m]$$

(3) 図2のように P が球の内部（$r \leqq a$）のとき、電界の強さを E_1 [V/m] として、ガウスの定理を当てはめると次式が成り立つ。

$$E_1 \times 4\pi r^2 = \boxed{B} \quad \cdots\cdots\cdots \quad ②$$

(4) 式②から E_1 は、次式で表される。

$$E_1 = \boxed{C} \quad [V/m]$$

図1　　　　　図2

	A	B	C
1	$\dfrac{\varepsilon_0}{Q}$	$\dfrac{Q r^2}{\varepsilon_0 a^2}$	$\dfrac{Q r^2}{4\pi \varepsilon_0 a^2}$
2	$\dfrac{\varepsilon_0}{Q}$	$\dfrac{Q r^3}{\varepsilon_0 a^3}$	$\dfrac{Q r}{4\pi \varepsilon_0 a^3}$
3	$\dfrac{Q}{\varepsilon_0}$	$\dfrac{Q r^2}{\varepsilon_0 a^2}$	$\dfrac{Q r}{4\pi \varepsilon_0 a^3}$
4	$\dfrac{Q}{\varepsilon_0}$	$\dfrac{Q r^3}{\varepsilon_0 a^3}$	$\dfrac{Q r}{4\pi \varepsilon_0 a^3}$
5	$\dfrac{Q}{\varepsilon_0}$	$\dfrac{Q r^2}{\varepsilon_0 a^2}$	$\dfrac{Q r^2}{4\pi \varepsilon_0 a^2}$

A-2 図に示すように、I [A] の直流電流が流れている半径 r [m]、巻数1回の円形コイル A の中心 O から $4r$ [m] 離れて $8\pi I$ [A] の直流電流が流れている無限長の直線導線 B があるとき、O における磁界の強さ H_0 [A/m] を表す式として、正しいものを下の番号から選べ。ただし、A の面は紙面上にあり、B は紙面に直角に置かれているものとする。

1 $H_0 = \dfrac{\sqrt{2}\, Ir}{2}$

2 $H_0 = \dfrac{\sqrt{5}\, Ir}{2}$

3 $H_0 = \dfrac{\sqrt{2}\, I}{2\,r}$

4 $H_0 = \dfrac{\sqrt{5}\, I}{3\,r}$

5 $H_0 = \dfrac{\sqrt{5}\, I}{2\,r}$

直線導線 B に流れる電流の方向は、紙面の裏から表の方向とする。

試験問題の例（無線工学の基礎の問題）（B4判）

第一級陸上無線技術士 「法規」 試験問題

20問 2時間

A-1 次に掲げる者のうち、総務大臣が無線局 (注) の免許を与えないことができる者に該当するものはどれか。電波法 (第5条) の規定に照らし、下の1から4までのうちから一つ選べ。

　　注　基幹放送をする無線局 (受信障害対策中継放送、衛星基幹放送及び移動受信用地上基幹放送をする無線局を除く。) を除く。

1　無線局を廃止し、その廃止の日から2年を経過しない者

2　無線局の免許の有効期間満了により免許が効力を失い、その効力を失った日から2年を経過しない者

3　無線局の予備免許の際に指定された工事落成の期限経過後2週間以内に工事が落成した旨の届出がなかったことにより、電波法第11条 (免許の拒否) の規定により免許を拒否され、その拒否の日から2年を経過しない者

4　不正な手段により無線局の免許を受け、電波法第76条 (無線局の免許の取消し等) の規定により無線局の免許の取消しを受け、その取消しの日から2年を経過しない者

A-2 次の記述は、無線局の免許の申請について述べたものである。電波法 (第6条) の規定に照らし、　　　内に入れるべき最も適切な字句の組合せを下の1から4までのうちから一つ選べ。なお、同じ記号の　　　内には、同じ字句が入るものとする。

① 次に掲げる無線局 (総務省令で定めるものを除く。) であって総務大臣が公示する　A　の免許の申請は、総務大臣が公示する期間内に行わなければならない。

(1)　B　を行うことを目的として陸上に開設する移動する無線局 (1又は2以上の都道府県の区域の全部を含む区域をその移動範囲とするものに限る。)

(2)　B　を行うことを目的として陸上に開設する移動しない無線局であって、(1)に掲げる無線局を通信の相手方とするもの

(3)　B　を行うことを目的として開設する人工衛星局

(4)　C

② ①の期間は、1月を下らない範囲内で周波数ごとに定める期間とし、①の規定による期間の公示は、免許を受ける無線局の無線設備の設置場所とすることができる区域の範囲その他免許の申請に資する事項を併せ行うものとする。

	A	B	C
1	周波数を使用するもの	電気通信業務又は公共業務	重要無線通信を行う無線局
2	周波数を使用するもの	電気通信業務	基幹放送局
3	地域に開設するもの	電気通信業務又は公共業務	基幹放送局
4	地域に開設するもの	電気通信業務	重要無線通信を行う無線局

A-3 無線設備の変更の工事について総務大臣の許可を受けた免許人は、どのような手続を執った後でなければ、許可に係る無線設備を運用してはならないことになっているか。電波法 (第18条) の規定に照らし、下の1から4までのうちから一つ選べ。

1　無線設備の変更の工事を行った免許人は、総務省令で定める場合を除き、その工事の結果を記載した書類を添えてその工事が完了した旨を総務大臣に届け出た後でなければ、許可に係る無線設備を運用してはならない。

2　無線設備の変更の工事を行った免許人は、総務省令で定める場合を除き、総務大臣の検査を受け、当該無線設備の変更の工事の結果が許可の内容に適合していると認められた後でなければ、許可に係る無線設備を運用してはならない。

3　無線設備の変更の工事を行った免許人は、総務省令で定める場合を除き、登録検査等事業者 (注) の検査を受け、当該無線設備の変更の工事の結果が電波法第3章 (無線設備) に定める技術基準に適合していると認められた後でなければ、許可に係る無線設備を運用してはならない。

　　注　登録検査等事業者とは、電波法第24条の2 (検査等事業者の登録) 第1項の登録を受けた者をいう。

4　無線設備の変更の工事を行った免許人は、当該許可に係る無線設備を運用しようとするときは、総務省令で定める場合を除き、申請書に、その工事の結果を記載した書類を添えて総務大臣に提出し、その運用について許可を受けた後でなければ、当該許可に係る無線設備を運用してはならない。

試験問題の例 (法規の問題) (B4 判)

受験の手引き

実施時期　毎年1月，7月

申請時期　1月の試験は，11月1日から11月20日まで

　　　　　　7月の試験は，5月1日から5月20日まで

　(注) 試験地，日時，受付期間などについては，(公財)日本無線協会 (以下「協会」といいます.) のホームページで確認してください.

(公財)日本無線協会の
ホームページ
https://www.nichimu.or.jp/

申請方法　協会のホームページ (https://www.nichimu.or.jp/) からインターネットを利用してパソコンやスマートフォンを使って申請します.

申請時に提出する写真　デジタルカメラなどで撮影した顔写真を試験申請に際してアップロード (登録) します. 受験の際には，顔写真の持参は不要です.

インターネットによる申請　インターネットを利用して申請手続きを行うときの流れを次に示します.

　(ア) 協会のホームページから「無線従事者国家試験等申請・受付システム」にアクセスします.

　(イ)「個人情報の取り扱いについて」をよく確認し，同意される場合は，「同意する」チェックボックスを選択の上，「申請開始」へ進みます.

　(ウ) 初めての申請またはユーザ未登録の申請者の場合，「申請開始」をクリックし，画面にしたがって試験申請情報を入力し，顔写真をアップロードします.

　(エ)「整理番号の確認・試験手数料の支払い手続き」画面が表示されるので，試験手数料の支払方法をコンビニエンスストア，ペイジー (金融機関ATMやインターネットバンキング) またはクレジットカードから選択します.

　(オ)「お支払いの手続き」画面の指示にしたがって，試験手数料を支払います.

　支払期限日までに試験手数料の支払を済ませておかないと，申請の受付が完了しないので注意してください. 手数料は協会のホームページの試験案内で確認してください.

受験票の送付　受験票は試験期日のおよそ2週間前に電子メールにより送付されます.

試験当日の注意　電子メールにより送付された受験票を自身で印刷 (A4サイズ) して試験会場へ持参します. 試験開始時刻の15分前までに試験場に入場します. 受験票の注意をよく読んで受験してください.

試験の免除　次の場合に試験科目の一部が免除されますが，あらかじめ申請書にその内容を記載しなければなりません. 免除の詳細については，協会のホームページなどで確認して受験申請をしてください.

・科目合格

　国家試験で，合格点を得た試験科目のある者が，その試験科目の試験の行われた月の

翌月の始めから起算して，**3年以内**に実施されるその資格の国家試験を受験する場合は，その資格の合格点を得た試験科目が免除されます．

・一定の資格を有する者

　　第一級総合無線通信士の資格を有する者は，法規の科目が免除されます．伝送交換主任技術者の資格を有する者は，無線工学の基礎，無線工学Aの科目が免除されます．線路主任技術者の資格を有する者は，無線工学の基礎の科目が免除されます．

・業務経歴を有する者

　　第二級陸上無線技術士又は第一級総合無線通信士の資格を有する者で無線局（アマチュア局を除く．）の無線設備の操作に**3年以上**従事した業務経歴を有する者は，無線工学の基礎，法規の科目が免除されます．

・認定学校等の卒業者

　　総務大臣の認定を受けた学校等を卒業した者が，その学校等の卒業の日から**3年以内**に実施される国家試験を受験する場合は，無線工学の基礎の科目が免除されます．

試験結果の通知　　試験会場で知らされる試験結果の発表日以降になると，協会の結果発表のホームページで試験結果を確認することができます．また，試験結果通知書も結果発表のホームページでダウンロードすることができます．

最新の国家試験問題

　　最近行われた国家試験問題と解答（直近の過去2期分）は，協会のホームページからダウンロードすることができます．試験の実施前に，前回出題された試験問題をチェックすることができます．

　　また，受験した国家試験問題は持ち帰れますので，試験終了後に発表されるホームページの解答によって，自己採点して合否をあらかじめ確認することができます．

無線従事者免許の申請

　　国家試験に合格したときは，無線従事者免許を申請します．定められた様式の申請書は総務省の電波利用ホームページより，ダウンロードできますので，これを印刷して使用します．

　　添付書類等は次のとおりです．

　　　（ア）氏名及び生年月日を証する書類（住民票の写しなど．ただし，申請書に住民票コードまたは現に有する無線従事者の免許の番号などを記載すれば添付しなくてもよい．）

　　　（イ）手数料（収入印紙を申請書に貼付する．）

　　　（ウ）写真1枚（縦30mm×横24mm．申請書に貼付する．）

　　　（エ）返信先（住所，氏名等）を記載し，切手を貼付した免許証返信用封筒

チェックボックスの使い方

問題には，下図のようなチェックボックスが設けられています．

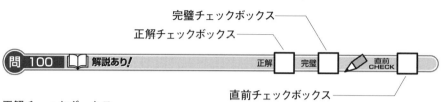

完璧チェックボックス
正解チェックボックス
問 100 解説あり！ 正解 ☐ 完璧 ☐ 直前CHECK ☐
直前チェックボックス

正解チェックボックス

　まず，一通りすべての問題を解いてみて，正解した問題は正解チェックボックスにチェックをします．このとき，あやふやな理解で正解したとしてもチェックしておきます．

完璧チェックボックス

　すべての問題の正解チェックが済んだら，次にもう一度すべての問題に解答します．今度は，問題および解説の内容を完全に理解したら，完璧チェックボックスにチェックをします．

直前チェックボックス

　すべての完璧チェックができたら，ほぼこの問題集はマスターしたことになりますが，試験の直前に確認しておきたい問題，たとえば計算に公式を使ったものや専門的な用語，電波法規の表現などで間違いやすいものがあれば，直前チェックボックスにチェックをしておきます．そして，試験会場での試験直前の見直しに利用します．

　直前に何を見直すかの内容，あるいは重要度などに対応したチェックの種類や色を自分で決めて，下のチェック表に記入してください．試験直前に，チェックの種類を確認して見直しをすることができます．

（例）

◤	重要な公式	◤	重要な用語
☐		☐	
☐		☐	

問題のヒントや解説のポイントなどはマスコットキャラクターが教えてくれます．

注意 チューいしてね．　　！ なるほどね．　　ポイントや重要なことだよ．

解答のテクニックだよ．　　ヒントだよ．

問題

問 1　📖 解説あり！　正解 □　完璧 □　✏ 直前 CHECK □

　次の記述は，図に示すように，電界が一様な平行平板電極間 (PQ) に，速度 v [m/s] で電極に平行に入射する電子の運動について述べたものである．[　]内に入れるべき字句の正しい組合せを下の番号から選べ．ただし，電界の強さを E [V/m] とし，電子はこの電界からのみ力を受けるものとする．また，電子の電荷を $-q$ [C] $(q > 0)$，電子の質量を m [kg] とする．

(1) 電子が受ける電界の方向の加速度の大きさ α は，$\alpha =$ [　A　] [m/s^2] である．
(2) 電子が電極間を通過する時間 t は，$t =$ [　B　] [s] である．
(3) 電子が電極を抜けるときの電界方向の偏位の大きさ y は，$y =$ [　C　] [m] である．

	A	B	C
1	qE/m	l/v	$qEl^2/(2mv^2)$
2	qE/m	$l/(2v)$	$qEl^2/(2mv^2)$
3	qE/m	l/v	$2qEl/(mv^2)$
4	$2qE/m$	l/v	$qEl^2/(2mv^2)$
5	$2qE/m$	$l/(2v)$	$2qEl/(mv^2)$

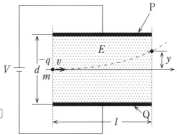

d：PQ 間の距離 [m]
l：P および Q の長さ [m]
V：直流電圧 [V]

問 2　📖 解説あり！　正解 □　完璧 □　✏ 直前 CHECK □

　図に示すように，真空中で $2r$ [m] 離れた点 a および b にそれぞれ点電荷 Q [C] $(Q > 0)$ が置かれているとき，線分 ab の中点 c と，c から線分 ab に垂直方向に $\sqrt{3}\,r$ [m] 離れた点 d との電位差の値として，正しいものを下の番号から選べ．ただし，真空の誘電率を ε_0 [F/m] とする．

1　$\dfrac{Q}{2\pi\varepsilon_0 r}$ [V]　　2　$\dfrac{Q}{2\pi\varepsilon_0 r^2}$ [V]

3　$\dfrac{Q}{4\pi\varepsilon_0 r}$ [V]　　4　$\dfrac{Q}{4\pi\varepsilon_0 r^2}$ [V]

5　$\dfrac{4Q}{\pi\varepsilon_0 r}$ [V]

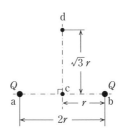

📖 解説➡問1

(1) y 方向の電界 E〔V/m〕によって，電子の電荷 q に働く力は $F=qE$〔N〕である．また，運動方程式より $F=m\alpha$〔N〕となるので，加速度 α〔m/s^2〕は，次式で表される．

$$\alpha = \frac{F}{m} = \frac{qE}{m}\ \text{〔m/s}^2\text{〕} \qquad\qquad \cdots\cdots(1)$$

(2) x 軸方向の長さ l〔m〕の電極間を速度 v〔m/s〕で通過する時間 t〔s〕は，次式で表される．

$$t = \frac{l}{v}\ \text{〔s〕} \qquad\qquad \cdots\cdots(2)$$

(3) t 時間後の y 軸方向の偏位 y〔m〕は，式 (1)，(2) より，次式で表される．

$$y = \int_0^t \alpha t\,dt = \frac{qE}{m}\int_0^t t\,dt = \frac{qE}{m}\times\frac{t^2}{2} = \frac{qEl^2}{2mv^2}\ \text{〔m〕}$$

📖 解説➡問2

点 ad 間および bd 間の距離 r_d〔m〕は，次式で表される．

$$r_d = \sqrt{r^2 + (\sqrt{3}\,r)^2} = \sqrt{r^2 + 3r^2} = 2r\ \text{〔m〕} \qquad\qquad \cdots\cdots(1)$$

いくつかの電荷によって発生する電位は，それぞれの電位のスカラ和として求めることができる．点 a および点 b の電荷によって点 d に発生する電位 V_d〔V〕は，次式で表される．

$$V_d = 2\times\frac{Q}{4\pi\varepsilon_0\times 2r} = \frac{Q}{4\pi\varepsilon_0 r}\ \text{〔V〕} \qquad\qquad \cdots\cdots(2)$$

点 ac 間および bc 間の距離は r〔m〕だから，点 a および点 b の電荷によって点 c に発生する電位 V_e〔V〕は，次式で表される．

$$V_e = 2\times\frac{Q}{4\pi\varepsilon_0 r} = \frac{Q}{2\pi\varepsilon_0 r}\ \text{〔V〕} \qquad\qquad \cdots\cdots(3)$$

点 c と点 d 間の電位差 V_{ed}〔V〕は，式 (2) と (3) を用いて，次式によって求めることができる．

$$V_{ed} = V_e - V_d = \frac{Q}{2\pi\varepsilon_0 r} - \frac{Q}{4\pi\varepsilon_0 r} = \frac{Q}{4\pi\varepsilon_0 r}\ \text{〔V〕}$$

電界はベクトル，電位はスカラだよ．スカラは方向を考えなくてよいので，(+) (-) の符号に注意して足せばいいんだよ．

解答 問1➡1　問2➡3

問題

問 3　　　　　　　　　　　　　正解 □　完璧 □　✎ 直前 CHECK □

　次の記述は，図に示すように，真空中で，半径 a 〔m〕の球の体積内に一様に Q 〔C〕の電荷が分布しているとしたときの電界について述べたものである．□内に入れるべき字句の正しい組合せを下の番号から選べ．ただし，球の中心 O から r 〔m〕離れた点を P とし，真空の誘電率を ε_0 〔F/m〕とする．なお，同じ記号の□内には，同じ字句が入るものとする．

(1) 図 1 のように P が球の外部 $(r>a)$ のとき，P の電界の強さを E_o 〔V/m〕として，ガウスの定理を当てはめると次式が成り立つ．

$$E_o \times 4\pi r^2 = \boxed{\text{A}} \qquad\qquad \cdots\cdots \text{①}$$

(2) 式①から E_o は，次式で表される．

$$E_o = \frac{1}{4\pi r^2} \times \boxed{\text{A}} \ \text{〔V/m〕}$$

(3) 図 2 のように P が球の内部 $(r \leqq a)$ のとき，電界の強さを E_i 〔V/m〕として，ガウスの定理を当てはめると次式が成り立つ．

$$E_i \times 4\pi r^2 = \boxed{\text{B}} \qquad\qquad \cdots\cdots \text{②}$$

(4) 式②から E_i は，次式で表される．

$$E_i = \boxed{\text{C}} \ \text{〔V/m〕}$$

	A	B	C
1	$\dfrac{\varepsilon_0}{Q}$	$\dfrac{Qr^2}{\varepsilon_0 a^2}$	$\dfrac{Qr^2}{4\pi\varepsilon_0 a^2}$
2	$\dfrac{\varepsilon_0}{Q}$	$\dfrac{Qr^3}{\varepsilon_0 a^3}$	$\dfrac{Qr}{4\pi\varepsilon_0 a^3}$
3	$\dfrac{Q}{\varepsilon_0}$	$\dfrac{Qr^2}{\varepsilon_0 a^2}$	$\dfrac{Qr}{4\pi\varepsilon_0 a^3}$
4	$\dfrac{Q}{\varepsilon_0}$	$\dfrac{Qr^3}{\varepsilon_0 a^3}$	$\dfrac{Qr}{4\pi\varepsilon_0 a^3}$
5	$\dfrac{Q}{\varepsilon_0}$	$\dfrac{Qr^2}{\varepsilon_0 a^2}$	$\dfrac{Qr^2}{4\pi\varepsilon_0 a^2}$

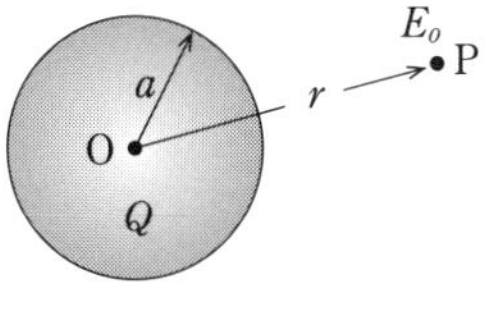

図 1

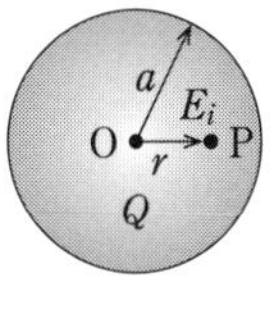

図 2

　半径 r の球の表面積は $S=4\pi r^2$，半径 a の球の体積は $V_a=(4/3)\pi a^3$ だよ．

問題

問 4　正解 □　完璧 □　✏ 直前CHECK □

次の記述は，図に示すような平行平板コンデンサの電極間に働く力について述べたものである．□□□内に入れるべき字句の正しい組合せを下の番号から選べ．ただし，電極間の電界の強さは均一とする．

(1) 電極板に働く力を F〔N〕としたとき，Fによって電極板が微小区間 Δd 動くと仮定すると，そのときの仕事量 W_1 は次式で表される．

$$W_1 = \boxed{\quad A \quad} \ \text{〔J〕}$$

(2) また，W_1 は，電極板が Δd 動くことによって $S\Delta d$ の体積の誘電体に蓄えられていたエネルギー W_2 が変換されたものと考えられる．

(3) W_2 は，$W_2 = \boxed{\quad B \quad}$〔J〕で表される．

(4) $W_1 = W_2$ であるから，電極板に働く力 F は，次式で表される．

$$F = \boxed{\quad C \quad} \ \text{〔N〕}$$

	A	B	C
1	$F\Delta d$	$\dfrac{1}{2}\varepsilon\left(\dfrac{V}{d}\right)^2 S\Delta d$	$\dfrac{1}{2}\varepsilon\left(\dfrac{V}{d}\right)^2 S$
2	$F\Delta d$	$2\varepsilon\left(\dfrac{V}{d}\right)^2 S\Delta d$	$2\varepsilon\left(\dfrac{V}{d}\right)^2 S$
3	$F\Delta d$	$2\varepsilon\left(\dfrac{V}{d}\right)^2 S\Delta d$	$\dfrac{1}{2}\varepsilon\left(\dfrac{V}{d}\right)^2 S$
4	$2F\Delta d$	$2\varepsilon\left(\dfrac{V}{d}\right)^2 S\Delta d$	$2\varepsilon\left(\dfrac{V}{d}\right)^2 S$
5	$2F\Delta d$	$\dfrac{1}{2}\varepsilon\left(\dfrac{V}{d}\right)^2 S\Delta d$	$\dfrac{1}{2}\varepsilon\left(\dfrac{V}{d}\right)^2 S$

S：電極の面積〔m²〕
d：電極の間隔〔m〕
V：電極間に加える直流電圧〔V〕
ε：電極間の誘電体の誘電率〔F/m〕

 電極間の電界の強さは $E = V/d$ だよ．電界の静電エネルギー密度は $w = (1/2)\varepsilon E^2$ だから，この式に E を代入して体積 $S\Delta d$ を掛ければ，W_2 が求まるよ．

解答 問3➡4

問3　ガウスの定理を球に適用すると，電界の面積積分 $E \times 4\pi r^2$ は，内部の電荷を誘電率で割った値 Q/ε_0 に等しい．半径 a〔m〕の球の体積は，$V_a = (4/3)\pi a^3$〔m³〕だから，球内の電荷密度は Q/V_a となるので，問題図2の球内の半径 r の球の体積は，$V_r = (4/3)\pi r^3$，内部の電荷は，QV_r/V_a となる．

問 5　　　　　　　　　　　　　　　　　　正解 ☐　完璧 ☐　✎ 直前CHECK ☐

　　次の記述は，図 1 に示すように平行平板コンデンサの電極間の半分が誘電率 ε_r〔F/m〕の誘電体で，残りの半分が誘電率 ε_0〔F/m〕の空気であるときの静電容量について述べたものである．☐☐内に入れるべき字句を下の番号から選べ．

(1) 電極間では誘電体中の電束密度と空気中の電束密度は等しく，これを D〔C/m^2〕とすると，誘電体中の電界の強さ E_r は次式で表される．

　　　　$E_r=$　ア　〔V/m〕

　　同様にして，空気中の電界の強さ E_0 を求めることができる．

(2) 誘電体および空気の厚さをともに d〔m〕とすると，誘電体の層の電圧（電位差）V_r は次式で表される．

　　　　$V_r=$　イ　$\times E_r$〔V〕

　　同様にして，空気の層の電圧（電位差）V_0 を求めることができる．

(3) 電極間の電圧 V は，$V=V_r+V_0$〔V〕で表される．また，電極に蓄えられる電荷 Q は，電極の面積を S〔m^2〕とすれば，

　　　　$Q=$　ウ　〔C〕で表される．

(4) したがって，コンデンサの静電容量 C は次式で表される．

　　　　$C=$　エ　〔F〕　　　　　　　　　　　　　……①

(5) 式①より，C は，図 2 に示す二つのコンデンサの静電容量 C_r〔F〕および C_0〔F〕の　オ　接続の合成静電容量に等しい．

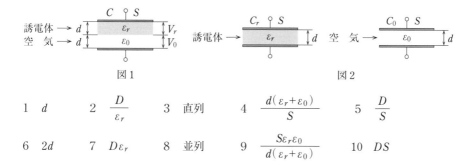

図 1　　　　　　　　　　　　　　　　　　図 2

1	d	2	$\dfrac{D}{\varepsilon_r}$	3	直列	4	$\dfrac{d(\varepsilon_r+\varepsilon_0)}{S}$	5	$\dfrac{D}{S}$
6	$2d$	7	$D\varepsilon_r$	8	並列	9	$\dfrac{S\varepsilon_r\varepsilon_0}{d(\varepsilon_r+\varepsilon_0)}$	10	DS

問題

　図に示すような，静電容量C_1，C_2，C_3およびC_0〔F〕の回路において，C_1，C_2およびC_3に加わる電圧が定常状態で等しくなるときの条件式として，正しいものを下の番号から選べ．

1　$C_1 = C_2 + C_0 = 4C_3 + C_0$

2　$C_1 = C_2 + 2C_0 = C_3 + 3C_0$

3　$C_1 = 3C_2 + 2C_0 = 3C_3 + C_0$

4　$2C_1 = C_2 + C_0 = C_3 + 5C_0$

5　$3C_1 = C_2 + C_0 = 5C_3 + C_0$

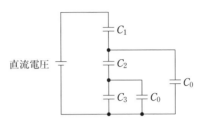

　$Q = CV$「キュウリは渋い」の式を使うよ．直列接続の場合は電荷Qが等しいよ．電圧Vが等しい条件から，式を作って選択肢の式の形にしてね．

解答 問4→1　問5→ア−2　イ−1　ウ−10　エ−9　オ−3

問4　電極間の電界の強さは$E = V/d$〔V/m〕だから，電界の静電エネルギー密度w_E〔J/m³〕は，

$$w_E = \frac{1}{2}\varepsilon E^2 = \frac{1}{2}\varepsilon \left(\frac{V}{d}\right)^2 \ [\text{J/m}^3]$$

体積$S\Delta d$の誘電体に蓄えられていたエネルギーW_2〔J〕は，

$$W_2 = w_E S\Delta d = \frac{1}{2}\varepsilon \left(\frac{V}{d}\right)^2 S\Delta d \ [\text{J}]$$

問5　静電容量C〔F〕は，

$$C = \frac{Q}{V} = \frac{DS}{\dfrac{D}{\varepsilon_0}d + \dfrac{D}{\varepsilon_r}d} = \frac{S}{\dfrac{\varepsilon_r + \varepsilon_0}{\varepsilon_r \varepsilon_0}d} = \frac{S\varepsilon_r \varepsilon_0}{d(\varepsilon_r + \varepsilon_0)} \ [\text{F}]$$

問題

 問 7 ｜ 正解 ☐ 完璧 ☐ ✎ 直前 CHECK ☐

　次の記述は，磁束密度が B〔T〕の一様な磁界中に，磁界の方向に対して直角に電子が v〔m/s〕の速度で進入したときの電子の運動について述べたものである．☐☐内に入れるべき字句を下の番号から選べ．ただし，電子の電荷を q〔C〕，質量を m〔kg〕とする．なお，同じ記号の☐☐内には，同じ字句が入るものとする．

(1) 磁界に対して直角に進入した電子は，常に v の方向と ｜ ア ｜ 方向のローレンツ力（電磁力）を受けるので，円運動をする．

(2) ローレンツ力の大きさは， ｜ イ ｜〔N〕であり，電子が円運動で受ける ｜ ウ ｜ 力の大きさと等しくなる．

(3) ｜ ウ ｜ 力の大きさは，円運動の半径を r〔m〕とすると ｜ エ ｜〔N〕となるので，r は，$r=$ ｜ オ ｜〔m〕となる．

1	$\dfrac{mv^2}{qB}$	2	静電	3	qvB	4	$\dfrac{mv^2}{r}$	5　平行
6	$\dfrac{mv}{qB}$	7	直角	8	$\dfrac{mv}{r}$	9	qvB^2	10　遠心

 遠心力は，速度の 2 乗に比例するよ．

C_2 と C_3 に加わる電圧 V が等しいことと，C_3 と C_0 が並列接続された合成静電容量 C_{30} の電荷 Q と C_2 の電荷 Q は，直列接続なので等しいことから，次式が成り立つ.

$$Q = C_{30}V = (C_3 + C_0)V = C_2V$$

よって，

$$C_2 = C_3 + C_0 \qquad\qquad \cdots\cdots(1)$$

C_1 を除いた回路の合成静電容量 C は，次式で表される.

$$C = \frac{C_2 C_{30}}{C_2 + C_{30}} + C_0 = \frac{C_2 \times (C_3 + C_0)}{C_2 + C_3 + C_0} + C_0 \qquad\qquad \cdots\cdots(2)$$

式 (2) に式 (1) を代入すると，次式で表される.

$$C = \frac{C_2 C_2}{C_2 + C_2} + C_0 = \frac{C_2}{2} + C_0 \qquad\qquad \cdots\cdots(3)$$

C_1 に加わる電圧が V で，C に加わる電圧は $2V$ であり，それらの電荷 Q_1 は直列接続なので等しいから，次式が成り立つ.

$$Q_1 = C_1 V = 2CV$$

よって，

$$C_1 = 2C \qquad\qquad \cdots\cdots(4)$$

式 (4) に式 (3) と式 (1) を代入すると，次式で表される.

$$C_1 = 2C = 2 \times \left(\frac{C_2}{2} + C_0 \right) = C_2 + 2C_0 = C_3 + C_0 + 2C_0 = C_3 + 3C_0$$

解答 問6→2　問7→ア−7　イ−3　ウ−10　エ−4　オ−6

問7 電磁力と遠心力が等しいので，

$$qvB = \frac{mv^2}{r} \qquad よって，r = \frac{mv}{qB} \ [\mathrm{m}]$$

解答

問題

問 8　解説あり！　　　正解 ☐　完璧 ☐　直前 CHECK ☐

　図に示すように，I〔A〕の直流電流が流れている半径r〔m〕，巻数1回の円形コイル A の中心 O から$4r$〔m〕離れて$8\pi I$〔A〕の直流電流が流れている無限長の直線導線 B があるとき，O における磁界の強さH_O〔A/m〕を表す式として，正しいものを下の番号から選べ．ただし，A の面は紙面上にあり，B は紙面に直角に置かれているものとする．

1　$H_O = \dfrac{\sqrt{2}\,Ir}{2}$

2　$H_O = \dfrac{\sqrt{5}\,Ir}{2}$

3　$H_O = \dfrac{\sqrt{2}\,I}{2r}$

4　$H_O = \dfrac{\sqrt{5}\,I}{3r}$

5　$H_O = \dfrac{\sqrt{5}\,I}{2r}$

直線導線 B に流れる電流の方向は，
紙面の裏から表の方向とする.

問 9　解説あり！　　　正解 ☐　完璧 ☐　直前 CHECK ☐

　次の記述は，図に示すように，一辺の長さr〔m〕の正三角形の三つの頂点に紙面に垂直な無限長導線 X，Y および Z を置き，それぞれの導線に同じ大きさと方向の直流電流I〔A〕を流したときの，導線 X の長さ 1〔m〕当たりに作用する電磁力について述べたものである．
　☐☐内に入れるべき字句を下の番号から選べ．ただし，導線は真空中にあり，真空の透磁率を$4\pi \times 10^{-7}$〔H/m〕とする．

(1) X と Y の間に働く力F_{XY}の方向は，☐ア☐力である．

(2) F_{XY}の大きさは，$F_{XY} =$ ☐イ☐〔N/m〕である．

(3) X と Z の間に働く力F_{XZ}の大きさは，F_{XY}と同じである．

(4) F_{XY}とF_{XZ}の方向は，☐ウ☐〔rad〕異なる．

(5) したがって，導線 X が受ける力の大きさF_0は，
　　$F_0 =$ ☐エ☐〔N/m〕である．

(6) F_0の方向は，正三角形の☐オ☐に向かう方向である．

1　反発　　2　$\dfrac{2I}{r^2} \times 10^{-7}$　　3　$\dfrac{2\sqrt{3}\,I^2}{r} \times 10^{-7}$　　4　$\dfrac{\pi}{3}$　　5　外接円の中心

6　吸引　　7　$\dfrac{2I^2}{r} \times 10^{-7}$　　8　$\dfrac{3\sqrt{2}\,I^2}{r} \times 10^{-7}$　　9　$\dfrac{\pi}{6}$　　10　X から Z

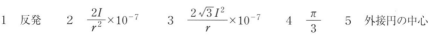

電流 $I_1 = I$ 〔A〕の円形コイルによる点 O の磁界の強さ H_1 〔A/m〕は，次式で表される.

$$H_1 = \frac{I}{2r} \text{〔A/m〕} \qquad \cdots\cdots(1)$$

電流 $I_2 = 8\pi I$ 〔A〕の直線導線による $r_2 = 4r$ 〔m〕離れた点 O の磁界の強さ H_2 〔A/m〕は，次式で表される.

$$H_2 = \frac{I_2}{2\pi r_2} = \frac{8\pi I}{2\pi \times 4r} = \frac{I}{r} \text{〔A/m〕} \qquad \cdots\cdots(2)$$

H_1 と H_2 の合成磁界は，解説図のようにベクトル和で求めることができるので，H_O の大きさ H_O 〔A/m〕は式 (1)，(2) より，次式で表される.

$$H_O = \sqrt{H_1{}^2 + H_2{}^2} = \sqrt{\left(\frac{I}{2r}\right)^2 + \left(\frac{I}{r}\right)^2}$$

$$= \frac{I}{r}\sqrt{\left(\frac{1}{2}\right)^2 + \left(\frac{2}{2}\right)^2} = \frac{\sqrt{5}\,I}{2r} \text{〔A/m〕}$$

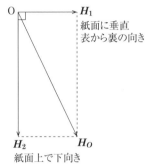

H_1 と H_2 の作る平面上の磁界

各導線には右ねじの法則に従う回転磁界が発生する．各導線の電流が紙面の手前から裏の方向に流れているとすると，導線 X の位置において導線 Y による磁界 H_Y 〔A/m〕は，導線 X と直線の向きに発生し，導線 X の電流にはフレミングの左手の法則によって，導線 Y 方向の向きの**吸引力**が発生する．真空の透磁率を μ_0 とすると，導線 1 〔m〕当たりに働く力の大きさ F_{XY} 〔N/m〕は，次式で表される.

$$F_{XY} = I\mu_0 H_Y = I\mu_0 \frac{I}{2\pi r} = \frac{2I^2}{r} \times 10^{-7} \text{〔N/m〕}$$

解説図より，F_{XY} と F_{XZ} の作る三角形は正三角形となるので，F_0 を求めると，

$$F_0 = 2 \times F_{XY}\cos\frac{\pi}{6}$$

$$= 2 \times \frac{2I^2}{r} \times 10^{-7} \times \frac{\sqrt{3}}{2} = \frac{2\sqrt{3}\,I^2}{r} \times 10^{-7} \text{〔N/m〕}$$

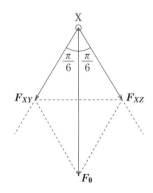

解答 問8 ➔ 5　問9 ➔ ア−6　イ−7　ウ−4　エ−3　オ−5

問題

問 10　📖 解説あり！　　　　　正解 ☐ 完璧 ☐ ✏ 直前CHECK ☐

　次の記述は，図に示すように，磁束密度が B〔T〕で均一な磁石の磁極間において，巻数 N，面積 S〔m²〕の長方形コイル L がコイルの中心軸 OP を中心として反時計方向に角速度 ω〔rad/s〕で回転しているときの，L に生ずる起電力について述べたものである。　☐内に入れるべき字句の正しい組合せを下の番号から選べ．ただし，L の面が B と直角な状態から回転を始めるものとし，そのときの時間 t を $t=0$〔s〕とする．また，OP は，B の方向と直角とする．

(1) 任意の時間 t〔s〕における L の磁束鎖交数 ϕ は，$\phi =$ ☐A☐ 〔Wb〕で表される．

(2) L に生ずる誘導起電力 e は，ϕ を用いて表すと，$e = -$ ☐B☐ 〔V〕である．

(3) したがって，e は (1) および (2) より，$e =$ ☐C☐ 〔V〕で表される交流電圧となる．

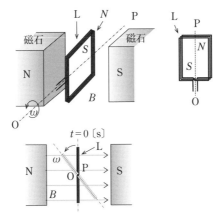

	A	B	C
1	$\dfrac{NS}{B}\sin\omega t$	$\dfrac{Nd\phi}{dt}$	$\dfrac{NS}{B}\omega\cos\omega t$
2	$\dfrac{NS}{B}\sin\omega t$	$\dfrac{d\phi}{dt}$	$NBS\omega\sin\omega t$
3	$NBS\cos\omega t$	$\dfrac{Nd\phi}{dt}$	$\dfrac{NS}{B}\omega\cos\omega t$
4	$NBS\cos\omega t$	$\dfrac{d\phi}{dt}$	$\dfrac{NS}{B}\omega\cos\omega t$
5	$NBS\cos\omega t$	$\dfrac{d\phi}{dt}$	$NBS\omega\sin\omega t$

任意の時間 t〔s〕回転したときの角度を $\theta = \omega t$〔rad〕とすると，$t = 0$〔s〕のとき，コイル L の鎖交磁束数が最大になるので，時間 t〔s〕の鎖交磁束は $\phi = NBS\cos\theta = NBS\cos\omega t$〔Wb〕の式で表される．起電力 e〔V〕を求めると，次式で表される．

$$e = -\frac{d\phi}{dt} = -NBS\frac{d}{dt}\cos\omega t \text{〔V〕} \qquad \cdots\cdots(1)$$

式（1）において，$y = \cos\theta$，$\theta = \omega t$ として合成関数を微分すると，

$$\frac{dy}{dt} = \frac{dy}{d\theta} \cdot \frac{d\theta}{dt}$$

$$\frac{d}{dt}\cos\omega t = \frac{d}{d\theta}\cos\theta \cdot \frac{d}{dt}\omega t = -\sin\omega t \cdot \omega$$

よって，式（1）は，次式で表される．

$$e = NBS\omega\sin\omega t \text{〔V〕}$$

> 誘導起電力 $e = -\dfrac{d\phi}{dt}$ の式は，試験問題でよく使われるよ．コイルが磁界中で回転したり，移動したときにコイルに発生する電圧を表すよ．空間の磁束と N 回巻きのコイルで表されるときは，N を掛けてね．（−）の符号は磁界とコイルの向きによる，コイルに発生する電圧の向きを表しているよ．

解答 問10➡5

 11　　　　　　　　　　　正解 ☐ 完璧 ☐ ✎ 直前CHECK ☐

　次の記述は，図に示すような円筒に，同一方向に巻かれた二つのコイル X および Y の合成インダクタンスおよび XY 間の相互インダクタンスについて述べたものである．☐内に入れるべき字句の正しい組合せを下の番号から選べ．

(1) 端子 b と端子 c を接続したとき，二つのコイルは ☐ A ☐ 接続となる．このとき，端子 ad 間の合成インダクタンス L_{ad} は，XY 間の相互インダクタンスを M〔H〕とすると，次式で表される．

$$L_{ad} = \boxed{\text{ B }} \text{〔H〕}$$

(2) 端子 b と端子 d を接続したときの端子 ac 間の合成インダクタンスを L_{ac} とすると，L_{ad} と L_{ac} から M は次式で表される．

$$M = \frac{L_{ad} - L_{ac}}{\boxed{\text{ C }}} \text{〔H〕}$$

	A	B	C
1	差動	$L_1 + L_2 - 2M$	2
2	差動	$L_1 + L_2 - 4M$	4
3	和動	$L_1 + L_2 + 2M$	2
4	和動	$L_1 + L_2 + 2M$	4
5	和動	$L_1 - L_2 + 4M$	4

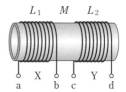

L_1：X の自己インダクタンス〔H〕
L_2：Y の自己インダクタンス〔H〕

問 12　　　　　　　　　　　　　　　　　　正解 □　完璧 □　✎ 直前CHECK □

　次の記述は，図に示すように断面積が S〔m²〕，平均磁路長が l〔m〕および透磁率が μ〔H/m〕の環状鉄心にコイルを N 回巻いたときの自己インダクタンス L〔H〕について述べたものである．□□□内に入れるべき字句の正しい組合せを下の番号から選べ．ただし，漏れ磁束および磁気飽和はないものとする．

解答

(1) L は，コイルに流れる電流を I〔A〕，磁気回路内の磁束を ϕ〔Wb〕とすると，$L = \boxed{\text{A}}$ 〔H〕で表される．

(2) 環状鉄心内の ϕ は，$\phi = \boxed{\text{B}}$ 〔Wb〕で表される．

(3) したがって L は，(1) および (2) より，$L = \boxed{\text{C}}$ 〔H〕で表される．

	A	B	C
1	$\dfrac{N\phi}{I}$	$\dfrac{\mu NIl}{S}$	$\mu N^2 S l$
2	$\dfrac{N\phi}{I}$	$\dfrac{\mu NIS}{l}$	$\dfrac{\mu N^2 S}{l}$
3	$\dfrac{N\phi}{I}$	$\dfrac{\mu NIS}{l}$	$\mu N^2 S l$
4	$\dfrac{NI}{\phi}$	$\dfrac{\mu NIS}{l}$	$\dfrac{\mu N^2 S}{l}$
5	$\dfrac{NI}{\phi}$	$\dfrac{\mu NIl}{S}$	$\mu N^2 S l$

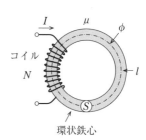

コイル
N
I
μ
ϕ
l
S
環状鉄心

解答　問11→4

ミニ解説

問11　合成インダクタンスは，$L_{ad} = L_1 + L_2 + 2M$，$L_{ac} = L_1 + L_2 - 2M$〔H〕で表されるので，これらの差を求めると，

$$L_{ad} - L_{ac} = 2M + 2M = 4M$$

よって，$M = \dfrac{L_{ad} - L_{ac}}{4}$〔H〕

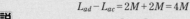

問 **13** 📖 **解説あり!** 　　　正解 ☐　完璧 ☐　✏ 直前CHECK ☐

　図に示すような透磁率がμ〔H/m〕の鉄心で作られた磁気回路の磁路abの磁束ϕを表す式として，正しいものを下の番号から選べ．ただし，磁路の断面積はどこもS〔m^2〕であり，図に示す各磁路の長さab，cd，ef，ac，ae，bd，bfはl〔m〕で等しいものとし，磁気回路に漏れ磁束はないものとする．また，コイルCの巻数をN，Cに流す直流電流をI〔A〕とする．

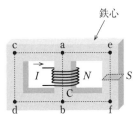

鉄心

1　$\phi = 5\mu NIS/(2l)$ 〔Wb〕

2　$\phi = 5\mu NIl/(2S)$ 〔Wb〕

3　$\phi = 2\mu N^2 IS/(5l)$ 〔Wb〕

4　$\phi = 2\mu NIS/(5l)$ 〔Wb〕

5　$\phi = 5\mu N^2 Il/(2S)$ 〔Wb〕

> 透磁率μが導電率σと同じだとすると，磁気抵抗は$R_m = l/\mu S$だね．起磁力$F_m = NI$は起電力E，磁束ϕは電流Iと同じだとすると，オームの法則は$\phi = F_m/R_m$だよ．μはギリシャ文字で「ミュー」，σは「シグマ」と読むよ．

問 **14** 📖 **解説あり!** 　　　正解 ☐　完璧 ☐　✏ 直前CHECK ☐

　図1に示す平均磁路長lが50〔mm〕の環状鉄心Aの中に生ずる磁束と，図2に示すようにAに1〔mm〕の空隙l_gを設けた環状鉄心Bの中に生ずる磁束が共にϕ〔Wb〕で等しいとき，図2のコイルに流す電流I_Bを表す近似式として，正しいものを下の番号から選べ．ただし，Aに巻くコイルに流れる電流をI_A〔A〕とし，コイルの巻数Nは図1および図2で等しく，鉄心の比透磁率μ_rを1,000とする．また，磁気飽和および漏れ磁束はないものとする．

1　$I_B \fallingdotseq 60 I_A$ 〔A〕

2　$I_B \fallingdotseq 51 I_A$ 〔A〕

3　$I_B \fallingdotseq 40 I_A$ 〔A〕

4　$I_B \fallingdotseq 21 I_A$ 〔A〕

5　$I_B \fallingdotseq 11 I_A$ 〔A〕

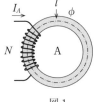

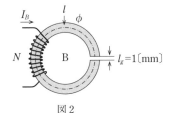

図1　　　　　　　図2

> 真空の透磁率がμ_0，鉄心の比透磁率がμ_rのとき，鉄心の透磁率は$\mu = \mu_r \mu_0$だよ．空隙の部分の透磁率はμ_0だよ．

磁路の長さが l 〔m〕の各区間の磁気抵抗を R_m 〔H^{-1}〕とすると，解説図のように表すことができるので，合成磁気抵抗 R_{m0} 〔H^{-1}〕は，次式で表される．

$$R_{m0} = R_m + \frac{3 \times R_m}{2} = \frac{5}{2} R_m = \frac{5l}{2 \mu S} \text{〔H}^{-1}\text{〕}$$

起磁力を $F_m = NI$ 〔A〕とすると，磁束 ϕ 〔Wb〕は，次式で表される．

$$\phi = \frac{F_m}{R_{m0}} = \frac{2 \mu NIS}{5l} \text{〔Wb〕}$$

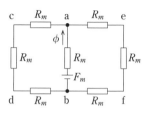

問題図1に示すコイルAの環状鉄心の断面積を S 〔m^2〕，磁路の長さを l 〔m〕，真空の透磁率を μ_0 とすると，磁気抵抗 R_A 〔H^{-1}〕は，次式で表される．

$$R_A = \frac{l}{\mu_r \mu_0 S} \text{〔H}^{-1}\text{〕} \qquad \cdots\cdots(1)$$

問題図2の磁気抵抗 R_B は，空隙 r 〔m〕が $r \ll l$ ならば，次式で表される．

$$R_B = \frac{l}{\mu_r \mu_0 S} + \frac{r}{\mu_0 S} \text{〔H}^{-1}\text{〕} \qquad \cdots\cdots(2)$$

コイルAおよびBの磁束 ϕ 〔Wb〕は等しいので，次式が成り立つ．

$$\phi = \frac{NI_A}{R_A} = \frac{NI_B}{R_B} \text{〔Wb〕} \qquad \cdots\cdots(3)$$

式 (3) に式 (1) および式 (2) を代入すれば，次式が得られる．

$$\frac{\mu_r \mu_0 I_A}{l} = \frac{I_B}{\dfrac{l}{\mu_r \mu_0} + \dfrac{r}{\mu_0}}$$

したがって，I_B は次のように求められる．

$$I_B = \frac{\mu_r \mu_0 I_A}{l} \left(\frac{l}{\mu_r \mu_0} + \frac{r}{\mu_0} \right) = \left(1 + \frac{\mu_r r}{l} \right) I_A = \left(1 + \frac{1,000 \times 1 \times 10^{-3}}{50 \times 10^{-3}} \right) I_A \fallingdotseq 21 I_A \text{〔A〕}$$

解答 問12→2　問13→4　問14→4

問題

問 15 📖 解説あり！　　　正解 ☐　完璧 ☐　✎ 直前CHECK ☐

　図に示す回路において，静電容量 C 〔F〕に蓄えられる静電エネルギーと自己インダクタンス L 〔H〕に蓄えられる電磁（磁気）エネルギーが等しいときの条件式として，正しいものを下の番号から選べ．ただし，回路は定常状態にあり，コイルの抵抗および電源の内部抵抗は無視するものとする．

1　$R = \sqrt{\dfrac{L}{C}}$

2　$R = \sqrt{\dfrac{C}{L}}$

3　$R = \sqrt{\dfrac{1}{CL}}$

4　$R = \sqrt{\dfrac{1}{2CL}}$

5　$R = \sqrt{\dfrac{C}{2L}}$

V：直流電源電圧〔V〕
R：抵抗〔Ω〕

問 16 📖 解説あり！　　　正解 ☐　完璧 ☐　✎ 直前CHECK ☐

　次の図は，三つの正弦波交流電圧 v_1，v_2 および v_3 を合成したときの式と概略の波形の組合せを示したものである．このうち正しいものを 1，誤っているものを 2 として解答せよ．ただし，正弦波交流電圧は，角周波数を ω 〔rad/s〕，時間を t 〔s〕としたとき，次式で表されるものとする．

　　$v_1 = \sin\omega t$ 〔V〕，　　$v_2 = \sin2\omega t$ 〔V〕，　　$v_3 = \sin3\omega t$ 〔V〕

ア　$v_1 - v_2$　　　イ　$v_1 + v_2$　　　ウ　$v_2 - v_1$　　　エ　$v_1 + v_3$　　　オ　$v_3 - v_1$

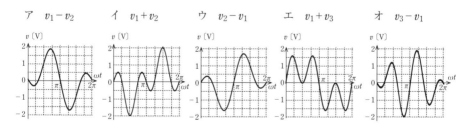

　v_1，v_2，v_3 の各波形を問題図に書き込めば分かるね．
　最大や最小となる位置に気を付けてね．

解説 → 問15

定常状態において，コンデンサには電流が流れない．このとき，コンデンサに加わる電圧は電源電圧 V〔V〕となるので，コンデンサに蓄えられた静電エネルギー W_C〔J〕は，

$$W_C = \frac{1}{2}CV^2 \text{〔J〕} \qquad\qquad \cdots\cdots(1)$$

定常状態において，コイルは電流が流れるので，コイルに流れる電流 I〔A〕は，

$$I = \frac{V}{R} \text{〔A〕} \qquad\qquad \cdots\cdots(2)$$

コイルに蓄えられた磁気エネルギー W_L〔J〕は，

$$W_L = \frac{1}{2}LI^2 \text{〔J〕} \qquad\qquad \cdots\cdots(3)$$

これらのエネルギーが等しい条件より，$W_C = W_L$ に式 (1) および (3) を代入すると，

$$\frac{1}{2}CV^2 = \frac{1}{2}LI^2$$

式 (2) を代入すると，次式で表される．

$$CV^2 = L\frac{V^2}{R^2} \qquad \text{よって，} R = \sqrt{\frac{L}{C}}$$

 エネルギーの式は $\frac{1}{2}ax^2$ の形をしているよ．
電界や磁界のエネルギーも同じだね．

解説 → 問16

v_1, v_2, v_3 のそれぞれの最大値は 1 なので，それらの波形は解説図のように表される．誤っている選択肢は次のようになる．

イ　$v_3 - v_1$

オ　$v_2 - v_3$

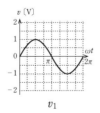

v_1

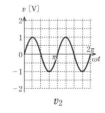

v_2

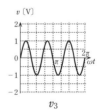

v_3

解答 問15→1　問16→ア−1　イ−2　ウ−1　エ−1　オ−2

18

問 17 📖 解説あり！　　　正解 ☐　完璧 ☐　✎ 直前CHECK ☐

導線の抵抗の値を温度 T_1〔℃〕および T_2〔℃〕で測定したとき，表のような結果が得られた．このときの温度差 (T_2-T_1) の値として，正しいものを下の番号から選べ．ただし，T_1〔℃〕のときの導線の抵抗の温度係数 α を $\alpha = 1/238$〔℃$^{-1}$〕とする．

1　43.1〔℃〕

2　47.6〔℃〕

3　51.6〔℃〕

4　58.8〔℃〕

5　61.3〔℃〕

T_1〔℃〕	T_2〔℃〕
0.15〔Ω〕	0.18〔Ω〕

問 18 📖 解説あり！　　　正解 ☐　完璧 ☐　✎ 直前CHECK ☐

図に示すように，R_1 と R_2 の抵抗が無限に接続されている回路において，端子ab間から見た合成抵抗 R_{ab} の値として，正しいものを下の番号から選べ．ただし，$R_1=100$〔Ω〕，$R_2=24$〔Ω〕とする．

1　100〔Ω〕

2　110〔Ω〕

3　120〔Ω〕

4　130〔Ω〕

5　140〔Ω〕

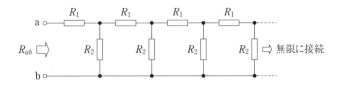

端子abに R_1 と R_2 の「形の回路を一つ増やしても合成抵抗は R_{ab} だよ．式の展開には2次方程式の解の公式を使ってね．R_1 と R_2 を足すと124〔Ω〕になって，R_2 の24〔Ω〕には抵抗が並列接続されているので，24〔Ω〕より小さい値になるね．でも並列合成抵抗は0〔Ω〕ではないから，100〔Ω〕は違うね．答えは選択肢の110〔Ω〕か120〔Ω〕だよ．

📖 解説➡問17

T_1〔℃〕の抵抗値をR_1〔Ω〕とすると，T_2〔℃〕の抵抗値R_2〔Ω〕は，次式で表される．

$R_2 = \{1 + \alpha \, (T_2 - T_1)\}R_1 = R_1 + \alpha \, (T_2 - T_1)R_1$

$T_2 - T_1$ を求めると，

$$T_2 - T_1 = \frac{1}{\alpha} \times \frac{R_2 - R_1}{R_1} = 238 \times \frac{0.18 - 0.15}{0.15} = 238 \times \frac{3}{15} = 47.6 〔℃〕$$

📖 解説➡問18

問題図は，二つの抵抗R_1とR_2で構成された同じ組合せの回路網が無限に接続されているので，解説図のように抵抗の回路網をもう一段付けても合成抵抗は変化しない．このとき，解説図のa′b′から右の回路を見た抵抗値もR_{ab}となるので，次式が成り立つ．

$$R_{ab} = R_1 + \frac{R_2 R_{ab}}{R_2 + R_{ab}} \qquad \cdots\cdots(1)$$

式 (1) を整理すると，

$R_{ab}(R_2 + R_{ab}) - R_1(R_2 + R_{ab}) - R_2 R_{ab} = 0$

$R_{ab}{}^2 - R_1 R_{ab} - R_1 R_2 = 0 \qquad \cdots\cdots(2)$

式 (2) は 2 次方程式となるので，解の公式を使ってR_{ab}を求めることができる．

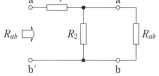

$$R_{ab} = \frac{-(-R_1) \pm \sqrt{R_1{}^2 - (-4R_1 R_2)}}{2} \qquad \cdots\cdots(3)$$

$R_{ab} > 0$ であるから，R_{ab} は次式で表される．

$$R_{ab} = \frac{R_1 + \sqrt{R_1{}^2 + 4R_1 R_2}}{2} = \frac{100 + \sqrt{100^2 + 4 \times 100 \times 24}}{2} = \frac{100 + \sqrt{100 \times (100 + 96)}}{2}$$

$$= \frac{100 + 10\sqrt{14 \times 14}}{2} = \frac{240}{2} = 120 〔Ω〕$$

式(1) に数値を代入して求めてもいいよ．$R_{ab} > 0$ の条件を使ってね．記号の式を求める問題が出題されたことがあるので，記号の式を誘導できるようにしてね．「形の回路も出題されたことがあるけど，同じように計算すればできるよ．

解答 問17➡2　問18➡3

問題

問 19　📖 解説あり!　　　正解 ☐　完璧 ☐　✏ 直前CHECK ☐

図に示すように，R〔Ω〕の抵抗が接続されている回路において，端子ab間から見た合成抵抗R_{ab}〔Ω〕を表す式として，正しいものを下の番号から選べ.

1　$\dfrac{3}{8}R$

2　$\dfrac{5}{8}R$

3　$\dfrac{7}{8}R$

4　$\dfrac{9}{8}R$

5　$\dfrac{15}{8}R$

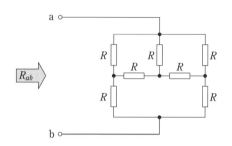

まん中から回路を二つにしてね.
同じ抵抗の並列接続は 1/2 の値になるよ.

問 20　📖 解説あり!　　　正解 ☐　完璧 ☐　✏ 直前CHECK ☐

図に示す回路において，端子ab間に流れる直流電流Iが40〔mA〕であるとき，抵抗R_0の両端の電圧V_0の値として，正しいものを下の番号から選べ. ただし，抵抗は$R_0=R=2$〔kΩ〕とする.

1　10〔V〕
2　12〔V〕
3　15〔V〕
4　18〔V〕
5　20〔V〕

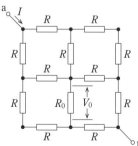

回路が対象なので，電流は分岐で 1/2 に分かれるよ.
合流するとき注意してね.

無線工学の基礎　電気回路

二つの同じ値の抵抗 $2R$〔Ω〕を並列接続すると，R〔Ω〕となるので，問題図の端子 ab から見た抵抗のうち中央の抵抗 R を，二つの同じ値の抵抗 $2R$ の並列接続として解説図のような回路とする．端子 ab の合成抵抗 R_{ab}〔Ω〕は，解説図のように左右の回路の合成抵抗を求めて $1/2$ とすればよいので，次式で表される．

$$R_{ab} = \frac{1}{2} \times \left\{ \frac{R \times (2R+R)}{R+(2R+R)} + R \right\}$$

$$= \frac{1}{2} \times \left\{ \frac{3}{4}R + R \right\} = \frac{1}{2} \times \frac{7}{4}R = \frac{7}{8}R \text{〔Ω〕}$$

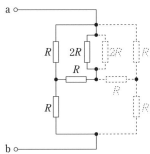

問題図の回路は対称な形をした抵抗回路となるので，各枝路を流れる電流は解説図のような値となる．解説図より R_0〔Ω〕を流れる電流 I_0〔mA〕は，次式で表される．

$$I_0 = \frac{I}{4} = \frac{40}{4} = 10 \text{〔mA〕}$$

よって，R_0 の両端の電圧 V_0〔V〕は，

$$V_0 = I_0 R_0 = 10 \times 10^{-3} \times 2 \times 10^3 = 20 \text{〔V〕}$$

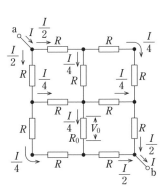

問題

問題

問 21 📖 **解説あり!** 　正解 ☐ 完璧 ☐ ✎ 直前CHECK ☐

次の記述は，図1に示すブリッジ回路によって，抵抗 R_X を求める過程について述べたものである．　　内に入れるべき字句の正しい組合せを下の番号から選べ．ただし，回路は平衡しているものとする．

(1) 抵抗 R_1，R_2 および R_3 の部分を，△−Y変換した回路を図2とすると，図2の抵抗 R_a および R_b は，それぞれ

$R_a = \boxed{A}$ 〔Ω〕，$R_b = \boxed{B}$ 〔Ω〕となる．

(2) 図2の回路が平衡しているので R_X は，

$R_X = \boxed{C}$ 〔Ω〕となる．

	A	B	C
1	10	10	10
2	10	15	20
3	15	10	10
4	15	15	10
5	15	15	20

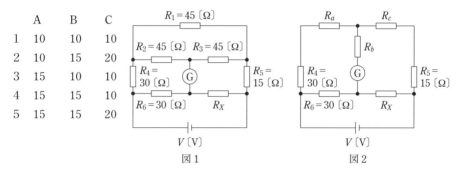

図1　　　　　　　　図2

V：直流電圧
G：検流計
R_4, R_5, R_6, R_c：抵抗〔Ω〕

問 22 📖 **解説あり!** 　正解 ☐ 完璧 ☐ ✎ 直前CHECK ☐

図に示す回路において，負荷抵抗 R 〔Ω〕の値を変えて R で消費する電力 P の値を最大にした．このときの P の値として，正しいものを下の番号から選べ．

1　16〔W〕
2　21〔W〕
3　25〔W〕
4　30〔W〕
5　32〔W〕

直流電圧　　　抵抗
$V_1 = 18$〔V〕　$R_1 = 3$〔Ω〕
$V_2 = 12$〔V〕　$R_2 = 6$〔Ω〕

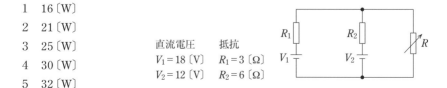

無線工学の基礎　電気回路

📖 解説 →問21

問題図1の△接続から図2のY接続への変換は，次式で表される．

$$R_a = \frac{R_1 R_2}{R_1 + R_2 + R_3}\,[\Omega] \qquad , \qquad R_b = \frac{R_2 R_3}{R_1 + R_2 + R_3}\,[\Omega] \qquad , \qquad R_c = \frac{R_3 R_1}{R_1 + R_2 + R_3}\,[\Omega]$$

$R_1 = R_2 = R_3 = 45\,[\Omega]$ のときは，$R_a = R_b = R_c = R_1/3 = 15\,[\Omega]$ となる．

ブリッジの平衡条件より，次式が成り立つ．

$$R_X = \frac{R_6 \times (R_c + R_5)}{R_a + R_4} = \frac{30 \times (15 + 15)}{15 + 30} = 20\,[\Omega]$$

📖 解説 →問22

問題図は，解説図 (a) の等価回路のように，開放電圧 V_0 と内部抵抗 R_0 で表すことができる．さらに同図 (b) のように負荷を切り離した回路から，V_0 と R_0 は，次式によって求めることができる．

$$V_0 = E_1 - R_1 I_0 = E_1 - R_1 \frac{E_1 - E_2}{R_1 + R_2} = 18 - 3 \times \frac{18 - 12}{3 + 6} = 16\,[\mathrm{V}]$$

$$R_0 = \frac{R_1 R_2}{R_1 + R_2} = \frac{3 \times 6}{3 + 6} = 2\,[\Omega]$$

$R = R_0 = 2\,[\Omega]$ のときに最大電力供給条件となるので，負荷で消費する電力の最大値 P_m $[\mathrm{W}]$ は，図 (a) の等価回路より，次式によって求めることができる．

$$P_m = I^2 R = \left(\frac{V_0}{2R}\right)^2 R = \frac{V_0{}^2}{4R} = \frac{16^2}{4 \times 2} = 32\,[\mathrm{W}]$$

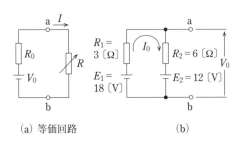

(a) 等価回路　　　　　　　　(b)

問 23　📖 解説あり!　　　　正解 ☐　完璧 ☐　✏ 直前CHECK ☐

図1に示す内部抵抗がr〔Ω〕で起電力がV〔V〕の同一規格の電池Cを，図2に示すように，直列に5個接続したものを並列に5個接続したとき，端子abから得られる最大出力電力の値として，正しいものを下の番号から選べ．

1　$\dfrac{5V^2}{r}$〔W〕

2　$\dfrac{10V^2}{r}$〔W〕

3　$\dfrac{25V^2}{r}$〔W〕

4　$\dfrac{25V^2}{2r}$〔W〕

5　$\dfrac{25V^2}{4r}$〔W〕

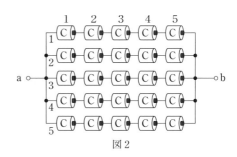

図1　　　　　　　　図2

問 24　📖 解説あり!　　　　正解 ☐　完璧 ☐　✏ 直前CHECK ☐

図に示すT形四端子回路網において，各定数（A，B，C，D）の値の組合せとして，正しいものを下の番号から選べ．ただし，各定数と電圧電流の関係式は，図に併記したとおりとする．

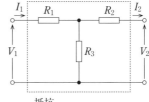

	A	B	C	D
1	1	100〔Ω〕	$\dfrac{1}{50}$〔S〕	1
2	1	150〔Ω〕	$\dfrac{1}{100}$〔S〕	1
3	2	100〔Ω〕	$\dfrac{1}{50}$〔S〕	2
4	2	150〔Ω〕	$\dfrac{1}{50}$〔S〕	2
5	4	200〔Ω〕	$\dfrac{1}{100}$〔S〕	4

抵抗
$R_1 = R_2 = R_3 = 50$〔Ω〕

$V_1 = AV_2 + BI_2$
$I_1 = CV_2 + DI_2$

V_1：入力電圧〔V〕
V_2：出力電圧〔V〕
I_1：入力電流〔A〕
I_2：出力電流〔A〕

　同じ値の抵抗を m 個直列接続すると合成抵抗は m 倍に，n 個並列接続すると合成抵抗は $1/n$ になるので，内部抵抗が r〔Ω〕の電池を $m = 5$ 個直列に，$n = 5$ 個並列に接続したときの合成抵抗 r_0〔Ω〕は，

$$r_0 = \frac{mr}{n} = \frac{5}{5}r = r \text{〔Ω〕}$$

　最大出力電力 P_m〔W〕が得られるのは，合成抵抗と同じ大きさの負荷 r_0〔Ω〕を接続したときである．ab 間の開放電圧 $V_{ab} = mV = 5V$〔V〕に r_0 の負荷を接続すると，負荷の電圧は $1/2$ になるので，P_m は次式によって求めることができる．

$$P_m = \left(\frac{V_{ab}}{2}\right)^2 \times \frac{1}{r_0} = \frac{(5V)^2}{4r} = \frac{25V^2}{4r} \text{〔W〕}$$

　出力端子を開放すると，$I_2 = 0$〔A〕となるから定数 A は，次式で表される．

$$A = \frac{V_1}{V_2} = \frac{V_1}{\dfrac{R_3}{R_1 + R_3}V_1} = \frac{R_1 + R_3}{R_3} = \frac{50 + 50}{50} = 2$$

　出力端子を開放すると，定数 C は次式で表される．

$$C = \frac{I_1}{V_2} = \frac{I_1}{R_3 I_1} = \frac{1}{R_3} = \frac{1}{50} \text{〔S〕}$$

　出力端子を短絡すると，$V_2 = 0$〔V〕となるから I_1〔A〕は，次式で表される．

$$I_1 = \frac{V_1}{R_1 + \dfrac{R_2 R_3}{R_2 + R_3}} = \frac{V_1}{50 + \dfrac{50 \times 50}{50 + 50}} = \frac{V_1}{75} \text{〔A〕} \qquad \cdots\cdots(1)$$

　このとき，I_2〔A〕は次式が成り立つ．

$$I_2 = \frac{R_2 R_3}{R_2 + R_3} I_1 \times \frac{1}{R_2} = \frac{50}{50 + 50} I_1 = \frac{1}{2} I_1 \text{〔A〕} \qquad \cdots\cdots(2)$$

　定数 B は式 (1)，(2) より，次式で表される．

$$B = \frac{V_1}{I_2} = \frac{V_1}{\dfrac{1}{2}I_1} = \frac{V_1}{\dfrac{1}{2} \times \dfrac{V_1}{75}} = 150 \text{〔Ω〕}$$

　出力端子を短絡すると，定数 D は式 (2) より，次式で表される．

$$D = \frac{I_1}{I_2} = \frac{I_1}{\dfrac{1}{2}I_1} = 2$$

　対称回路の性質より，$D = A$ である．

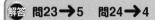 **解答** 問23➡5　問24➡4

問題

問 25　📖 解説あり！　　正解 ☐　完璧 ☐　✏ 直前CHECK ☐

次の記述は，図に示す交流回路の電流と電力について述べたものである． ☐ 内に入れるべき字句を下の番号から選べ．ただし，負荷AおよびBの特性は，表に示すものとする．また，交流電圧 $\dot{V}$ は，$\dot{V}=100$〔V〕とする．

(1) $\dot{V}$ から流れる電流 $\dot{I}$ の大きさは，☐ ア ☐〔A〕である．

(2) $\dot{I}$ は $\dot{V}$ より位相が，☐ イ ☐いる．

(3) 回路の有効電力は，☐ ウ ☐〔W〕である．

(4) 回路の力率は，☐ エ ☐である．

(5) 回路の皮相電力は，☐ オ ☐〔VA〕である．

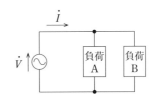

負　荷	A	B
性　質	容量性	誘導性
有効電力	600〔W〕	400〔W〕
力　率	0.6	0.8

1　1,000　　2　遅れて　　3　$600\sqrt{3}$　　4　$5\sqrt{5}$　　5　$\dfrac{2}{\sqrt{5}}$

6　2,000　　7　進んで　　8　$500\sqrt{5}$　　9　$5\sqrt{3}$　　10　$\dfrac{1}{\sqrt{2}}$

力率は $\cos\theta$ と書くけど値は比率だよ．有効電力 P は，$P=VI\cos\theta$ だから，この式から電流の大きさを求めることができるね．電流は $\dot{I}=I_e\pm jI_q$ で表される複素数なので，負荷AとBそれぞれの電流を実数部と虚数部に分けてから計算してね．直角三角形の比の 3：4：5（0.6：0.8：1）を覚えておくと計算が楽だよ．

電源電圧の大きさを V, 負荷 A および B を流れる電流の大きさを I_1, I_2, 力率を $\cos\theta_1$, $\cos\theta_2$, 有効電力を P_1, P_2 とすると, 次式が成り立つ.

$$P_1 = VI_1\cos\theta_1 \qquad \text{よって,} \quad I_1 = \frac{P_1}{V\cos\theta_1} = \frac{600}{100\times0.6} = 10\,(\text{A})$$

$$P_2 = VI_2\cos\theta_2 \qquad \text{よって,} \quad I_2 = \frac{P_2}{V\cos\theta_2} = \frac{400}{100\times0.8} = 5\,(\text{A})$$

回路の有効電力 P〔W〕は, 次式で表される.

$$P = P_1 + P_2 = 600 + 400 = 1,000\,(\text{W})$$

負荷 A, B を流れる電流の実数部の大きさを I_{e1}, I_{e2}, 電流の虚数部の大きさを I_{q1}, I_{q2} とすると,

$$I_{e1} = I_1\cos\theta_1 = 10\times0.6 = 6\,(\text{A})$$
$$I_{q1} = I_1\sin\theta_1 = I_1\sqrt{1-\cos^2\theta_1} = 10\sqrt{1-0.6^2} = 10\sqrt{0.64} = 10\times0.8 = 8\,(\text{A})$$
$$I_{e2} = I_2\cos\theta_2 = 5\times0.8 = 4\,(\text{A})$$
$$I_{q2} = I_2\sin\theta_2 = I_2\sqrt{1-\cos^2\theta_2} = 5\sqrt{1-0.8^2} = 5\sqrt{0.36} = 5\times0.6 = 3\,(\text{A})$$

$I_{q1} > I_{q2}$ なので, 回路は問題の表の性質より容量性であり, $\dot{I}$ は $\dot{V}$ より位相が**進んでいる**. I_{q1} と I_{q2} は逆位相なので, 回路全体の皮相電力 P_s〔VA〕は, 次式によって求めることができる.

$$P_s = V\sqrt{(I_{e1}+I_{e2})^2 + (I_{q1}-I_{q2})^2} = 100\sqrt{(6+4)^2 + (8-3)^2}$$
$$= 100\sqrt{5^2\times(2^2+1^2)} = 100\times5\sqrt{5} = 500\sqrt{5}\,(\text{VA})$$

ここで, 電流 $\dot{I}$ の大きさ I〔A〕は, 次式で表される.

$$I = \sqrt{(I_{e1}+I_{e2})^2 + (I_{q1}-I_{q2})^2} = 5\sqrt{5}\,(\text{A})$$

力率 $\cos\theta$ は, 次式で表される.

$$\cos\theta = \frac{I_{e1}+I_{e2}}{\sqrt{(I_{e1}+I_{e2})^2 + (I_{q1}-I_{q2})^2}} = \frac{10}{5\sqrt{5}} = \frac{2}{\sqrt{5}}$$

また, 回路の有効電力 P〔W〕は, 次式によって求めることもできる.

$$P = P_s\cos\theta = 500\sqrt{5}\times\frac{2}{\sqrt{5}} = 1,000\,(\text{W})$$

解答 問25➡**ア-4 イ-7 ウ-1 エ-5 オ-8**

問 26　📖解説あり!　　　　　　　　正解 ☐　完璧 ☐　✏️直前CHECK ☐

図に示す抵抗 R〔Ω〕および自己インダクタンス L〔H〕の回路において，交流電圧 $\dot{V}$〔V〕の角周波数 ω が，$\omega = R/L$〔rad/s〕であるとき，L の両端電圧 $\dot{V}_L$ と $\dot{V}$ の大きさの比の値（$|\dot{V}_L|\,/\,|\dot{V}|$）として，正しいものを下の番号から選べ．

1　1/4

2　1/3

3　$1/\sqrt{3}$

4　$1/\sqrt{2}$

5　1

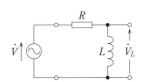

問 27　📖解説あり!　　　　　　　　正解 ☐　完璧 ☐　✏️直前CHECK ☐

図に示す回路において，電圧および電流の瞬時値 v および i がそれぞれ次式で表されるとき，v と i の間の位相差 θ および回路の消費電力（有効電力）P の値の組合せとして，正しいものを下の番号から選べ．ただし，角速度を ω〔rad/s〕，時間を t〔s〕とする．

$$v = 100\cos(\omega t - \pi/6)\,\text{〔V〕}, \quad i = 10\sin(\omega t + \pi/6)\,\text{〔A〕}$$

	θ	P
1	$\dfrac{\pi}{6}$〔rad〕	$125\sqrt{3}$〔W〕
2	$\dfrac{\pi}{6}$〔rad〕	$250\sqrt{3}$〔W〕
3	$\dfrac{\pi}{6}$〔rad〕	$500\sqrt{3}$〔W〕
4	$\dfrac{\pi}{3}$〔rad〕	$125\sqrt{3}$〔W〕
5	$\dfrac{\pi}{3}$〔rad〕	$250\sqrt{3}$〔W〕

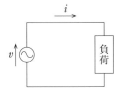

電圧と電流の関数が違うので，同じにしてから位相差を求めてね．
$\cos x = \sin(x + \pi/2)$ だよ．電力は電圧の実効値と電流の実効値の掛け算だよ．

📖 解説→問26

直列回路の電圧の比は，抵抗とリアクタンスの比で表されるので，次式が成り立つ.

$$\frac{\dot{V}_L}{\dot{V}} = \frac{j\omega L}{R+j\omega L} \qquad \cdots\cdots(1)$$

$\omega = R/L$ を式 (1) に代入すると，

$$\frac{\dot{V}_L}{\dot{V}} = \frac{jR}{R+jR} = \frac{j}{1+j1} \qquad \cdots\cdots(2)$$

よって，式 (2) の絶対値を求めれば $\dot{V}_L$ と $\dot{V}$ の大きさの比を求めることができる.

$$\frac{|\dot{V}_L|}{|\dot{V}|} = \frac{1}{\sqrt{1^2+1^2}} = \frac{1}{\sqrt{2}}$$

注意 L が C になった回路も出題されているよ.
$\omega = 1/CR$ の条件のとき，答えは同じだよ.

📖 解説→問27

電圧は cos 関数で表されているので，電流に合わせて sin 関数にすると，次式で表される.

$$v = 100\cos\left(\omega t - \frac{\pi}{6}\right) = 100\sin\left(\omega t - \frac{\pi}{6} + \frac{\pi}{2}\right) = 100\sin\left(\omega t + \frac{2\pi}{6}\right)$$

電圧と電流の位相差 θ を求めると，次式で表される.

$$\theta = \frac{2\pi}{6} - \frac{\pi}{6} = \frac{\pi}{6}\ [\text{rad}]$$

よって，力率 $\cos\theta = \cos(\pi/6)$ となり，電圧と電流の最大値 $V_m = 100$ [V]，$I_m = 10$ [A] より，実効値は $V = 100/\sqrt{2}$ [V]，$I = 10/\sqrt{2}$ [A] となるので，有効電力 P [W] は次式によって求めることができる.

$$P = VI\cos\theta = \frac{100}{\sqrt{2}} \times \frac{10}{\sqrt{2}} \times \frac{\sqrt{3}}{2} = 250\sqrt{3}\ [\text{W}]$$

解答 問26→4　問27→2

問 28　📖 解説あり！　　　　　　　正解 ☐　完璧 ☐　　✍直前 CHECK ☐

次の記述は，図に示す直列共振回路とその周波数特性について述べたものである．このうち誤っているものを下の番号から選べ．ただし，抵抗 R を 10〔Ω〕，静電容量 C を 0.001〔μF〕，自己インダクタンスを L〔H〕，交流電圧 $\dot{V}$ の大きさを 20〔V〕，共振周波数 f_0 を 100〔kHz〕とする．また，f_0 における回路の電流を I_0〔A〕，$I_0/\sqrt{2}$〔A〕になる周波数を f_1 および f_2〔Hz〕（$f_1 < f_2$）とする．

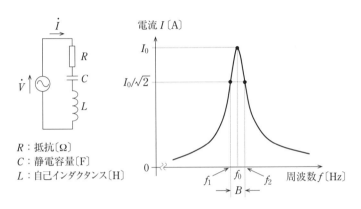

R：抵抗〔Ω〕
C：静電容量〔F〕
L：自己インダクタンス〔H〕

1　回路の尖鋭度 Q は，$Q = 500/\pi$ である．

2　帯域幅 B は，$B = f_2 - f_1 = 200\pi$〔Hz〕である．

3　f_0 のときに R で消費される電力は，40〔W〕である．

4　f_1 のときに R で消費される電力は，30〔W〕である．

5　f_2 のときに回路に流れる電流 $\dot{i}$ の位相は，$\dot{V}$ よりも遅れる．

> 共振時はリアクタンスが 0〔Ω〕になるので，電流は $I_0 = V/I$ で求めてね．
> 電力は $P = I^2 R$ で求められるよ．$1/\sqrt{2}$ の 2 乗は 1/2 になるけど，選択肢 4 の値は 3 の値の 1/2 になってないね．

各選択肢は，次のようになる.

1 回路の Q は，次式で表される.

$$Q = \frac{1}{\omega_0 CR} = \frac{1}{2\pi f_0 CR} = \frac{1}{2\pi \times 100 \times 10^3 \times 0.001 \times 10^{-6} \times 10}$$

$$= \frac{1}{2\pi \times 10^{-3}} = \frac{1,000}{2\pi} = \frac{500}{\pi}$$

2 帯域幅 B〔Hz〕は，次式で表される.

$$B = f_2 - f_1 = \frac{f_0}{Q} = \frac{\pi}{500} \times 100 \times 10^3 = 200\pi \text{〔Hz〕}$$

3 共振時はリアクタンスが 0〔Ω〕となるので，共振時の電流 I_0〔A〕は，

$$I_0 = \frac{V}{R} = \frac{20}{10} = 2 \text{〔A〕}$$

電力 P〔W〕は，次式で表される.

$$P = I_0^2 R = 2^2 \times 10 = 40 \text{〔W〕}$$

4 f_1 のときの電力 P_1〔W〕は，次式で表される.

$$P_1 = \left(\frac{I_0}{\sqrt{2}} \right)^2 R = \frac{2^2}{2} \times 10 = 20 \text{〔W〕}$$

5 回路のインピーダンス $\dot{Z}$ と電流 $\dot{I}$ は，次式の関係がある.

$$\dot{Z} = R + j \left(\omega_2 L - \frac{1}{\omega_2 C} \right) \text{〔Ω〕} \qquad \cdots\cdots (1)$$

$$\dot{I} = \frac{\dot{V}}{\dot{Z}} \qquad \cdots\cdots (2)$$

式 (1) の虚数部は (+) の誘導性となるので，$\dot{I} = a - jb$ となり $\dot{I}$ の位相は $\dot{V}$ よりも遅れる.

解答 問28→4

問 29　　　　　　　　　　正解 ☐　完璧 ☐　✏ 直前CHECK ☐

次の記述は，図に示す回路の過渡現象について述べたものである．　　　内に入れるべき字句を下の番号から選べ．ただし，初期状態で C の電荷は零とし，時間 t はスイッチ SW を接（ON）にしたときを $t=0$〔s〕とする．また，自然対数の底を e とする．

(1) t〔s〕後に C に流れる電流 i_C は，$i_C = \dfrac{V}{R} \times \boxed{\ ア\ }$〔A〕である．

(2) t〔s〕後に L に流れる電流 i_L は，$i_L = \dfrac{V}{R} \times \boxed{\ イ\ }$〔A〕である．

(3) したがって，t〔s〕後に V から流れる電流 i は，次式で表される．

$$i = \dfrac{V}{R} \times \boxed{\ ウ\ } \ \text{〔A〕}$$

(4) t が十分に経過し定常状態になったとき，C の両端の電圧 v_C は $\boxed{\ エ\ }$〔V〕である．

(5) また，$R = \sqrt{\dfrac{L}{C}}$ のとき，i は，$\boxed{\ オ\ }$〔A〕である．

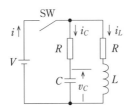

R：抵抗〔Ω〕
C：静電容量〔F〕
L：自己インダクタンス〔H〕
V：直流電圧〔V〕

1　$e^{-\frac{t}{RC}}$　　2　$\left(1 - e^{-\frac{t}{RC}}\right)$　　3　$\left(1 - e^{-\frac{t}{RC}} + e^{-\frac{R}{L}t}\right)$　　4　V　　5　$\dfrac{V}{R}$

6　$e^{-\frac{R}{L}t}$　　7　$\left(1 - e^{-\frac{R}{L}t}\right)$　　8　$\left(1 + e^{-\frac{t}{RC}} - e^{-\frac{R}{L}t}\right)$　　9　$2V$　　10　$\dfrac{V}{2R}$

問 30 　📖 解説あり！　　　　正解 □　完璧 □　✏ 直前CHECK □

　図に示す最大値がそれぞれ V_m〔V〕で等しい三つの波形の電圧 v_a, v_b および v_c を同じ抵抗値の抵抗 R〔Ω〕に加えたとき，R で消費されるそれぞれの電力 P_a, P_b および P_c〔W〕の大きさの関係を表す式として，正しいものを下の番号から選べ．ただし，三角波，正弦波および方形波の波高率をそれぞれ $\sqrt{3}$，$\sqrt{2}$ および 1 とし，各波形の角周波数を ω〔rad/s〕，時間を t〔s〕とする．

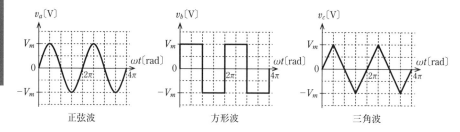

正弦波　　　　　　　　　方形波　　　　　　　　　三角波

1　$P_b > P_a > P_c$

2　$P_b > P_c > P_a$

3　$P_c > P_b > P_a$

4　$P_c > P_a > P_b$

5　$P_a > P_c > P_b$

解答 問29➔ ア−1　イ−7　ウ−8　エ−4　オ−5

　問29　$i = i_C + i_L = \dfrac{V}{R}(e^{-t/RC} + 1 - e^{-Rt/L})$ の式において，

ミニ解説

　　　　　$R = \sqrt{\dfrac{L}{C}}$ を i_C と i_L の e の指数に代入すると，

　　　　　$-\dfrac{t}{RC} = -\dfrac{t}{C}\sqrt{\dfrac{C}{L}} = -\dfrac{t}{\sqrt{CL}}$

　　　　　$-\dfrac{R}{L}t = -\dfrac{1}{L}\sqrt{\dfrac{L}{C}}t = -\dfrac{t}{\sqrt{CL}}$

　　　　となり，同じ値になるので，$i = V/R$〔A〕となる．

解答

問 31　📖 解説あり！　　　　　　　　正解 ⬜　完璧 ⬜　✏️ 直前 CHECK ⬜

次の記述は，図に示す抵抗 R〔Ω〕と静電容量 C〔F〕の直並列回路における交流電圧 $\dot{V}$〔V〕と端子 ab 間の電圧 $\dot{V}_{ab}$〔V〕の関係について述べたものである．　　　内に入れるべき字句の正しい組合せを下の番号から選べ．ただし，$\dot{V}$ の角周波数を ω〔rad/s〕とする．

(1) $\dot{V}_{ab}/\dot{V}$ は，C と R の直列インピーダンスを $\dot{Z}_S$〔Ω〕，並列インピーダンスを $\dot{Z}_P$〔Ω〕とすると，次式で表される．

$$\dot{V}_{ab}/\dot{V} = \boxed{\text{A}} \qquad\qquad \cdots\cdots①$$

(2) $\dot{V}_{ab}$ と $\dot{V}$ が同相になるときの ω を ω_0 とすると，式①より，$\omega_0 = \boxed{\text{B}}$〔rad/s〕である．

(3) したがって，ω_0 のときの $\dot{V}_{ab}/\dot{V}$ は，$\dot{V}_{ab}/\dot{V} = \boxed{\text{C}}$ である．

	A	B	C
1	$\dfrac{1}{1-\dfrac{\dot{Z}_S}{\dot{Z}_P}}$	$\dfrac{1}{\sqrt{CR}}$	$\dfrac{1}{2}$
2	$\dfrac{1}{1-\dfrac{\dot{Z}_S}{\dot{Z}_P}}$	$\dfrac{1}{CR}$	$\dfrac{1}{3}$
3	$\dfrac{1}{1+\dfrac{\dot{Z}_S}{\dot{Z}_P}}$	$\dfrac{1}{CR}$	$\dfrac{1}{3}$
4	$\dfrac{1}{1+\dfrac{\dot{Z}_S}{\dot{Z}_P}}$	$\dfrac{1}{\sqrt{CR}}$	$\dfrac{1}{2}$
5	$\dfrac{1}{1+\dfrac{\dot{Z}_S}{\dot{Z}_P}}$	$\dfrac{1}{\sqrt{CR}}$	$\dfrac{1}{3}$

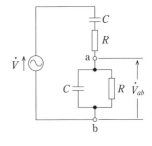

直列インピーダンスに加わる電圧の比は，インピーダンスの比で表されるよ．
Aの選択肢の値になるように式を変形してね．

各波形の最大値を V_m，実効値を V_{ef}，平均値を V_{av} とすると，波高率 K_p および波形率 K_f は，次式で表される．

$$K_p = \frac{V_m}{V_{ef}} \qquad , \qquad K_f = \frac{V_{ef}}{V_{av}}$$

最大値が V_m〔V〕の正弦波の実効値を V_a，方形波の実効値を V_b，三角波の実効値を V_c とすると，各波形の実効値は，次式で表される．

$$V_a = \frac{V_m}{\sqrt{2}} \doteqdot 0.71 V_m \quad , \qquad V_b = V_m \quad , \qquad V_c = \frac{V_m}{\sqrt{3}} \doteqdot 0.58 V_m$$

消費電力は実効値の2乗に比例するので，正弦波，方形波，三角波の電力 P_a，P_b，P_c の関係は，次式で表される．

$$P_b > P_a > P_c$$

直列回路の電圧比は，インピーダンス比で表されるので，次式が成り立つ．

$$\frac{\dot{V}_{ab}}{\dot{V}} = \frac{\dot{Z}_P}{\dot{Z}_P + \dot{Z}_S} = \frac{1}{1 + \dfrac{\dot{Z}_S}{\dot{Z}_P}} \qquad\qquad \cdots\cdots (1)$$

式 (1) の $\dot{Z}_S / \dot{Z}_P$ は，次式となる．

$$\dot{Z}_S \times \frac{1}{\dot{Z}_P} = \left(R - j\frac{1}{\omega C} \right) \times \left(\frac{1}{R} + j\omega C \right)$$

$$= 1 + 1 + j\omega CR - j\frac{1}{\omega CR} \qquad\qquad \cdots\cdots (2)$$

式 (1) の $\dot{V}_{ab}$ と $\dot{V}$ が同相になる角周波数 ω_0 は，式 (2) において，虚数項を0と置けば求めることができるので，

$$\omega_0 CR = \frac{1}{\omega_0 CR} \qquad \text{よって，} \omega_0 = \frac{1}{CR} \,〔\mathrm{rad/s}〕$$

式 (2) の虚数項が0のとき，$\dot{Z}_S / \dot{Z}_P = 2$ となるので，式 (1) は次式で表される．

$$\frac{\dot{V}_{ab}}{\dot{V}} = \frac{1}{3}$$

問題

問 32　📖 解説あり！　正解 ☐　完璧 ☐　✎ 直前 CHECK ☐

図に示す回路において，抵抗 R_2〔Ω〕に流れる電流 $\dot{I}_2$〔A〕と交流電圧 $\dot{V}$〔V〕との位相差が $\pi/2$〔rad〕であるとき，$\dot{V}$ の角周波数 ω を表す式として，正しいものを下の番号から選べ．

1　$\omega = \dfrac{1}{R_1 R_2 C_1 C_2}$ 〔rad/s〕

2　$\omega = \dfrac{1}{\sqrt{3}\, R_1 R_2 C_1 C_2}$ 〔rad/s〕

3　$\omega = \dfrac{1}{\sqrt{6}\, R_1 R_2 C_1 C_2}$ 〔rad/s〕

4　$\omega = \dfrac{1}{\sqrt{2 R_1 R_2 C_1 C_2}}$ 〔rad/s〕

5　$\omega = \dfrac{1}{\sqrt{R_1 R_2 C_1 C_2}}$ 〔rad/s〕

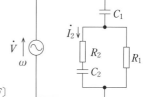

R_1：抵抗〔Ω〕
C_1, C_2：静電容量〔F〕

問 33　📖 解説あり！　正解 ☐　完璧 ☐　✎ 直前 CHECK ☐

図に示す抵抗 R〔Ω〕および静電容量 C〔F〕の並列回路において，角周波数 ω〔rad/s〕を零 (0) から無限大 (∞) まで変化させたとき，端子 ab 間のインピーダンス $\dot{Z}$〔Ω〕のベクトル軌跡として，最も近いものを下の番号から選べ．

1
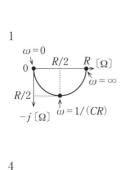

2
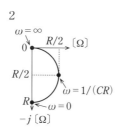

3
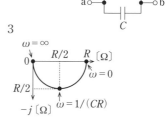

4
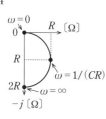

5
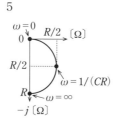

C_1 を流れる電流を $\dot{I}$ とすると，R_2 と C_2 を流れる電流 $\dot{I}_2$ は，次式で表される．

$$\dot{I}_2 = \frac{R_1 \times (R_2 + jX_2)}{R_1 + R_2 + jX_2} \dot{I} \times \frac{1}{R_2 + jX_2} = \frac{R_1}{R_1 + R_2 + jX_2} \dot{I} = \frac{R_1}{R_1 + R_2 + jX_2} \times \frac{\dot{V}}{jX_1 + \dfrac{R_1(R_2 + jX_2)}{R_1 + R_2 + jX_2}}$$

$$= \frac{R_1 \dot{V}}{jX_1(R_1 + R_2 + jX_2) + R_1(R_2 + jX_2)} = \frac{R_1 \dot{V}}{R_1 R_2 + j^2 X_1 X_2 + jX_1(R_1 + R_2) + jX_2 R_1}$$

$$= \frac{\dot{V}}{R_2 - \dfrac{X_1 X_2}{R_1} + j\left\{\dfrac{X_1(R_1 + R_2)}{R_1} + X_2\right\}} \qquad \cdots\cdots(1)$$

ただし，$X_1 = -\dfrac{1}{\omega C_1}$ ，$X_2 = -\dfrac{1}{\omega C_2}$ $\qquad \cdots\cdots(2)$

電圧 $\dot{V}$ と電流 $\dot{I}_2$ の位相差が $\dfrac{\pi}{2}$ となるのは，式 (1) の分母の実数項が 0 となって，虚数項のみとなったときだから，実数項を 0 として式 (2) を代入すれば，次式が成り立つ．

$$R_2 - \frac{X_1 X_2}{R_1} = R_2 - \frac{1}{\omega^2 C_1 C_2 R_1} = 0$$

したがって，$\omega = \dfrac{1}{\sqrt{R_1 R_2 C_1 C_2}}$ 〔rad/s〕

$X_C = 1/(\omega C)$ とすると，ab 間のインピーダンス $\dot{Z}_{ab}$ 〔Ω〕は，次式で表される．

$$\dot{Z}_{ab} = \frac{R \times (-jX_C)}{R + (-jX_C)} \qquad \cdots\cdots(1)$$

$$= \frac{-jRX_C}{R - jX_C} \times \frac{R + jX_C}{R + jX_C}$$

$$= \frac{RX_C^2}{R^2 + X_C^2} - j\frac{R^2 X_C}{R^2 + X_C^2} \qquad \cdots\cdots(2)$$

式 (1) の $\dot{Z}_{ab}$ のとり得る値は実軸が +，虚軸が − の第 4 象限となる．ω が変化して，$\omega = \infty$ のときは，$\omega C = \infty$，$X_C = 0$ となるので，$\dot{Z}_{ab} = 0$ となる．

$\omega = 0$ のときは，$X_C = \infty$ となるので，式 (1) の分子と分母を $-jX_C$ で割ると，

$$\dot{Z}_{ab} = \frac{R}{\dfrac{R}{-jX_C} + 1} \qquad \cdots\cdots(3)$$

式 (3) に $X_C = \infty$ を代入すると，$\dot{Z}_{ab} = R$ となるので，選択肢 3 の図である．

解答 問32→5 問33→3

問題

問 34　　📖 解説あり!　　　　　　　正解 ☐　完璧 ☐　　✏ 直前 CHECK ☐

次の記述は，図に示す相互誘導結合された二つのコイル P および S による回路の端子 ab から見たインピーダンス $\dot{Z}$ を求める過程について述べたものである．　☐　内に入れるべき字句の正しい組合せを下の番号から選べ．ただし，1 次側を流れる電流を $\dot{I}_1$〔A〕，2 次側を流れる電流を $\dot{I}_2$〔A〕とする．また，角周波数を ω〔rad/s〕とする．

(1) 回路の 1 次側では，交流電圧を $\dot{V}$〔V〕とすると，$\dot{V}=j\omega L_1\dot{I}_1-\boxed{}\times\dot{I}_2$ が成り立つ．

(2) 回路の 2 次側では，$0=-j\omega M\dot{I}_1+\boxed{}\times\dot{I}_2$〔V〕が成り立つ．

(3) (1) および (2) より $\dot{I}_2$ を消去して $\dot{Z}=\dot{V}/\dot{I}_1$ を求め $\dot{Z}$ の実数分（抵抗分）を R_e，虚数分（リアクタンス分）を X_e とすると，R_e および X_e はそれぞれ次式で表される．

$$R_e=\frac{\omega^2M^2R}{R_2+\omega^2L_2{}^2}\,〔\Omega〕,\quad X_e=\omega\times(\boxed{})〔\Omega〕$$

	A	B	C
1	$j\omega M$	$(R+j\omega L_2)$	$L_1-\dfrac{\omega^2ML_2{}^2}{R^2+\omega^2L_2{}^2}$
2	$j\omega M$	$(R+j\omega M)$	$L_1-\dfrac{\omega^2ML_2{}^2}{R^2+\omega^2L_2{}^2}$
3	$j\omega M$	$(R+j\omega L_2)$	$L_1-\dfrac{\omega^2M^2L_2}{R^2+\omega^2L_2{}^2}$
4	$j\omega L_2$	$(R+j\omega M)$	$L_1-\dfrac{\omega^2ML_2{}^2}{R^2+\omega^2L_2{}^2}$
5	$j\omega L_2$	$(R+j\omega L_2)$	$L_1-\dfrac{\omega^2M^2L_2}{R^2+\omega^2L_2{}^2}$

L_1：P の自己インダクタンス〔H〕
L_2：S の自己インダクタンス〔H〕
M：P, S 間の相互インダクタンス〔H〕
R：抵抗〔Ω〕

📖 解説→問34

キルヒホッフの法則より，1次側の閉回路の電圧は，次式で表される．

$$\dot{V} = j\omega L_1 \dot{I}_1 - j\omega M \dot{I}_2 \,[\text{V}] \qquad \cdots\cdots(1)$$

2次側の閉回路の電圧は，次式で表される．

$$0 = j\omega M \dot{I}_1 + (R + j\omega L_2)\dot{I}_2 \,[\text{V}] \qquad \cdots\cdots(2)$$

式 (2) より，$\dot{I}_2$ の式とすると，

$$\dot{I}_2 = \frac{j\omega M}{R + j\omega L_2}\dot{I}_1 \,[\text{A}] \qquad \cdots\cdots(3)$$

式 (3) を式 (1) に代入すると，

$$V = \left(j\omega L_1 + \frac{\omega^2 M^2}{R + j\omega L_2}\right)\dot{I}_1 \,[\text{V}] \qquad \cdots\cdots(4)$$

式 (4) より，

$$\dot{Z}_{ab} = \frac{\dot{V}}{\dot{I}_1} = j\omega L_1 + \frac{\omega^2 M^2 (R - j\omega L_2)}{(R + j\omega L_2)(R - j\omega L_2)}$$

$$= j\omega L_1 + \frac{\omega^2 M^2 R}{R^2 - (j\omega L_2)^2} - j\omega \frac{\omega^2 M^2 L_2}{R^2 - (j\omega L_2)^2}$$

$$= \frac{\omega^2 M^2 R}{R^2 + \omega^2 L_2{}^2} + j\omega \left(L_1 - \frac{\omega^2 M^2 L_2}{R^2 + \omega^2 L_2{}^2}\right) \qquad \cdots\cdots(5)$$

式 (5) の右辺の実数項が $R_e\,[\Omega]$，虚数項が $X_e\,[\Omega]$ を表す．

解答 問34→3

問 35　正解 □　完璧 □　✐ 直前CHECK □

次の記述は，可変容量ダイオード D_C について述べたものである．　　内に入れるべき字句の正しい組合せを下の番号から選べ．なお，同じ記号の　　内には，同じ字句が入るものとする．

(1) 可変容量ダイオードの図記号は，図1の　A　である．

(2) 図2に示すように，D_C に加える逆方向電圧の大きさ V〔V〕を大きくしていくと，PN接合の空乏層が　B　なる．

(3) 空乏層が　B　なると，D_C の電極間の静電容量 C_d〔F〕は　C　なる．

	A	B	C
1	I	薄く	大きく
2	I	厚く	小さく
3	II	薄く	小さく
4	II	厚く	大きく
5	II	厚く	小さく

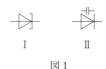

I　　　　II

図1

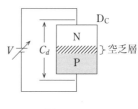

V：直流電圧
N：N形半導体
P：P形半導体

D_C
N
P
C_d
空乏層

図2

問 36　正解 □　完璧 □　✐ 直前CHECK □

次の記述は，各種半導体素子について述べたものである．　　内に入れるべき字句を下の番号から選べ．

(1) ホール素子は，　ア　に応じて起電力を発生する素子である．

(2) ホトダイオードは，　イ　を電気エネルギーに変換する素子である．

(3) サイリスタは，　ウ　の安定状態を持つスイッチング素子である．

(4) サーミスタは，温度によって　エ　が変化する素子である．

(5) バリスタは，　オ　によって電気抵抗が変化する素子である．

1	光エネルギー	2	電圧	3	二つ	4	静電容量	5	熱エネルギー
6	自己インダクタンス	7	長さ	8	四つ	9	電気抵抗	10	磁界の強さ

図に示すように，断面積が S〔m²〕，長さが l〔m〕，電子密度が σ〔個/m³〕，電子の移動度が μ_n〔m²/(V・s)〕のN形半導体に，V〔V〕の直流電圧を加えたときに流れる電流 I〔A〕を表す式として，正しいものを下の番号から選べ．ただし，電流は電子によってのみ流れるものとし，電子の電荷の大きさを q〔C〕とする．

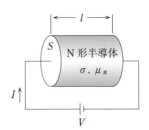

1 $I = \dfrac{S\mu_n V}{\sigma q l}$

2 $I = \dfrac{S\sigma q V}{\mu_n l}$

3 $I = \dfrac{S\sigma q V^2}{\mu_n l}$

4 $I = \dfrac{S\mu_n \sigma q V}{l}$

5 $I = \dfrac{S\mu_n \sigma q V^2}{l}$

次の記述は，フォトダイオードについて述べたものである．☐☐内に入れるべき字句の正しい組合せを下の番号から選べ．

(1) 光電変換には，☐A☐を利用している．

(2) 一般に，☐B☐電圧を加えて使用し，受光面に当てる光の強さが強くなると電流の大きさの値は☐C☐なる．

	A	B	C
1	光起電力効果	順方向	小さく
2	光起電力効果	逆方向	大きく
3	光起電力効果	順方向	大きく
4	光導電効果	順方向	小さく
5	光導電効果	逆方向	大きく

解答 問35→5　問36→ア-10　イ-1　ウ-3　エ-9　オ-2

問 39　　　　　　　　　　　　　　正解 □　完璧 □　📝 直前CHECK □

次の記述は，各種半導体素子について述べたものである．　□　内に入れるべき字句の正しい組合せを下の番号から選べ．

(1) サーミスタは，　A　に対して電気抵抗が変化する素子である．

(2) バラクタダイオードは，電圧の変化に対して　B　が変化する素子である．

(3) バリスタは，電圧の変化に対して　C　が変化する素子である．

	A	B	C
1	温度の変化	静電容量	磁気抵抗
2	温度の変化	静電容量	電気抵抗
3	温度の変化	磁気抵抗	電気抵抗
4	光量の変化	電気抵抗	静電容量
5	光量の変化	磁気抵抗	静電容量

サーミスタ (thermistor) は thermal sensitive resistor，バラクタ (varactor) は variable reactance，バリスタ (varistor) は variable resistor の略語だよ．

問 40　　📖 解説あり!　　　　　　　正解 □　完璧 □　📝 直前CHECK □

図 1 に示すダイオード D と抵抗 R を用いた回路に流れる電流 I_D および D の両端の電圧 V_D の値の組合せとして，最も近いものを下の番号から選べ．ただし，ダイオード D の順方向特性は，図 2 に示す折れ線で近似するものとする．

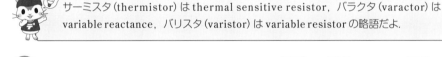

	I_D	V_D
1	0.2〔A〕	0.7〔V〕
2	0.2〔A〕	0.9〔V〕
3	0.3〔A〕	0.7〔V〕
4	0.4〔A〕	0.8〔V〕
5	0.4〔A〕	0.9〔V〕

$V = 2.1$〔V〕
V：直流電圧
$R = 7$〔Ω〕
I_D

図 1

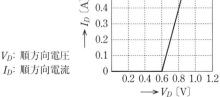

V_D: 順方向電圧
I_D: 順方向電流

図 2

📖 解説 → 問37

体積 $X = Sl$ 〔m³〕の半導体内部に存在する自由電子の数 N 〔個〕は，電子密度が σ だから次式で表される.

$$N = X\sigma = Sl\sigma \qquad\qquad \cdots\cdots(1)$$

半導体内部に存在する電荷の量 Q 〔C〕は，電子の電荷 q 〔C〕と式 (1) より，

$$Q = Nq = Sl\sigma q \text{ 〔C〕} \qquad\qquad \cdots\cdots(2)$$

長さ l 〔m〕を時間 t 〔s〕で移動する自由電子の移動速度 v 〔m/s〕は，

$$v = \frac{l}{t} \text{ 〔m/s〕} \qquad\qquad \cdots\cdots(3)$$

半導体内の電界 E 〔V/m〕は，電圧 V 〔V〕より，

$$E = \frac{V}{l} \text{ 〔V/m〕} \qquad\qquad \cdots\cdots(4)$$

電子の移動度 μ_n 〔m²/(V·s)〕と式 (4) より速度 v は，

$$v = \mu_n E = \frac{\mu_n V}{l} \text{ 〔m/s〕} \qquad\qquad \cdots\cdots(5)$$

電流〔A〕は，単位時間〔s〕当たりに電荷〔C〕が移動した電気量を表すので，式 (2)，(3)，(5) より，電流 I 〔A〕を求めると，次式で表される.

$$I = \frac{Q}{t} = \frac{Sl\sigma q}{t} = S\sigma vq = \frac{S\mu_n \sigma qV}{l} \text{ 〔A〕}$$

📖 解説 → 問40

ダイオードに電流が流れているときの特性曲線の変化が直線なので，問題図2の電流 I_D を表す式は，次式で表される.

$$I_D = (V_D - 0.6) \times \frac{0.6}{0.9 - 0.6} = 2V_D - 1.2 \text{ 〔A〕} \qquad\qquad \cdots\cdots(1)$$

問題図1の閉回路より，次式が成り立つ.

$$V_D + RI_D = V \qquad V_D + 7I_D = 2.1 \qquad \text{よって，} V_D = 2.1 - 7I_D \text{ 〔V〕} \qquad \cdots\cdots(2)$$

式 (2) を式 (1) に代入すると，次式が成り立つ.

$$I_D = 4.2 - 14I_D - 1.2 \qquad 15I_D = 3 \qquad \text{よって，} I_D = 0.2 \text{ 〔A〕} \qquad \cdots\cdots(3)$$

式 (3) を式 (2) に代入すると，次式が成り立つ.

$$V_D = 2.1 - 7 \times 0.2 = 0.7 \text{ 〔V〕}$$

また，V_D の横軸を電源電圧の 2.1〔V〕まで伸ばして，$V_D = 0$〔V〕のときの電流 $V_D / R = 0.3$〔A〕と 2.1〔V〕を結ぶ負荷線を引くと，負荷線とダイオードの特性曲線との交点から，ダイオードの動作点の電流と電圧を求めることもできる.

解答　問37 → 4　問38 → 2　問39 → 2　問40 → 1

44

問 41　　　　　　　　　　　　　　　　正解 ☐　完璧 ☐　✏ 直前 CHECK ☐

　次に示す，理想的なダイオード D，ツェナー電圧 2〔V〕の定電圧ダイオード D_Z および 1〔kΩ〕の抵抗 R を組み合わせた回路の電圧電流特性として，最も近いものを下の番号から選べ．ただし，端子 ab 間に加える電圧を V，流れる電流を I とする．

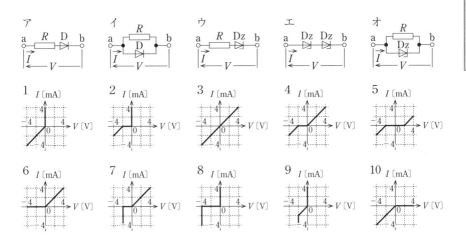

問 42　　　　　　　　　　　　　　　　正解 ☐　完璧 ☐　✏ 直前 CHECK ☐

　次の記述は，ダイオードまたはトランジスタから発生する雑音について述べたものである．　☐　内に入れるべき字句の正しい組合せを下の番号から選べ．

(1) 周波数特性の高域で観測され，エミッタ電流がベース電流とコレクタ電流に分配される比率のゆらぎによって生ずる雑音は，　A　である．

(2) 周波数特性の中域で観測され，電界を加えて電流を流すとき，キャリアの数やドリフト速度のゆらぎによって生ずる雑音は，　B　である．

(3) 周波数特性の低域で観測され，周波数 f に反比例する特性があることから 1/f 雑音ともいわれる雑音は　C　である．

	A	B	C
1	フリッカ雑音	分配雑音	ホワイト雑音
2	フリッカ雑音	散弾雑音	熱雑音
3	散弾雑音	フリッカ雑音	熱雑音
4	分配雑音	フリッカ雑音	ホワイト雑音
5	分配雑音	散弾雑音	フリッカ雑音

問題

問 43　　　　　　　　　　　　　　正解 [　] 完璧 [　] 直前 CHECK [　]

次の記述は，トランジスタの最大コレクタ損失P_{Cmax}について述べたものである．　　　　内に入れるべき字句の正しい組合せを下の番号から選べ．

(1) 動作時に　A　において連続的に消費する電力の最大許容値をいう．

(2) 周囲温度が高くなると，　B　なる．

(3) $P_{Cmax}=10$〔W〕，コレクタ電流の最大定格$I_{Cmax}=2$〔A〕のトランジスタでは，コレクタ－エミッタ間の電圧V_{CE}を20〔V〕で連続使用するとき，流すことができる最大のコレクタ電流I_Cは，　C　〔mA〕である．ただし，V_{CE}は最大定格以下の電圧である．

	A	B	C
1	コレクタ接合	大きく	500
2	コレクタ接合	大きく	250
3	コレクタ接合	小さく	500
4	エミッタ接合	小さく	250
5	エミッタ接合	大きく	500

I_{Cmax}はCの選択肢の値が超えてないから，考えなくていいよ．

$I_C = \dfrac{P_{Cmax}}{V_{CE}}$ で求めてね．

解答 問41→ア−6　イ−1　ウ−4　エ−8　オ−9　問42→5

問41 理想的なダイオードと定電圧ダイオードの順方向抵抗は0〔Ω〕だから，選択肢イ，エ，オの順方向電流は電流軸の方向に流れる．理想的なダイオードの逆方向特性は電流が流れない．定電圧ダイオードの逆方向特性は2〔V〕から電流が流れ始める．

46

問題

問

問 44　📖 解説あり！　　　　正解 ☐　完璧 ☐　✏ 直前CHECK ☐

図1に示すように，トランジスタ Tr_1 および Tr_2 をダーリントン接続した回路を，図2に示すように一つのトランジスタ Tr_0 とみなしたとき，Tr_0 のベース−エミッタ間から見た入力インピーダンス Z_i〔Ω〕を表す式として，正しいものを下の番号から選べ．ただし，Tr_1 および Tr_2 の h 定数の入力インピーダンスをそれぞれ h_{ie1} および h_{ie2}〔Ω〕，電流増幅率をそれぞれ h_{fe1} および h_{fe2} とする．また，電圧帰還率および出力アドミタンスの影響は無視するものとする．

1　$Z_i = h_{ie1} + (1 + h_{fe1}) h_{ie2}$

2　$Z_i = (1 + h_{fe2})^2 h_{ie1}$

3　$Z_i = (2 + h_{ie1}) h_{fe2}$

4　$Z_i = 2 h_{fe1} h_{fe2}$

5　$Z_i = h_{fe2}{}^2 h_{ie1}$

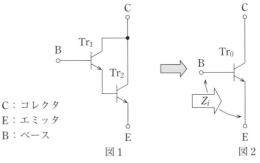

C：コレクタ
E：エミッタ
B：ベース

図1　　　　　　図2

問 45　📖 解説あり！　　　　正解 ☐　完璧 ☐　✏ 直前CHECK ☐

次の図は，電界効果トランジスタ（FET）の図記号と伝達特性の概略図の組合せを示したものである．このうち誤っているものを下の番号から選べ．ただし，伝達特性は，ゲート（G）−ソース（S）間電圧 V_{GS}〔V〕とドレイン（D）電流 I_D〔A〕間の特性である．また，V_{GS} および I_D は図の矢印で示した方向を正（+）とする．

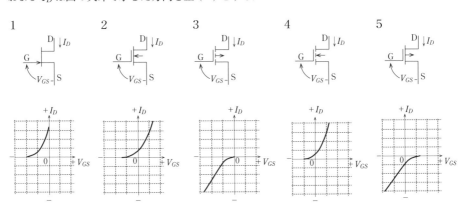

📖 解説➡問44

問題図1の回路は，問題図2の等価回路を使えば，解説図のような等価回路で表すことができる．解説図において，入力電圧 V_i は，次式で表される．

$V_i = h_{ie1}I_{b1} + h_{ie2}I_{b2}$

$\qquad = h_{ie1}I_{b1} + h_{ie2}(I_{b1} + h_{fe1}I_{b1})$ ……(1)

入力インピーダンス Z_i は，式 (1) を用いれば，次式で表される．

$Z_i = \dfrac{V_i}{I_{b1}} = \dfrac{h_{ie1}I_{b1} + h_{ie2}I_{b1}(1 + h_{fe1})}{I_{b1}}$

$\qquad = h_{ie1} + (1 + h_{fe1})h_{ie2}$

また，出力電流 I_o は，解説図から次式で表される．

$I_o = h_{fe1}I_{b1} + h_{fe2}I_{b2}$

$\qquad = h_{fe1}I_{b1} + h_{fe2}(I_{b1} + h_{fe1}I_{b1})$ ……(2)

電流増幅率 A_i は，式 (2) を用いれば，次式で表される．

$A_i = \dfrac{I_o}{I_{b1}}$

$\qquad = h_{fe1} + h_{fe2} + h_{fe1}h_{fe2}$ ……(3)

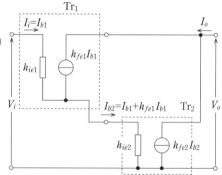

 この回路の電流増幅率を求める問題も出題されているので，一緒に学習してね．

📖 解説➡問45

矢印が中を向いている図記号はNチャネル，外を向いているのはPチャネルである．選択肢4はNチャネル，エンハンスメント形MOSFETである．正しい伝達特性を解説図に示す．

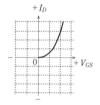

解答 問43➡3　問44➡1　問45➡4

  問43 $I_C = \dfrac{P_{Cmax}}{V_{CE}} = \dfrac{10}{20} = 0.5$ 〔A〕$= 500$ 〔mA〕

問題

問 46

正解 □　完璧 □　直前CHECK □

次の記述は，図1に示す図記号の電界効果トランジスタ（FET）について述べたものである．このうち誤っているものを下の番号から選べ．ただし，電極のドレイン，ゲートおよびソースをそれぞれD，GおよびSとする．

1　接合形のFETである．
2　チャネルはN形である．
3　内部の原理的な構造は，図2である．
4　一般に，GS間に加える電圧の極性は，Gが負（−），Sが正（＋）である．
5　一般に，DS間に加える電圧の極性は，Dが正（＋），Sが負（−）である．

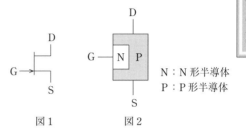

N：N形半導体
P：P形半導体

図1　　　　図2

問 47

正解 □　完璧 □　直前CHECK □

次の記述は，図1に示す図記号の電界効果トランジスタ（FET）について述べたものである．　　内に入れるべき字句の正しい組合せを下の番号から選べ．

(1) 図記号は，　A　チャネル絶縁ゲート形FETで，エンハンスメント形である．
(2) 原理的な構造は，図2の　B　である．
(3) 一般に，D−S間に加える電圧の極性は，Dが正（＋），Sが負（−）である．
(4) (3)の場合，G−S間電圧を，Gが正（＋），Sを負（−）として大きさを増加させると，Dに流れる電流は　C　する．

	A	B	C
1	P	I	減少
2	P	II	増加
3	N	I	増加
4	N	II	増加
5	N	II	減少

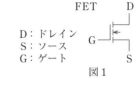

FET
D：ドレイン
S：ソース
G：ゲート
図1

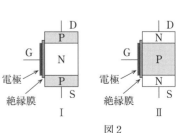

P：P形半導体
N：N形半導体

電極　絶縁膜　I
電極　絶縁膜　II
図2

解答

次の記述は，図に示す図記号の絶縁ゲート形電界効果トランジスタ（MOS形FET）について述べたものである．____内に入れるべき字句の正しい組合せを下の番号から選べ．ただし，電極のドレイン，ゲートおよびソースをそれぞれD，GおよびSで表す．

(1) 図記号のFETは，MOS形__A__チャネルで動作特性は，__B__形である．

(2) 一般に，ドレイン（D）−ソース（S）間に加える電圧の極性は，Dが正（＋），Sが負（−）である．

(3) D−S間に規定の電圧を加えて，ゲート（G）−ソース（S）間電圧を，Gが負（−），Sが正（＋）として大きさを増加させると，Dに流れる電流は__C__する．

	A	B	C
1	P	デプレション	減少
2	P	エンハンスメント	増加
3	N	エンハンスメント	減少
4	N	デプレション	減少
5	N	デプレション	増加

FET   D
G
S

> 矢印の向きがチャネルの種類を表すよ．電流はP形からN形に流れるので，矢印が内側を向いているときは外のPからNに向かう方向だから，中のチャネルがNチャネルだよ．矢印の当たっている線が切れてないのがデプレション（depression：低下）形だよ．線が切れているのがエンハンスメント（enhancement：増加）形だよ．

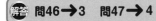解答 問46→3   問47→4

ミニ解説

問46 図1のFETは，Nチャネル接合形FETである．図2のN形をP形，P形をN形のチャネルに入れ替えれば図2は正しい図となる．

問 49 　　　　　　　　　　　正解 □ 完璧 □ ✎ 直前CHECK □

次の記述は，図に示す図記号の電界効果トランジスタ（FET）について述べたものである．誤っているものを下の番号から選べ．

FET　　　D

D：ドレイン
G：ゲート
S：ソース

1　構造は MOS 形である．
2　チャネルは，N チャネルである．
3　特性はデプレション形である．
4　一般に DS 間には，D が正（＋），S に負（－）の電圧を加えて用いる．
5　DS 間に規定の電圧を加えて GS 間の電圧を 0〔V〕としたとき，D に電流が流れない．

問 50 　　　　　　　　　　　正解 □ 完璧 □ ✎ 直前CHECK □

次の記述は，マイクロ波帯やミリ波帯の回路に用いられる電子管および半導体素子について述べたものである．このうち誤っているものを下の番号から選べ．

1　トンネルダイオードは，PN 接合に順方向電圧を加えたときの負性抵抗特性を利用し発振する．
2　ガンダイオードは，GaAs（ガリウムヒ素）半導体などに強い直流電界を加えたときに生ずるガン効果により発振する．
3　インパッドダイオードは，PN 接合のなだれ現象とキャリアの走行時間効果による負性抵抗特性を利用し発振する．
4　マグネトロンは，電界の作用と磁界の作用を利用して発振する二極真空管である．
5　進行波管は，界磁コイル内に置かれた空洞共振器の作用を利用し，広帯域の増幅が可能である．

問 51 　　　　　　　　　　　　　　正解 □　完璧 □　直前CHECK □

　次の記述は，マイクロ波の回路に用いられる電子管および半導体素子について述べたものである．□□□内に入れるべき字句の正しい組合せを下の番号から選べ．

(1) 強い直流電界とその電界と □A□ の作用を利用し，発振出力が大きなマイクロ波を発振する電子管は，マグネトロンである．

(2) 界磁コイル内に置かれた □B□ を利用し，広帯域のマイクロ波を増幅する電子管は，進行波管である．

(3) 逆方向電圧を加えたときの PN 接合の □C□ を利用し，マイクロ波の周波数逓倍などに用いられるのは，バラクタダイオードである．

	A	B	C
1	同方向の磁界	ら旋遅延回路	静電容量
2	同方向の磁界	空洞共振器	抵抗
3	直角方向の磁界	空洞共振器	静電容量
4	直角方向の磁界	ら旋遅延回路	抵抗
5	直角方向の磁界	ら旋遅延回路	静電容量

> 電界によって移動する電子は逆向きに流れる電流と同じだよ．磁界中の電流に働く力はフレミングの左手の法則で求めるよ．左手の三本の指は直角方向だね．バラクタダイオードはバリアブルリアクタンスダイオードのことで，可変容量ダイオードともいうよ．

解答 問48→4　問49→3　問50→5

ミニ解説

問 49 3　特性は**エンハンスメント形**である．
問 50 5　進行波管は，界磁コイル内に置かれた**ら旋遅延回路**の作用を利用し，広帯域の増幅が可能である．

問 52　　　　　　　　　　　　　　　　　正解 ☐　完璧 ☐　✎ 直前 CHECK ☐

　次の記述は，図に示す原理的な構造のマグネトロンについて述べたものである． ☐ 内に入れるべき字句を下の番号から選べ．

(1) 電極の数による分類では， ☐ ア ☐ である．

(2) 陽極−陰極間には ☐ イ ☐ を加える．

(3) 作用空間では，電界と磁界の方向は互いに ☐ ウ ☐ ．

(4) 発振周波数を決める主な要素は， ☐ エ ☐ である．

(5) ☐ オ ☐ や調理用電子レンジなどの高周波発振用として広く用いられている．

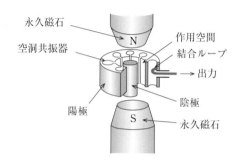

永久磁石
空洞共振器
作用空間
結合ループ
→ 出力
陰極
陽極
永久磁石

1　空洞共振器　　2　交流電界　　3　レーダー　　4　AM ラジオ放送　　5　陰極
6　平行である　　7　4 極管　　8　直流電界　　9　直交している　　10　2 極管

電極は陽極と陰極の二つだね．マイクロ波（3〜30〔GHz〕）は波長（10〜1〔cm〕）が短いので，空洞で特定の周波数に共振するよ．

問題

問 53 ‖ 解説あり! 　正解 □　完璧 □　直前CHECK □

図に示すトランジスタ (Tr) のバイアス回路において，コレクタ電流 I_C を 1〔mA〕にするためのベース抵抗 R_B の値として，最も近いものを下の番号から選べ．ただし，Tr のエミッタ接地直流電流増幅率 h_{FE} を 200，ベース-エミッタ間電圧 V_{BE} を 0.6〔V〕とする．

1　1,020〔kΩ〕
2　1,080〔kΩ〕
3　1,120〔kΩ〕
4　1,180〔kΩ〕
5　1,260〔kΩ〕

C：コレクタ
B：ベース
E：エミッタ
R_C：抵抗
V：直流電源

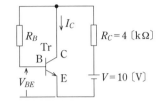

問 54 ‖ 解説あり! 　正解 □　完璧 □　直前CHECK □

図に示すトランジスタ (Tr) 増幅回路の電圧増幅度 $A = V_o/V_i$ の大きさの値として，最も近いものを下の番号から選べ．ただし，h 定数のうち入力インピーダンス h_{ie} を 8〔kΩ〕，電流増幅率 h_{fe} を 200 とする．また，入力電圧 V_i〔V〕の信号源の内部抵抗を零とし，静電容量 C_1，C_2〔F〕，h 定数の h_{re}，h_{oe} および抵抗 R_1〔Ω〕の影響は無視するものとする．

1　50
2　32
3　18
4　14
5　10

C：コレクタ
E：エミッタ
B：ベース

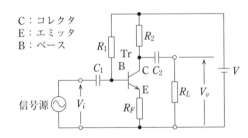

V_i：入力電圧〔V〕　　$R_2 = 4$〔kΩ〕
V_o：出力電圧〔V〕　　$R_L = 4$〔kΩ〕
V：直流電源〔V〕　　抵抗　$R_F = 100$〔Ω〕

 R_F に流れる電流は $I_E ≒ h_{fe}I_B$ だよ．C_2 を無視すると出力インピーダンスは R_2 と R_L の並列合成インピーダンスだよ．

問 55 　　　　　　　　　　　　正解 ☐　完璧 ☐　✏ 直前 CHECK ☐

次の記述は，図1に示すトランジスタ (Tr) を用いたエミッタホロワ回路の電圧増幅度 A_V を求める過程について述べたものである．☐☐内に入れるべき字句の正しい組合せを下の番号から選べ．ただし，Tr の等価回路を図2とし，Tr の h 定数のうち入力インピーダンスを h_{ie}〔Ω〕，電流増幅率を h_{fe} とする．また，入力電圧 V_i〔V〕の信号源の内部抵抗を零とし，静電容量 C_1, C_2〔F〕，抵抗 R_1〔Ω〕および h 定数の h_{re}, h_{oe} の影響は無視するものとする．なお，同じ記号の☐☐内には，同じ字句が入るものとする．

(1) 図1の回路の等価回路は図3になる．電圧増幅度 A_V は，入力電圧を V_i，出力電圧を V_o とすると，次式で表される．

$$A_V = \frac{V_o}{V_i} \qquad \cdots\cdots ①$$

(2) V_i は，次式で表される．

$$V_i = \boxed{\text{ A }} \text{〔V〕} \qquad \cdots\cdots ②$$

(3) V_o は，次式で表される．

$$V_o = \boxed{\text{ B }} \times I_b \text{〔V〕} \qquad \cdots\cdots ③$$

(4) したがって，A_V は式①，②，③より，次式で表される．

$$A_V = \frac{\boxed{\text{ B }}}{\boxed{\text{ C }}} \qquad \cdots\cdots ④$$

(5) 一般的には $h_{ie} \ll (1+h_{fe})R_E$ で使用するので，式④は，

$$A_V \fallingdotseq 1$$

となる．

C：コレクタ
E：エミッタ
B：ベース

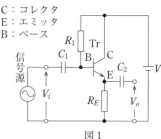

図1

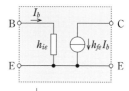

⊖：理想電流源

図2

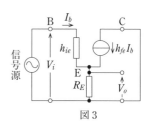

図3

R_E：抵抗〔Ω〕
V_i：入力電圧〔V〕
V_o：出力電圧〔V〕
V：直流電源電圧〔V〕
I_b：ベース電流〔A〕

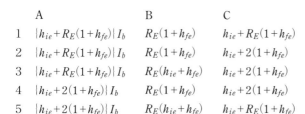

	A	B	C
1	$\{h_{ie}+R_E(1+h_{fe})\}I_b$	$R_E(1+h_{fe})$	$h_{ie}+R_E(1+h_{fe})$
2	$\{h_{ie}+R_E(1+h_{fe})\}I_b$	$R_E(1+h_{fe})$	$h_{ie}+2(1+h_{fe})$
3	$\{h_{ie}+R_E(1+h_{fe})\}I_b$	$R_E(h_{ie}+h_{fe})$	$h_{ie}+2(1+h_{fe})$
4	$\{h_{ie}+2(1+h_{fe})\}I_b$	$R_E(1+h_{fe})$	$h_{ie}+2(1+h_{fe})$
5	$\{h_{ie}+2(1+h_{fe})\}I_b$	$R_E(h_{ie}+h_{fe})$	$h_{ie}+R_E(1+h_{fe})$

📖 解説→問53

抵抗R_Bを流れるベース電流I_B〔A〕は，次式で表される．

$$I_B = \frac{I_C}{h_{FE}} = \frac{1 \times 10^{-3}}{200} = 0.005 \times 10^{-3} \text{〔A〕}$$

コレクターエミッタ間の電圧V_{CE}〔V〕は，次式で表される．

$$V_{CE} = V - R_C(I_C + I_B)$$
$$= 10 - 4 \times 10^3 \times (1 \times 10^{-3} + 0.005 \times 10^{-3}) = 5.98 \text{〔V〕}$$

ベース－コレクタ間の電圧V_{CB}から抵抗R_B〔Ω〕を求めると，次式で表される．

$$R_B = \frac{V_{CB}}{I_B} = \frac{V_{CE} - V_{BE}}{I_B}$$

$$= \frac{5.98 - 0.6}{0.005 \times 10^{-3}} = 1{,}076 \times 10^3 \text{〔Ω〕} \fallingdotseq 1{,}080 \text{〔kΩ〕}$$

📖 解説→問54

エミッタ電流I_Eとコレクタ電流I_Cが$I_E \fallingdotseq I_C = h_{fe} I_B$とすると，入力電圧$V_i$〔V〕は，次式で表される．

$$V_i = h_{ie} I_B + R_F I_C \fallingdotseq h_{ie} I_B + R_F h_{fe} I_B$$
$$= (h_{ie} + R_F h_{fe}) I_B \text{〔V〕} \qquad\qquad \cdots\cdots(1)$$

出力インピーダンスZ_oは，C_2のリアクタンスを無視すると，次式で表される．

$$Z_o = \frac{R_2 R_L}{R_2 + R_L} = \frac{4 \times 4}{4 + 4} = 2 \text{〔kΩ〕}$$

出力電圧V_o〔V〕は，次式で表される．

$$V_o = Z_o I_E \fallingdotseq Z_o I_C = Z_o h_{fe} I_B \text{〔V〕} \qquad\qquad \cdots\cdots(2)$$

電圧増幅度Aは，式(1)，(2)より，次式によって求めることができる．

$$A = \frac{V_o}{V_i} = \frac{Z_o h_{fe} I_B}{(h_{ie} + R_F h_{fe}) I_B} = \frac{Z_o h_{fe}}{h_{ie} + R_F h_{fe}}$$

$$= \frac{2 \times 10^3 \times 200}{8 \times 10^3 + 100 \times 200} = \frac{400}{28} \fallingdotseq 14$$

解答 問53➔2　問54➔4　問55➔1

問題

次の記述は，図に示すトランジスタ (Tr) 増幅回路について述べたものである．_____内に入れるべき最も近い値の組合せを下の番号から選べ．ただし，Tr の h 定数のうち入力インピーダンス h_{ie} を 2〔kΩ〕，電流増幅率 h_{fe} を 100 とする．また，入力電圧 V_i〔V〕の信号源の内部抵抗を零とし，静電容量 C_1，C_2〔F〕および抵抗 R_1〔Ω〕の影響は無視するものとする．

(1) 端子 ab から見た入力インピーダンスは，約 ___A___ である．

(2) 端子 cd から見た出力インピーダンスは，約 ___B___ である．

(3) 電圧増幅度 V_o/V_i は，約 ___C___ である．

	A	B	C
1	100〔kΩ〕	10〔kΩ〕	1
2	200〔kΩ〕	10〔kΩ〕	10
3	200〔kΩ〕	20〔Ω〕	1
4	300〔kΩ〕	10〔kΩ〕	1
5	300〔kΩ〕	20〔Ω〕	10

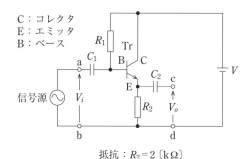

C：コレクタ
E：エミッタ
B：ベース

抵抗：$R_2 = 2$〔kΩ〕
V_i：入力電圧〔V〕
V_o：出力電圧〔V〕
V：直流電源電圧〔V〕

この回路はコレクタ接地増幅回路だよ．エミッタホロワともいうよ．特徴は入力インピーダンスが高い，出力インピーダンスが低い，電圧増幅度が約 1 だよ．

ベース電流を I_B〔A〕とすると，入力電圧 V_i〔V〕は，次式で表される.

$$V_i = h_{ie}I_B + R_2(I_B + h_{fe}I_B)$$
$$= h_{ie}I_B + R_2(1 + h_{fe})I_B \text{〔V〕} \qquad \cdots\cdots(1)$$

式 (1) より，入力インピーダンス Z_i〔k Ω〕は，次式で表される.

$$Z_i = \frac{V_i}{I_B} = h_{ie} + R_2(1 + h_{fe})$$
$$= 2 + 2 \times (1 + 100) = 204 \fallingdotseq 200 \text{〔k Ω〕}$$

出力端子cdを短絡したときに流れる電流 I_o〔A〕は，次式で表される.

$$I_o \fallingdotseq (1 + h_{fe}) \times \frac{V_i}{h_{ie}} \text{〔A〕} \qquad \cdots\cdots(2)$$

式 (1) より，

$$I_B = \frac{V_i}{h_{ie} + R_2(1 + h_{fe})} \text{〔A〕} \qquad \cdots\cdots(3)$$

出力を開放したときの電圧 V_o〔V〕は，次式で表される.

$$V_o \fallingdotseq (1 + h_{fe})I_B R_2 \text{〔V〕} \qquad \cdots\cdots(4)$$

出力インピーダンス Z_o〔Ω〕は，式 (2) と式 (4) に式 (3) を代入して次式で表される.

$$Z_o = \frac{V_o}{I_o} = \frac{(1 + h_{fe})I_B R_2}{(1 + h_{fe}) \times \dfrac{V_i}{h_{ie}}}$$

$$= \frac{I_B R_2 h_{ie}}{V_i} = \frac{V_i}{h_{ie} + R_2(1 + h_{fe})} \times \frac{R_2 h_{ie}}{V_i}$$

$$\fallingdotseq \frac{R_2 h_{ie}}{R_2(1 + h_{fe})} \fallingdotseq \frac{h_{ie}}{h_{fe}} = \frac{2 \times 10^3}{100} = 20 \text{〔Ω〕}$$

式 (1) より，$V_i \fallingdotseq R_2 h_{fe}I_B$，式 (4) より，$V_o \fallingdotseq R_2 h_{fe}I_B$ だから，$V_o / V_i \fallingdotseq 1$ となる.

 出力インピーダンスは開放電圧を短絡電流で割って求めるよ．電池の等価回路など
を表す起電力と内部抵抗の直列回路を書いて見れば分かるね.

解答 問56→3

問題

問 57　📖 解説あり！　　　正解 ☐　完璧 ☐　🖊 直前CHECK ☐

　次の記述は，図1に示す変成器Tを用いたA級トランジスタ（Tr）電力増幅回路の動作について述べたものである．　　　　内に入れるべき字句を下の番号から選べ．ただし，図2は，横軸をコレクタ－エミッタ間電圧 V_{CE}〔V〕，縦軸をコレクタ電流 I_C〔A〕として，交流負荷線XYおよびバイアス（動作）点Pを示したものである．また，Tの1次側の巻数および2次側の巻数をそれぞれ，N_1 および N_2 とする．さらに，入力は正弦波交流電圧で回路は理想的なA級動作とし，静電容量 C〔F〕，バイアス回路およびTの損失は無視するものとする．

(1) Tの1次側の端子abから負荷側を見た交流負荷抵抗 R_{AC} は，負荷抵抗を R_L〔Ω〕とすると，$R_{AC}=$　ア　$\times R_L$〔Ω〕である．

(2) 交流負荷線XYの傾きは，　イ　〔S〕である．

(3) 点Xは，　ウ　〔V〕である．

(4) 点Yは，　エ　〔A〕である．

(5) PはXYの中点であるから，負荷抵抗 R_L〔Ω〕で得られる最大出力電力 P_{om} は，$P_{om}=$　オ　〔W〕である．

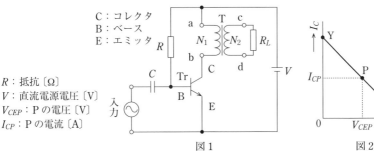

C：コレクタ
B：ベース
E：エミッタ

R：抵抗〔Ω〕
V：直流電源電圧〔V〕
V_{CEP}：Pの電圧〔V〕
I_{CP}：Pの電流〔A〕

図1　　　　　　　　図2

1　$\dfrac{2V}{R_{AC}}$　　　2　V　　　3　$\dfrac{V^2}{2R_L}\times\left(\dfrac{N_2}{N_1}\right)^2$　　　4　$\left(\dfrac{N_1}{N_2}\right)^2$　　　5　$-\dfrac{1}{R_{AC}}$

6　$\dfrac{V}{R_{AC}}$　　　7　$2V$　　　8　$\dfrac{V^2}{R_L}\times\left(\dfrac{N_1}{N_2}\right)^2$　　　9　$\dfrac{N_2}{N_1}$　　　10　$-\dfrac{1}{2R_{AC}}$

トランス結合の 1 次側と 2 次側の電圧 V_1, V_2 と電流 I_1, I_2 は，次式の関係がある．

$$V_1 = \frac{N_1}{N_2} V_2 \qquad\qquad\qquad\qquad\qquad \cdots\cdots(1)$$

$$I_1 = \frac{N_2}{N_1} I_2 \qquad\qquad\qquad\qquad\qquad \cdots\cdots(2)$$

2 次側に R_2 の抵抗を接続したとき，1 次側から 2 次側を見た抵抗値 R_1 は式 (1) ÷ 式 (2) より，

$$R_1 = \frac{V_1}{I_1} = \left(\frac{N_1}{N_2}\right)^2 \times \frac{V_2}{I_2} = \left(\frac{N_1}{N_2}\right)^2 R_2$$

問題図の回路において，端子 ab から見た交流負荷抵抗 R_{AC} 〔Ω〕は，

$$R_{AC} = \left(\frac{N_1}{N_2}\right)^2 R_L \, \text{〔Ω〕}$$

出力正弦波の最大値 V_m は，電源電圧 V〔V〕に等しいので，実効値を $V_e = V/\sqrt{2}$ とすると，最大出力電力 P_{om}〔W〕は，次式で表される．

$$P_{om} = \frac{(V_e)^2}{R_{AC}} = \left(\frac{V}{\sqrt{2}}\right)^2 \times \frac{1}{R_L}\left(\frac{N_2}{N_1}\right)^2$$

$$= \frac{V^2}{2R_L} \times \left(\frac{N_2}{N_1}\right)^2 \text{〔W〕}$$

1 次側と 2 次側の電圧は巻数に比例して，電流は巻数に反比例するよ．入力と出力の電力は同じだから，式 (1) と式 (2) を掛ければ，$V_1 I_1 = V_2 I_2$ になるよ．

解答 問57→ア−4　イ−5　ウ−7　エ−1　オ−3

図に示す理想的なB級動作をするコンプリメンタリSEPP回路において，トランジスタ Tr_1 のコレクタ電流の最大値 I_{Cm1} および負荷抵抗 R_L〔Ω〕で消費される最大電力 P_{om} の値の組合せとして，最も近いものを下の番号から選べ．ただし，二つのトランジスタ Tr_1 および Tr_2 の特性は相補的（コンプリメンタリ）で，入力は単一正弦波とする．

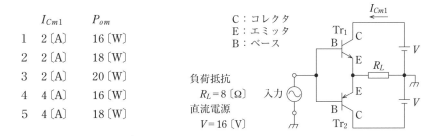

	I_{Cm1}	P_{om}
1	2〔A〕	16〔W〕
2	2〔A〕	18〔W〕
3	2〔A〕	20〔W〕
4	4〔A〕	16〔W〕
5	4〔A〕	18〔W〕

C：コレクタ
E：エミッタ
B：ベース

負荷抵抗 $R_L = 8$〔Ω〕
入力
直流電源 $V = 16$〔V〕

入力正弦波の極性によって Tr_1 と Tr_2 が交互に動作するよ．出力抵抗に加わる正弦波電圧の最大値が V となるよ．最大電力を求めるときは，実効値（$V/\sqrt{2}$）で計算してね．

次の図は，トランジスタ（Tr）を用いた発振回路の原理的構成例を示したものである．このうち発振が可能なものを1，不可能なものを2として解答せよ．

ア　　　　イ　　　　ウ　　　　エ　　　　オ

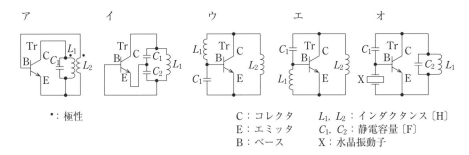

・：極性

C：コレクタ　　　L_1, L_2：インダクタンス〔H〕
E：エミッタ　　　C_1, C_2：静電容量〔F〕
B：ベース　　　　X：水晶振動子

問題

図1に示す電界効果トランジスタ（FET）を用いたドレイン接地増幅回路の原理図において，電圧増幅度A_Vおよび出力インピーダンス（端子cdから見たインピーダンス）Z_o〔Ω〕を表す式の組合せとして，正しいものを下の番号から選べ．ただし，FETの等価回路を図2とし，また，Z_oは抵抗R_S〔Ω〕を含むものとする．

D：ドレイン
G：ゲート
S：ソース

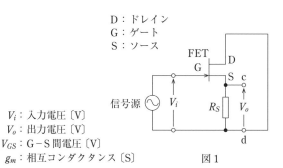

V_i：入力電圧〔V〕
V_o：出力電圧〔V〕
V_{GS}：G-S間電圧〔V〕
g_m：相互コンダクタンス〔S〕

図1

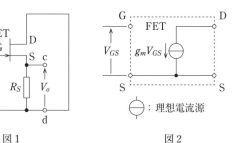

○−：理想電流源

図2

1　$A_V = \dfrac{g_m R_S}{1 + g_m R_S}$　　　$Z_o = \dfrac{R_S}{2 + g_m}$

2　$A_V = \dfrac{g_m R_S}{1 + g_m R_S}$　　　$Z_o = \dfrac{R_S}{1 + g_m R_S}$

3　$A_V = \dfrac{g_m R_S}{1 + g_m R_S}$　　　$Z_o = \dfrac{1 + g_m R_S}{g_m}$

4　$A_V = \dfrac{g_m + R_S}{R_S}$　　　$Z_o = \dfrac{R_S}{2 + g_m}$

5　$A_V = \dfrac{g_m + R_S}{R_S}$　　　$Z_o = \dfrac{R_S}{1 + g_m R_S}$

解答　問58→1　問59→ア-2　イ-1　ウ-2　エ-1　オ-1

ミニ解説

問58　$I_{Cm1} = \dfrac{V}{R_L} = \dfrac{16}{8} = 2$ 〔A〕

$P_{om} = \left(\dfrac{V}{\sqrt{2}}\right)^2 \times \dfrac{1}{R_L} = \dfrac{16^2}{2} \times \dfrac{1}{8} = 16$ 〔W〕

問59　選択肢アは，L_1またはL_2の極性を逆にすれば発振する．選択肢ウは，L_1とC_1を入れ替えれば発振する．

問 61　📖 解説あり!　　　　　正解 ☐　完璧 ☐　✏️ 直前CHECK ☐

図1, 図2および図3に示す理想的な演算増幅器 (A_{OP}) を用いた回路の出力電圧 V_o 〔V〕の大きさの値の組合せとして, 正しいものを下の番号から選べ. ただし, 抵抗 $R_1 = 1$ 〔kΩ〕, $R_2 = 20$ 〔kΩ〕, 入力電圧 V_i を 0.2〔V〕とする.

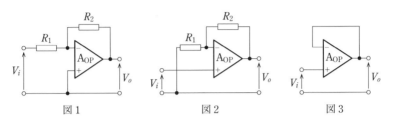

図1　　　　　図2　　　　　図3

	図1	図2	図3
1	3.2	4.0	0
2	3.2	4.2	0.2
3	4.0	4.0	0
4	4.0	4.2	0.2
5	4.0	4.4	0.2

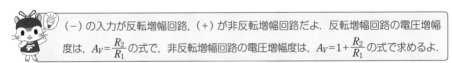

(−) の入力が反転増幅回路, (+) が非反転増幅回路だよ. 反転増幅回路の電圧増幅度は, $A_V = \dfrac{R_2}{R_1}$ の式で, 非反転増幅回路の電圧増幅度は, $A_V = 1 + \dfrac{R_2}{R_1}$ の式で求めるよ.

ドレイン電流が $I_D = g_m V_{GS}$〔A〕だから，出力電圧 V_o〔V〕は，次式で表される.

$$V_o = I_D R_S = g_m V_{GS} R_S \text{〔V〕} \qquad \cdots\cdots(1)$$

入力電圧 $V_i = V_{GS} + V_o$〔V〕より，電圧増幅度 A_V は，次式で表される.

$$A_V = \frac{V_o}{V_i} = \frac{V_o}{V_{GS} + V_o} = \frac{g_m V_{GS} R_S}{V_{GS} + g_m V_{GS} R_S} = \frac{g_m R_S}{1 + g_m R_S} \qquad \cdots\cdots(2)$$

出力を短絡すると $V_{GS} = V_i$ となるので，短絡電流は $I_s = g_m V_{GS}$〔A〕となる．出力を開放したときの電圧 $V_{oo} = A_V V_i$〔V〕より，出力インピーダンス Z_o〔Ω〕は，

$$Z_o = \frac{V_{oo}}{I_s} = \frac{A_V V_i}{g_m V_{GS}} = \frac{A_V V_i}{g_m V_i} = \frac{A_V}{g_m} \text{〔Ω〕} \qquad \cdots\cdots(3)$$

式 (3) に式 (2) を代入すると，Z_o は次式で表される.

$$Z_o = \frac{R_S}{1 + g_m R_S} \text{〔Ω〕}$$

問題図 1 は反転増幅回路である．電圧増幅度の大きさ A_V は，次式で表される.

$$A_V = \frac{R_2}{R_1} = \frac{20 \times 10^3}{1 \times 10^3} = 20$$

よって，出力電圧 V_o〔V〕は，

$$V_o = A_V V_i = 20 \times 0.2 = 4 \text{〔V〕}$$

問題図 2 は非反転形増幅回路である．電圧増幅度の大きさ A_V は，次式で表される.

$$A_V = 1 + \frac{R_2}{R_1} = 1 + \frac{20 \times 10^3}{1 \times 10^3} = 21 \qquad \cdots\cdots(1)$$

よって，出力電圧 V_o〔V〕は，次式で表される.

$$V_o = A_V V_i = 21 \times 0.2 = 4.2 \text{〔V〕}$$

問題図 3 は式 (1) において，$R_1 = \infty$，$R_2 = 0$ とすると，$A_V = 1$ となるので，出力電圧 V_o〔V〕は，次式で表される.

$$V_o = A_V V_i = 0.2 \text{〔V〕}$$

解答 問60 → 2　　問61 → 4

問題

無線工学の基礎　電子回路

 問 62　📖 解説あり!　　正解 ☐　完璧 ☐　✒ 直前CHECK ☐

図1に示す回路と図2に示す回路の伝達関数 $(\dot{V}_o/\dot{V}_i)$ が等しくなる条件を表す式として，正しいものを下の番号から選べ．ただし，角周波数を ω〔rad/s〕とし，演算増幅器 A_{OP} は理想的な特性を持つものとする．

1　$C=\dfrac{L}{R^2}$

2　$C=\dfrac{R^2}{L}$

3　$C=\dfrac{2L}{R}$

4　$L=\dfrac{1}{(CR)^2}$

5　$L=\dfrac{1}{CR}$

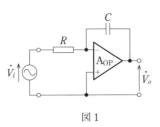

図1

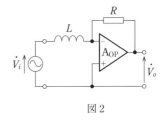

図2

R：抵抗〔Ω〕
C：静電容量〔F〕
L：自己インダクタンス〔H〕
$\dot{V}_i$：入力電圧〔V〕
$\dot{V}_o$：出力電圧〔V〕

 問 63　📖 解説あり!　　正解 ☐　完璧 ☐　✒ 直前CHECK ☐

図に示す理想的な演算増幅器 (A_{OP}) を用いたブリッジ形 CR 発振回路の発振周波数 f_o〔Hz〕を表す式および発振状態のときの電圧帰還率 β $(\dot{V}_f/\dot{V}_o)$ の値の組合せとして，正しいものを下の番号から選べ．

1　$f_o=\dfrac{1}{2\pi\sqrt{CR}}$　　　$\beta=\dfrac{1}{2}$

2　$f_o=\dfrac{1}{\sqrt{2}\,\pi CR}$　　　$\beta=\dfrac{1}{3}$

3　$f_o=\dfrac{1}{\pi CR}$　　　$\beta=\dfrac{1}{3}$

4　$f_o=\dfrac{1}{2\pi CR}$　　　$\beta=\dfrac{1}{2}$

5　$f_o=\dfrac{1}{2\pi CR}$　　　$\beta=\dfrac{1}{3}$

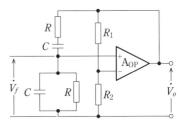

$R,\ R_1,\ R_2$：抵抗〔Ω〕
C：静電容量〔F〕
$\dot{V}_o$：出力電圧〔V〕
$\dot{V}_f$：帰還電圧〔V〕

📖 解説 → 問62

反転増幅回路なので，問題図1の電圧増幅度$\dot{A}_1$は，次式で表される．

$$\dot{A}_1 = \frac{\dot{V}_o}{\dot{V}_i} = -\frac{\dfrac{1}{j\omega C}}{R} = -\frac{1}{j\omega CR} \qquad \cdots\cdots(1)$$

問題図2の電圧増幅度$\dot{A}_2$は，次式で表される．

$$\dot{A}_2 = \frac{\dot{V}_o}{\dot{V}_i} = -\frac{R}{j\omega L} \qquad \cdots\cdots(2)$$

伝達関数が等しい条件より，式(1)＝式(2)とすると，次式が得られる．

$$\frac{1}{CR} = \frac{R}{L} \qquad \cdots\cdots(3)$$

選択肢の式となるように変形すると，$C = \dfrac{L}{R^2}$ と表される．

📖 解説 → 問63

CとRの並列回路のインピーダンス$\dot{Z}_P$〔Ω〕は，次式で表される．

$$\dot{Z}_P = \frac{R \times \dfrac{1}{j\omega C}}{R + \dfrac{1}{j\omega C}} = \frac{R}{1 + j\omega CR} \ 〔\Omega〕 \qquad \cdots\cdots(1)$$

CとRの並列回路と直列回路の合成インピーダンスの比より，電圧帰還率βは，次式によって求めることができる．

$$\beta = \frac{\dfrac{R}{1+j\omega CR}}{R + \dfrac{1}{j\omega C} + \dfrac{R}{1+j\omega CR}} = \frac{1}{\left(R + \dfrac{1}{j\omega C}\right) \times \left(\dfrac{1+j\omega CR}{R}\right) + 1}$$

$$= \frac{1}{1 + j\omega CR + \dfrac{1}{j\omega CR} + 1 + 1} = \frac{1}{3 + j\left(\omega CR - \dfrac{1}{\omega CR}\right)} \qquad \cdots\cdots(2)$$

虚数部＝0のときが発振条件となるので，発振角周波数$\omega_o = 2\pi f_o$〔Hz〕を求めると，次式で表される．

$$\frac{1}{\omega_o CR} = \omega_o CR \qquad \omega_o{}^2 = \frac{1}{(CR)^2}$$

よって，$f_o = \dfrac{1}{2\pi CR}$〔Hz〕

となる．このとき式(2)の電圧帰還率βは，次式で表される．

$$\beta = \frac{1}{3}$$

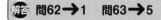 解答 問62→1　問63→5

問 64　📖 解説あり！　　　正解 ☐　完璧 ☐　✎ 直前 CHECK ☐

次の記述は，図に示す原理的な移相形 RC 発振回路の動作について述べたものである．このうち正しいものを 1，誤っているものを 2 として解答せよ．ただし，回路は発振状態にあるものとし，増幅回路の入力電圧および出力電圧をそれぞれ $\dot{V}_i$ 〔V〕および $\dot{V}_o$ 〔V〕とする．

ア　$\dot{V}_i$ と $\dot{V}_o$ の位相差は，π〔rad〕である．

イ　$\dot{V}_o$ と図に示す電圧 $\dot{V}_f$ の位相を比べると，$\dot{V}_o$ に対して $\dot{V}_f$ は進んでいる．

ウ　増幅回路の増幅度の大きさ $|\dot{V}_o/\dot{V}_i|$ は，1 以下である．

エ　発振周波数 f は，$f = 1/(\pi RC)$〔Hz〕である．

オ　この回路は，一般的に低周波の正弦波交流の発振に用いられる．

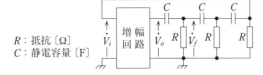

R：抵抗〔Ω〕
C：静電容量〔F〕

問 65　📖 解説あり！　　　正解 ☐　完璧 ☐　✎ 直前 CHECK ☐

図に示す理想的な演算増幅器（A_{OP}）を用いた原理的なラダー（梯子）形 D－A 変換回路において，スイッチ SW_2 を a 側にし，他のスイッチ SW_0，SW_1 および SW_3 を b 側にしたときの出力電圧 V_o の大きさとして，正しいものを下の番号から選べ．

1　$\dfrac{V}{2}$〔V〕

2　$\dfrac{V}{4}$〔V〕

3　$\dfrac{V}{6}$〔V〕

4　$\dfrac{V}{8}$〔V〕

5　$\dfrac{V}{16}$〔V〕

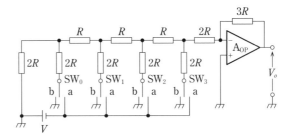

V：直流電圧〔V〕
R：抵抗〔Ω〕

どのスイッチを a に入れるかで出力電圧が変わるよ．SW_3 から一つずつを a に入れると，出力電圧は，$V/2$，$V/4$，$\cdots$，$V/2^n$ になるよ．

解説→問64

誤っている選択肢は，正しくは次のようになる．

ウ 増幅回路の増幅度の大きさ $|\dot{V}_o/\dot{V}_i|$ は，**29 以上**である．

エ 発振周波数 f は，$f = 1/(2\sqrt{6}\,\pi RC)$ である．

 増幅度と発振周波数の計算はかなり面倒なので，数値と式を覚えてね．

解説→問65

解説図 (a) において，点 a から左側を見た合成抵抗は $2R$ となる．演算増幅器の入力 ce 間は仮想短絡状態だから，図 (b) の等価回路のようになるので，点 a の電圧の大きさ V_a は次式で表される．

$$V_a = \frac{\dfrac{2R}{2}}{2R + \dfrac{2R}{2}}V = \frac{1}{3}V\,[\mathrm{V}]$$

点 b の電圧の大きさ V_b は，次式で表される．

$$V_b = \frac{1}{2}V_a = \frac{1}{6}V\,[\mathrm{V}]$$

よって，演算増幅器の出力電圧の大きさ V_o は，次式で表される．

$$V_o = \frac{3R}{2R}V_b = \frac{3}{2}\times\frac{1}{6}V = \frac{V}{4}\,[\mathrm{V}]$$

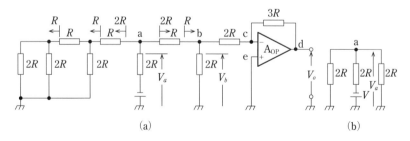

(a) (b)

解答 問64→ア-1 イ-1 ウ-2 エ-2 オ-1 問65→2

問題

問 66　　📖 解説あり！　　正解 □　完璧 □　✏️直前CHECK □

図1に示す整流回路において，端子ab間の電圧 v_{ab} の波形および端子cd間の電圧 V_{cd} の値の組合せとして，正しいものを下の番号から選べ．ただし，電源電圧 V は，実効値100〔V〕の正弦波交流電圧とし，ダイオード D_1，D_2 は理想的な特性を持つものとする．

	v_{ab} の波形	V_{cd}
1	図2のイ	$200\sqrt{2}$〔V〕
2	図2のイ	$100\sqrt{2}$〔V〕
3	図2のロ	200〔V〕
4	図2のロ	$100\sqrt{2}$〔V〕
5	図2のロ	$200\sqrt{2}$〔V〕

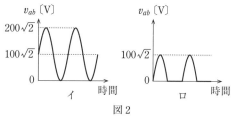

C_1, C_2：静電容量〔F〕

図1

図2

問 67　　📖 解説あり！　　正解 □　完璧 □　✏️直前CHECK □

図1に示すような，静電容量 C〔F〕と理想ダイオード D の回路の入力電圧 v_i〔V〕として，図2に示す電圧を加えた．このとき，C の両端電圧 v_c〔V〕および出力電圧 v_o〔V〕の波形の組合せとして，正しいものを下の番号から選べ．ただし，回路は定常状態にあるものとする．また，図3の v は，v_c または v_o を表す．

	v_c	v_o
1	ア	ウ
2	ア	イ
3	ア	エ
4	イ	ウ
5	イ	ア

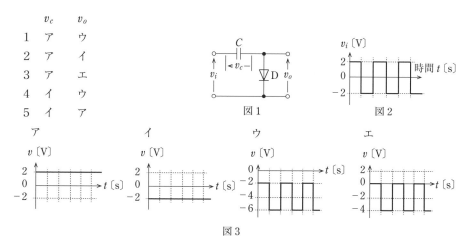

図3

📖 解説➡問66

　入力交流電圧の負の半周期では，ダイオード D_1 が導通して，コンデンサ C_1 は実効値が $V=100$ 〔V〕の入力交流電圧の最大値 $V_m=100\sqrt{2}$ 〔V〕に充電される．負荷に電流が流れないので，その電圧が保持される．D_1 の両端の電圧 v_{ab} は，入力交流電圧 v_i に直流電圧 $V_{C1}=100\sqrt{2}$ が加わるから，次式で表される．

　　$v_{ab}=v_i+V_{C1}=v_i+100\sqrt{2}$ 〔V〕

　v_{ab} の電圧は，問題図2のイで表される．この電圧が整流されて C_2 が v_{ab} の最大値に充電されて出力されるので，V_{cd} は $200\sqrt{2}$ 〔V〕となる．

> コンデンサに充電される電圧は，正弦波の最大値だよ．
> 放電しなければその電圧が直流電圧として保持されるよ．

📖 解説➡問67

　入力電圧 v_i が正の半周期のとき，ダイオードが導通して電流が流れるので，C は入力電圧の最大値 $+2$〔V〕に充電される．負荷に電流が流れないので，入力が負の半周期においても電圧が維持されるから v_C は問題図3のアとなる．出力電圧 v_o は，v_i に直流電圧 v_C が逆向きの極性で加わるので，問題図3のエとなる．

　問題図1の回路は，直流分が加わった波形が出力されるクランプ回路である．

解答 問66➡1　問67➡3

問題

問 68　📖 解説あり!　　　　正解 □　完璧 □　✏ 直前CHECK □

次は，論理式とそれに対応する真理値表を示したものである．このうち，正しいものを1，誤っているものを2として解答せよ．ただし，正論理とし，A，B および C を入力，X を出力とする．

ア　$X=(A+B)\cdot C$

A	B	C	X
0	0	0	0
0	0	1	0
0	1	0	0
0	1	1	1
1	0	0	0
1	0	1	1
1	1	0	0
1	1	1	1

イ　$X=A\cdot B+B\cdot C$

A	B	C	X
0	0	0	1
0	0	1	0
0	1	0	0
0	1	1	0
1	0	0	0
1	0	1	0
1	1	0	0
1	1	1	1

ウ　$X=A\cdot(A\cdot B+C)$

A	B	C	X
0	0	0	0
0	0	1	0
0	1	0	0
0	1	1	0
1	0	0	0
1	0	1	1
1	1	0	1
1	1	1	1

エ　$X=\overline{A}\cdot B+\overline{A}\cdot C$

A	B	C	X
0	0	0	0
0	0	1	0
0	1	0	0
0	1	1	0
1	0	0	0
1	0	1	1
1	1	0	1
1	1	1	1

オ　$X=A\cdot B\cdot C+\overline{A}\cdot\overline{B}\cdot\overline{C}$

A	B	C	X
0	0	0	0
0	0	1	0
0	1	0	0
0	1	1	1
1	0	0	0
1	0	1	0
1	1	0	0
1	1	1	1

問 69　📖 解説あり!　　　　正解 □　完璧 □　✏ 直前CHECK □

次は，論理式とそれに対応する論理回路を示したものである．このうち誤っているものを下の番号から選べ．ただし，正論理とし，A，B および C を入力，X を出力とする．

1

$X=A+\overline{A}\cdot B$

2

$X=A\cdot B\cdot C+A\cdot C+B\cdot C$

3

$X=A\cdot B+B\cdot C$

4

$X=\overline{A\cdot\overline{B}+\overline{A}\cdot B}$

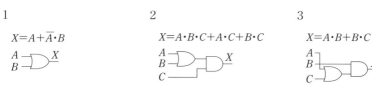

5

$X=A\cdot B+\overline{A}\cdot B+\overline{A}\cdot\overline{B}$

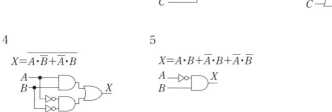

📖 解説→問68

誤っている選択肢は，正しくは次のようになる.

イの真理値表

入力			各項の出力		出力
A	B	C	Y	Z	X
0	0	0	0	0	0
0	0	1	0	0	0
0	1	0	0	0	0
0	1	1	0	1	1
1	0	0	0	0	0
1	0	1	0	0	0
1	1	0	1	0	1
1	1	1	1	1	1

$Y=A \cdot B,\ Z=B \cdot C$

エの真理値表

入力			各項の出力		出力
A	B	C	Y	Z	X
0	0	0	1	1	1
0	0	1	1	0	1
0	1	0	0	1	1
0	1	1	0	0	0
1	0	0	0	0	0
1	0	1	0	0	0
1	1	0	0	0	0
1	1	1	0	0	0

$Y=\overline{A} \cdot B,\ Z=\overline{A} \cdot \overline{C}$

オの真理値表

入力			各項の出力		出力
A	B	C	Y	Z	X
0	0	0	0	1	1
0	0	1	0	0	0
0	1	0	0	0	0
0	1	1	0	0	0
1	0	0	0	0	0
1	0	1	0	0	0
1	1	0	0	0	0
1	1	1	1	0	1

$Y=A \cdot B \cdot C,\ Z=\overline{A} \cdot \overline{B} \cdot \overline{C}$

📖 解説→問69

各選択肢は，次のようになる.

1 $X=A+\overline{A} \cdot B=A \cdot (B+\overline{B})+\overline{A} \cdot B$ 　　　［公式：$1=B+\overline{B}$］

$=A \cdot B+A \cdot \overline{B}+A \cdot \overline{B}+\overline{A} \cdot B$ 　　　［公式：$A \cdot B+A \cdot B=A \cdot B$］

$=A \cdot (B+\overline{B})+B \cdot (A+\overline{A})$

$=A+B$

2 $X=A \cdot B \cdot C+A \cdot C+B \cdot C=(A \cdot B+A+B) \cdot C$

$=\{A \cdot (B+1)+B\} \cdot C$ 　　　［公式：$1=B+1$］

$=(A+B) \cdot C$

3 $X=A \cdot B+B \cdot C=B \cdot (A+C)$

4 $X=\overline{A \cdot \overline{B}+\overline{A} \cdot B}$ 　　　　　　　　　　　　［ド・モルガンの定理：$\overline{Y+Z}=\overline{Y} \cdot \overline{Z}$］

$=(\overline{A \cdot \overline{B}}) \cdot (\overline{\overline{A} \cdot B})=(\overline{A}+B) \cdot (A+\overline{B})$

$=\overline{A} \cdot A+\overline{A} \cdot \overline{B}+B \cdot A+B \cdot \overline{B}$ 　　　［公式：$A \cdot \overline{A}=0,\ B \cdot \overline{B}=0$］

$=\overline{A} \cdot \overline{B}+B \cdot A$

5 $X=A \cdot B+\overline{A} \cdot B+\overline{A} \cdot \overline{B}$ 　　　　　　　　　［公式：$\overline{A} \cdot B=\overline{A} \cdot B+\overline{A} \cdot B$］

$=A \cdot B+\overline{A} \cdot B+\overline{A} \cdot B+\overline{A} \cdot \overline{B}$

$=(A+\overline{A}) \cdot B+\overline{A} \cdot (B+\overline{B})$ 　　　［公式：$A+\overline{A}=1,\ B+\overline{B}=1$］

$=B+\overline{A}$ 　　　よって，回路図$X=\overline{A} \cdot B$と異なる.

解答 問68→ア−1　イ−2　ウ−1　エ−2　オ−2　問69→5

問 70　📖 解説あり！　正解 □　完璧 □　✏️直前CHECK □

次は，論理回路とそれに対応する真理値表を示したものである．このうち，正しいものを1，誤っているものを2として解答せよ．ただし，正論理とし，A，BおよびCを入力，Xを出力とする．

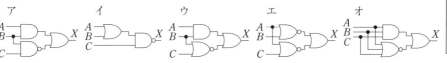

	ア				イ				ウ				エ				オ			

A	B	C	X
0	0	0	1
0	0	1	1
0	1	0	1
0	1	1	0
1	0	0	1
1	0	1	1
1	1	0	1
1	1	1	1

A	B	C	X
0	0	0	0
0	0	1	0
0	1	0	0
0	1	1	1
1	0	0	0
1	0	1	1
1	1	0	0
1	1	1	1

A	B	C	X
0	0	0	0
0	0	1	1
0	1	0	1
0	1	1	0
1	0	0	1
1	0	1	0
1	1	0	0
1	1	1	0

A	B	C	X
0	0	0	1
0	0	1	0
0	1	0	1
0	1	1	0
1	0	0	0
1	0	1	0
1	1	0	0
1	1	1	0

A	B	C	X
0	0	0	1
0	0	1	0
0	1	0	0
0	1	1	0
1	0	0	0
1	0	1	0
1	1	0	0
1	1	1	1

問 71　📖 解説あり！　正解 □　完璧 □　✏️直前CHECK □

次の記述は，電気磁気量に関する国際単位系（SI）について述べたものである．　□内に入れるべき字句を下の番号から選べ．

(1) 静電容量の単位は，ファラド〔F〕であるが，〔 ア 〕と表すこともできる．

(2) インダクタンスの単位は，ヘンリー〔H〕であるが，〔 イ 〕と表すこともできる．

(3) 磁束密度の単位は，テスラ〔T〕であるが，〔 ウ 〕と表すこともできる．

(4) 電力の単位は，ワット〔W〕であるが，〔 エ 〕と表すこともできる．

(5) エネルギーの単位は，ジュール〔J〕であるが，〔 オ 〕と表すこともできる．

1	J/s	2	V・s	3	J・s	4	Wb・A	5	Wb・m^2
6	V/s	7	N・m	8	C/V	9	Wb/A	10	Wb/m^2

選択肢の単位は，仕事はジュール〔J〕，時間〔s〕，電圧〔V〕，磁束はウェーバー〔Wb〕，電流〔A〕，力はニュートン〔N〕，電荷はクーロン〔C〕，長さ〔m〕，面積〔m^2〕だよ．

📖 解説→問70

誤っている選択肢は，正しくは次のようになる．

イの真理値表

入力			各素子の出力	出力
A	B	C	OR	X
0	0	0	0	1
0	0	1	0	1
0	1	0	1	1
0	1	1	1	0
1	0	0	1	1
1	0	1	1	1
1	1	0	1	1
1	1	1	1	0

ウの真理値表

入力			各素子の出力		出力
A	B	C	AND	NOR	X
0	0	0	0	1	1
0	0	1	0	0	0
0	1	0	0	0	0
0	1	1	0	0	0
1	0	0	0	1	1
1	0	1	0	0	0
1	1	0	1	0	1
1	1	1	1	0	1

📖 解説→問71

ア　電荷Q〔C〕，電圧V〔V〕より，静電容量Cは，次式で表される．

$$C\,(\mathrm{F}) = \frac{Q\,(\mathrm{C})}{V\,(\mathrm{V})}$$

イ　磁束Φ〔Wb〕，電流I〔A〕より，インダクタンスLは，次式で表される．

$$L\,(\mathrm{H}) = \frac{\Phi\,(\mathrm{Wb})}{I\,(\mathrm{A})}$$

ウ　磁束Φ〔Wb〕，面積S〔m²〕より，磁束密度Bは，次式で表される．

$$B\,(\mathrm{T}) = \frac{\Phi\,(\mathrm{Wb})}{S\,(\mathrm{m}^2)}$$

エ　仕事W〔J〕，電荷Q〔C〕より，電圧Vは，次式で表される．

$$V\,(\mathrm{V}) = \frac{W\,(\mathrm{J})}{Q\,(\mathrm{C})}$$

電力P〔W〕は，次式で表される．

$$P\,(\mathrm{W}) = V\,(\mathrm{V}) \times I\,(\mathrm{A}) = \frac{W\,(\mathrm{J})}{Q\,(\mathrm{C})} \times \frac{Q\,(\mathrm{C})}{t\,(\mathrm{s})} = \frac{W\,(\mathrm{J})}{t\,(\mathrm{s})}$$

オ　力F〔N〕，距離l〔m〕より，エネルギーU〔J〕は，次式で表される．

$$U\,(\mathrm{J}) = F\,(\mathrm{N}) \times l\,(\mathrm{m})$$

問70→ア−1　イ−2　ウ−2　エ−1　オ−1
問71→ア−8　イ−9　ウ−10　エ−1　オ−7

74

問 72 📖 解説あり！　　　正解 □　完璧 □　✏ 直前 CHECK □

　図に示す回路において，未知抵抗 R_X〔Ω〕の値を直流電流計 A および直流電圧計 V のそれぞれの指示値 I_A および V_V から，$R_X = V_V/I_A$ として求めたときの百分率誤差の大きさの値として，最も近いものを下の番号から選べ．ただし，I_A および V_V をそれぞれ $I_A = 31$〔mA〕および $V_V = 10$〔V〕，A および V の内部抵抗をそれぞれ $r_A = 1$〔Ω〕および $r_V = 10$〔kΩ〕とする．また，誤差は r_A および r_V のみによって生ずるものとする．

1　3.2〔%〕

2　4.8〔%〕

3　6.4〔%〕

4　8.7〔%〕

5　9.9〔%〕

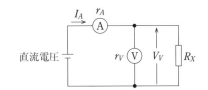

真の値を T，測定値を M とすると百分率誤差 ε〔%〕は，次の式で表されるよ．

$$\varepsilon = \left(\frac{M}{T} - 1\right) \times 100$$

この問題は大きさを求めるので，答えに（ − ）が付いたら無視してね．

問 73　　　正解 □　完璧 □　✏ 直前 CHECK □

　次の記述は，指示電気計器の特徴について述べたものである．このうち誤っているものを下の番号から選べ．

1　静電形計器は，直流および交流の高電圧の測定に用いられる．

2　整流形計器は，整流した電流を永久磁石可動コイル形計器を用いて測定する．

3　熱電対形計器は，波形にかかわらず実効値を指示する．

4　誘導形計器は，移動磁界などによって生ずる誘導電流を利用し，直流専用の指示計器として用いられる．

5　電流力計形計器は，電力計としてよく用いられる．

誘導形計器は電力量計として使われるよ．家に引き込む電力線に付いていて，円板がクルクル回っている計器だよ．

未知抵抗R_X〔Ω〕を電流の測定値$I_A = 31$〔mA〕と電圧の測定値$V_V = 10$〔V〕から求めた値R_{XM}〔Ω〕は，次式で表される．

$$R_{XM} = \frac{V_V}{I_A} = \frac{10}{31 \times 10^{-3}} = \frac{10}{31} \times 10^3 \text{〔Ω〕}$$ ……(1)

電圧計の内部抵抗によって電圧計を流れる電流をI_V〔A〕とすると，R_Xを流れる電流I_R〔A〕は，次式で表される．

$$I_R = I_A - I_V = I_A - \frac{V_V}{r_V} = 31 \times 10^{-3} - \frac{10}{10 \times 10^3} = 30 \times 10^{-3} \text{〔A〕}$$ ……(2)

未知抵抗の真の値をR_Xとすると，式(2)より次式で表される．

$$R_X = \frac{V_V}{I_R} = \frac{10}{30 \times 10^{-3}} = \frac{1}{3} \times 10^3 \text{〔Ω〕}$$ ……(3)

式(1)，(3)より，百分率誤差ε〔%〕は，

$$\varepsilon = \left(\frac{R_{XM}}{R_X} - 1 \right) \times 100$$

$$= \left(\frac{\frac{10}{31} \times 10^3}{\frac{1}{3} \times 10^3} - 1 \right) \times 100$$

$$= \left(\frac{30}{31} - 1 \right) \times 100 = \frac{30 - 31}{31} \times 100 = -\frac{100}{31} \fallingdotseq -3.23 \text{〔%〕}$$

よって，百分率誤差の大きさは約3.2〔%〕となる．

こまかい数値を計算するので，途中の計算は，
割り切れなかったら分数のままで計算してね．

 解答 問72 → 1　問73 → 4

ミニ解説

問73 誤っている選択肢は，正しくは次のようになる．

4　誘導形計器は，**固定コイル**を流れる電流による磁界と，回転円板に生ずる**うず電流**の間の電磁力を利用し，**交流専用**の指示計器として用いられる．

問題

問 74　　　　　　　　　　　　　　　正解 □　完璧 □　🖍 直前 CHECK □

次の記述は，図に示す整流形電流計について述べたものである．□□□内に入れるべき字句の正しい組合せを下の番号から選べ．ただし，ダイオードDは理想的な特性を持つものとする．なお，同じ記号の□□□内には，同じ字句が入るものとする．

(1) 整流形電流計は，永久磁石可動コイル形電流計A_aとダイオードDを図に示すように組み合わせて，交流電流を測定できるようにした指示電気計器である．

(2) 永久磁石可動コイル形電流計A_aの指針の振れは整流された電流の □ A □ を指示するが，整流形電流計の目盛は一般に正弦波交流の □ B □ が直読できるように，□ A □ に正弦波の波形率の □ C □ を乗じた値となっている．

	A	B	C
1	平均値	最大値	$\dfrac{\pi}{\sqrt{2}}$
2	平均値	実効値	$\dfrac{\pi}{2\sqrt{2}}$
3	平均値	実効値	$\dfrac{\pi}{\sqrt{2}}$
4	最大値	平均値	$\dfrac{\pi}{2\sqrt{2}}$
5	最大値	実効値	$\dfrac{\pi}{\sqrt{2}}$

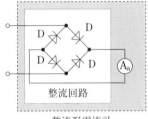

整流回路

整流形電流計

 sin関数は1周期で平均すると，正負が相殺されて0になるよ．sin関数の半周期の面積を求めると2になるので，それを半周期のπで割った値の$2/\pi$が平均値だね．正弦波電流の実効値は最大の$1/\sqrt{2}$，波形率は（実効値）／（平均値）だよ．

右側縦書き：無線工学の基礎　電気磁気測定

問 75　　　　　　　　　　　　　　正解 ☐　完璧 ☐　✏ 直前 CHECK ☐

次の記述は，図に示す回路を用いて，絶縁物 M の体積抵抗率を測定する方法について述べたものである．☐☐内に入れるべき字句の正しい組合せを下の番号から選べ．ただし，直流電流計 A_a の内部抵抗は，M の抵抗に比べて十分小さいものとする．

(1) M に円盤状の主電極 P_m，対向電極 P_p，高圧直流電源，直流電圧計 V_a および直流電流計 A_a を接続する．

(2) P_m を取り囲むリング状の保護電極 G を設け，その端子 g を図の ☐ A ☐ に接続する．

(3) (2)のように端子 g を接続するのは，M の表面を流れる漏れ電流が，A_a に ☐ B ☐ ようにするためである．

(4) M に電圧を加えたとき，V_a の指示値を V〔V〕，A_a の指示値を I〔A〕とすると，M の体積抵抗率 ρ は，$\rho =$ ☐ C ☐ 〔Ω·m〕で表される．

	A	B	C
1	端子 a	流れる	$\dfrac{VS}{Il}$
2	端子 a	流れない	$\dfrac{VS}{Il^2}$
3	端子 a	流れない	$\dfrac{VS}{Il}$
4	端子 b	流れる	$\dfrac{VS}{Il^2}$
5	端子 b	流れない	$\dfrac{VS}{Il}$

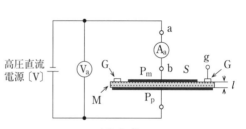

S：P_m の面積〔m²〕
l：M の厚さ〔m〕

解答 問74 → 2

問74　正弦波交流電流の最大値を I_m とすると，平均値 $I_a = 2I_m/\pi$，実効値 $I_e = I_m/\sqrt{2}$，波高率 $K_p = I_m/I_e = \sqrt{2}$，波形率 $K_f = I_e/I_a = \pi/(2\sqrt{2})$ である．

ミニ解説

$$目盛値 = I_a \times K_f = I_a \times \frac{\pi}{2\sqrt{2}}$$

問 76　📖 解説あり！　　　　　正解 ☐　完璧 ☐　✏ 直前CHECK ☐

次の記述は，図1に示す直流電流・電圧計の内部の抵抗値について述べたものである．☐内に入れるべき字句を下の番号から選べ．ただし，内部の回路を図2とし，直流電流計Aの最大目盛値での電流を 0.5〔mA〕，内部抵抗を 9〔Ω〕とする．

(1) 抵抗 R_1 は，　ア　〔Ω〕である．
(2) 5〔mA〕の電流計として使用するとき，電流計の内部抵抗は，　イ　〔Ω〕である．
(3) 抵抗 R_2 は，　ウ　〔Ω〕である．
(4) 抵抗 R_3 は，　エ　〔kΩ〕である．
(5) 30〔V〕の電圧計として使用するとき，電圧計の内部抵抗は，　オ　〔kΩ〕である．

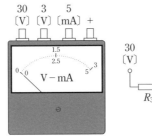

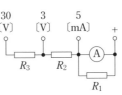

図1　　　　　　　　　　　　図2

| 1 | 5.4 | 2 | 8 | 3 | 599.1 | 4 | 9 | 5 | 1 |
| 6 | 3.4 | 7 | 6 | 8 | 399.1 | 9 | 10 | 10 | 0.9 |

電流計に流れる最大電流が 0.5〔mA〕のとき，R_1 に流れる電流は $5 - 0.5 = 4.5$〔mA〕となるから，電流計に流れる電流の9倍だね．並列回路の抵抗の比は，電流と逆の比だから R_1 は内部抵抗の 1/9 だよ．
R_2 と R_3 を求めるときは最大電圧を加えたときに 5〔mA〕の電流が流れるので，電圧と電流から直列合成抵抗が計算できるよ．オの穴の値を求めるのは簡単だね．

(1) 電流計を流れる電流が最大目盛値 $I_M=0.5$ 〔mA〕のとき,内部抵抗が $r_A=9$ 〔Ω〕の電流計に加わる電圧 V_1 〔V〕は,次式で表される.

$$V_1=I_M r_A=0.5\times10^{-3}\times9=4.5\times10^{-3} \text{〔V〕}$$

$I=5$ 〔mA〕の電流計として使用するときに R_1 に流れる電流 $I_1=I-I_M=5-0.5=4.5$ 〔mA〕となるので,分流器の抵抗 R_1 〔Ω〕は次式で表される.

$$R_1=\frac{V_1}{I_1}=\frac{4.5\times10^{-3}}{4.5\times10^{-3}}=1 \text{〔Ω〕}$$

(2) 5〔mA〕の電流計として使用するときの電流計の内部抵抗 R_A 〔Ω〕は,r_A と R_1 の並列接続なので,次式で表される.

$$R_A=\frac{r_A R_1}{r_A+R_1}=\frac{9\times1}{9+1}=\frac{9}{10}=0.9 \text{〔Ω〕}$$

(3) $V_2=3$ 〔V〕の電圧計として使用するとき,R_2 と R_A の直列回路に $I=5$ 〔mA〕の電流が流れるので,次式が成り立つ.

$$V_2=(R_2+R_A)I$$

R_2 を求めると,次式で表される.

$$R_2=\frac{V_2}{I}-R_A=\frac{3}{5\times10^{-3}}-0.9=600-0.9=599.1 \text{〔Ω〕}$$

(4) $V_3=30$ 〔V〕の電圧計として使用するとき,R_3, R_2, R_A の直列回路に $I=5$ 〔mA〕の電流が流れるので,次式が成り立つ.

$$V_3=(R_3+R_2+R_A)I$$

R_3 を求めると,次式で表される.

$$R_3=\frac{V_3}{I}-(R_2+R_A)$$

$$=\frac{30}{5\times10^{-3}}-(599.1+0.9)=6\times10^3-600 \text{〔Ω〕}=6-0.6 \text{〔kΩ〕}=5.4 \text{〔kΩ〕}$$

(5) 30〔V〕の電圧計として使用するとき,電圧計の内部抵抗 R_V 〔kΩ〕は,次式で表される.

$$R_V=R_3+(R_2+R_A)=5.4+0.6 \text{〔kΩ〕}=6 \text{〔kΩ〕}$$

解答

問 77　📖 解説あり!　　　　正解 ☐　完璧 ☐　✏️ 直前CHECK ☐

図に示すような，均一な抵抗線XY および直流電流計A_aの回路で，XY上の接点を点Pに移動させたところ，端子aに流れる電流I〔A〕の1/4がA_aに流れた．このとき，抵抗線XP間の抵抗の値として，正しいものを下の番号から選べ．ただし，A_aの内部抵抗rを8〔Ω〕，XY間の抵抗Rを10〔Ω〕とする．

1　4.5〔Ω〕

2　5.6〔Ω〕

3　7.5〔Ω〕

4　8.2〔Ω〕

5　9.5〔Ω〕

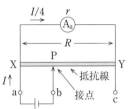

V：直流電圧　　V〔V〕

端子cを使ってないので，端子abから見た抵抗値は，抵抗線PY間の抵抗R_{PY}と内部抵抗rの直列抵抗と，XP間の抵抗R_{XP}との並列接続となるよ．$R_{XP}+R_{PY}$の値が分かっているので，この値が使えるように計算してね．

問 78　📖 解説あり!　　　　正解 ☐　完璧 ☐　✏️ 直前CHECK ☐

図に示す回路において，交流電圧計V_1，V_2 および V_3の指示値をそれぞれ V_1，V_2 および V_3〔V〕としたとき，負荷で消費する電力P〔W〕を表す式として，正しいものを下の番号から選べ．ただし，各交流電圧計の内部抵抗の影響はないものとする．

1　$P = \dfrac{R}{2}(V_1^2 + V_2^2 - V_3^2)$

2　$P = \dfrac{1}{R}(V_1^2 + V_2^2 + V_3^2)$

3　$P = \dfrac{1}{R}(V_1^2 - V_2^2 - V_3^2)$

4　$P = \dfrac{1}{2R}(V_1^2 + V_2^2 + V_3^2)$

5　$P = \dfrac{1}{2R}(V_1^2 - V_2^2 - V_3^2)$

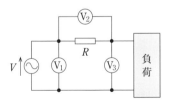

V：交流電圧〔V〕
R：抵抗〔Ω〕

📖 解説 → 問77

抵抗線XP間の抵抗を R_{XP}〔Ω〕，YP間の抵抗を R_{YP}〔Ω〕，XY間の抵抗を $R=R_{XP}+R_{YP}$〔Ω〕とする．端子cが開放されているので，電流計とYP間を流れる電流を $I_a=I/4$〔A〕とすると，I と I_a が流れる回路と合成抵抗より，次式が成り立つ．

$$V = \frac{R_{XP}(R_{YP}+r)}{R_{XP}+R_{YP}+r}I = (R_{YP}+r)I_a$$

$$\frac{I}{I_a} = \frac{R_{XP}+R_{YP}+r}{R_{XP}} = \frac{R+r}{R_{XP}}$$

R_{XP} を求めると，次式で表される．

$$R_{XP} = \frac{I_a}{I} \times (R+r) = \frac{1}{4} \times (10+8) = 4.5 \,〔Ω〕$$

📖 解説 → 問78

電圧計に加わる電圧をベクトル図で表すと解説図のようになる．図より次式が成り立つ．

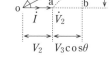

$$\dot{V}_1 = \dot{V}_2 + \dot{V}_3 \,〔V〕$$

$$\begin{aligned}
V_1{}^2 &= (\overline{oa}+\overline{ab})^2 + (\overline{bc})^2 \\
&= (V_2+V_3\cos\theta)^2 + (V_3\sin\theta)^2 \\
&= V_2{}^2 + 2V_2V_3\cos\theta + V_3{}^2\cos^2\theta + V_3{}^2\sin^2\theta \\
&= V_2{}^2 + V_3{}^2(\cos^2\theta+\sin^2\theta) + 2V_2V_3\cos\theta
\end{aligned}$$

三角関数の公式，$\cos^2\theta+\sin^2\theta=1$ を用いると，

$$V_1{}^2 = V_2{}^2 + V_3{}^2 + 2V_2V_3\cos\theta$$

よって，$\cos\theta = \dfrac{V_1{}^2 - V_2{}^2 - V_3{}^2}{2V_2V_3}$　　　　……(1)

負荷を流れる電流は，$I=V_2/R$ となるので，式 (1) の力率 $\cos\theta$ を用いると，負荷で消費する電力 P〔W〕は，次式で表される．

$$P = V_3 I\cos\theta = V_3 \times \frac{V_2}{R} \times \frac{V_1{}^2 - V_2{}^2 - V_3{}^2}{2V_2V_3}$$

$$= \frac{1}{2R}(V_1{}^2 - V_2{}^2 - V_3{}^2) \,〔W〕$$

解答 問77→1　問78→5

問 79　　解説あり！　　　正解 □　完璧 □　✎ 直前 CHECK □

図に示すように，正弦波交流を全波整流した電流 i が流れている抵抗 R 〔Ω〕で消費される電力を測定するために，永久磁石可動コイル形の電流計Ａおよび電圧計Ｖを接続したところ，それぞれの指示値が 3〔A〕および 8〔V〕であった．このとき R で消費される電力 P の値として，正しいものを下の番号から選べ．ただし，ＡおよびＶの内部抵抗の影響は無視するものとする．

1　$6\pi^2$〔W〕

2　$5\pi^2$〔W〕

3　$4\pi^2$〔W〕

4　$3\pi^2$〔W〕

5　$2\pi^2$〔W〕

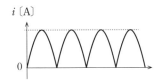
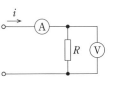

i：全波整流電流

 電流計と電圧計は整流形ではないので平均値を指示するよ．
全波整流波の平均値は最大値の $2/\pi$ だよ．

 問 80　　解説あり！　　　正解 □　完璧 □　✎ 直前 CHECK □

図1に示す回路の端子ab間に図2に示す半波整流電圧 v_{ab}〔V〕を加えたとき，整流形電流計Ａの指示値として，正しいものを下の番号から選べ．ただし，Ａは全波整流形で目盛は正弦波交流の実効値で校正されているものとする．また，Ａの内部抵抗は無視するものとする．

1　$\dfrac{V_m}{2R}$　〔A〕

2　$\dfrac{2V_m}{R}$　〔A〕

3　$\dfrac{V_m}{2\sqrt{2}R}$　〔A〕

4　$\dfrac{V_m}{\sqrt{2}R}$　〔A〕

5　$\dfrac{\sqrt{2}V_m}{R}$　〔A〕

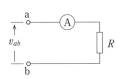

R：負荷抵抗〔Ω〕

図1

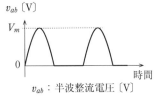

v_{ab}：半波整流電圧〔V〕

図2

 電流計は整流形だね．指示値は平均値に全波整流波の波形率を掛けた値だよ．
波形率は $\pi/(2\sqrt{2})$ だよ，半波整流波の平均値は最大値の $1/\pi$ だよ．

永久磁石可動コイル形計器は平均値を指示するので，電圧および電流の指示値を V〔V〕，I〔A〕とすると，最大値 V_m〔V〕，I_m〔A〕は，次式で表される．

$$V_m = \frac{\pi}{2}\,V\ \text{〔V〕}$$

$$I_m = \frac{\pi}{2}\,I\ \text{〔A〕}$$

平均値 V，I を用いると，実効値 V_e〔V〕，I_e〔A〕は，次式で表される．

$$V_e = \frac{V_m}{\sqrt{2}} = \frac{\pi}{2\sqrt{2}}\,V\ \text{〔V〕}$$

$$I_e = \frac{I_m}{\sqrt{2}} = \frac{\pi}{2\sqrt{2}}\,I\ \text{〔A〕}$$

R〔Ω〕で消費される電力 P〔W〕は，次式で表される．

$$P = V_e I_e = \frac{\pi}{2\sqrt{2}}V \times \frac{\pi}{2\sqrt{2}}I = \frac{\pi^2}{8}VI = \frac{\pi^2}{8}\times 8 \times 3 = 3\pi^2\ \text{〔W〕}$$

正弦波電流の最大値が I_m〔A〕のとき，平均値 I_a〔A〕，実効値 I_e〔A〕は，次式で表される．

$$I_a = \frac{2}{\pi}I_m\ \text{〔A〕} \qquad\qquad\qquad \cdots\cdots(1)$$

$$I_e = \frac{1}{\sqrt{2}}I_m\ \text{〔A〕} \qquad\qquad\qquad \cdots\cdots(2)$$

整流形計器は平均値 I_a〔A〕に比例して動作するが，指示値は正弦波の実効値 I_e〔A〕で目盛られているので，最大値を I_m〔A〕とすると，次式が成り立つ．

$$I_e = \frac{1}{\sqrt{2}}I_m = \frac{1}{\sqrt{2}} \times \frac{\pi}{2}I_a = \frac{\pi}{2\sqrt{2}}I_a\ \text{〔A〕} \qquad\qquad \cdots\cdots(3)$$

抵抗を流れる電流の最大値 $I_m = V_m/R$ であり，半波整流回路の出力電流の平均値は，正弦波の全周期を整流した全波整流波の平均値の $1/2$ だから，$I_a = I_m/\pi$ となるので，式(3)より指示値 I_e は，次式で表される．

$$I_e = \frac{\pi}{2\sqrt{2}} \times \frac{I_m}{\pi} = \frac{V_m}{2\sqrt{2}\,R}\ \text{〔A〕}$$

解答 問79→4　問80→3

問題

問 81 解説あり!　　　　　　　　正解 ☐　完璧 ☐　　直前CHECK ☐

図1に示す整流形電圧計を用いて，図2に示すような方形波電圧を測定したとき 18〔V〕を指示した．方形波電圧の最大値 V_m として，最も近いものを下の番号から選べ．ただし，ダイオード D は理想的な特性とし，また，整流形電圧計は正弦波交流の実効値で目盛ってあるものとする．

1　4.5〔V〕
2　7.0〔V〕
3　9.9〔V〕
4　14.4〔V〕
5　16.2〔V〕

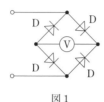

図1

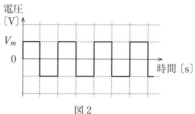

図2

D：ダイオード
V：直流電圧計

問 82 解説あり!　　　　　　　　正解 ☐　完璧 ☐　　直前CHECK ☐

次の記述は，ひずみ波交流電流 $i = I_m \sin \omega t + \dfrac{1}{3} I_m \sin 3\omega t$〔A〕を熱電対形電流計 A_1 と整流形電流計 A_2 を用いて測定したときの指示値について述べたものである．　　　内に入れるべき字句を下の番号から選べ．ただし，A_2 は全波整流形で，目盛は正弦波交流の実効値を指示するように校正されているものとする．なお，同じ記号の　　　内には同じ字句が入るものとする．

(1) i は，基本波に，最大値が基本波の $\dfrac{1}{3}$ で周波数が基本波の ア 倍の高調波が加わった電流である．

(2) 周波数が基本波の ア 倍の高調波の電流の実効値は，イ〔A〕である．

(3) 熱電対形電流計 A_1 は，i の ウ を指示し，その値は エ〔A〕である．

(4) 整流形電流計 A_2 は，i の平均値の オ 倍の値を指示する．

1　5　　　　2　$\dfrac{1}{3\sqrt{2}} I_m$　　　3　平均値　　　4　$\dfrac{\sqrt{5}}{9} I_m$　　　5　$\dfrac{\pi}{\sqrt{2}}$

6　3　　　　7　$\dfrac{1}{3} I_m$　　　　8　実効値　　　9　$\dfrac{\sqrt{5}}{3} I_m$　　　10　$\dfrac{\pi}{2\sqrt{2}}$

無線工学の基礎　電気磁気測定

📖 解説 → 問81

整流形電圧計は平均値 V_a 〔V〕に比例して動作するが，指示値は正弦波の実効値で目盛られているので，正弦波のそれらの比を求めると，次式で表される.

$$V_e = \frac{1}{\sqrt{2}} V_m = \frac{1}{\sqrt{2}} \times \frac{\pi}{2} V_a \fallingdotseq 1.11 V_a \text{〔V〕} \qquad \cdots\cdots(1)$$

方形波電圧の最大値を V〔V〕とすると，平均値 $V_a = V$，実効値 $V_e = V$ となるので，整流形電圧計に方形波電圧を加えると，指示値 V_M〔V〕は，式 (1) より平均値 V_a の 1.11 倍となる．指示値 V_M から最大値 (= 平均値) $V = V_a$〔V〕を求めれば，次式で表される.

$$V \fallingdotseq \frac{V_M}{1.11} = \frac{18}{1.11} \fallingdotseq 16.2 \text{〔V〕}$$

📖 解説 → 問82

(1) 基本波の周波数を f〔Hz〕とすると，$\omega = 2\pi f$〔rad/s〕で表されるので，3ω は，基本波の 3 倍の高調波の角周波数を表す.

(2) 実効値は最大値の $1/\sqrt{2}$ だから，3 倍の高調波の実効値は，次式で表される.

$$\frac{1}{\sqrt{2}} \times \frac{1}{3} I_m = \frac{1}{3\sqrt{2}} I_m \text{〔A〕}$$

(3) 熱電対形電流計は**実効値**を指示するので，実効値 I_e を求めると，次式で表される.

$$I_e = \sqrt{\left(\frac{I_m}{\sqrt{2}}\right)^2 + \left(\frac{I_m}{3\sqrt{2}}\right)^2}$$

$$= \sqrt{\frac{1}{2} + \frac{1}{18}} I_m = \sqrt{\frac{5}{9}} I_m = \frac{\sqrt{5}}{3} I_m \text{〔A〕}$$

(4) 整流形電圧計は平均値 $I_a = (2/\pi) I_m$ に比例して動作するが，指示値は正弦波の実効値 $I_e = (1/\sqrt{2}) I_m$ で目盛られているので，指示値はそれらの比より，平均値 I_a の，

$$\frac{I_e}{I_a} = \frac{1}{\sqrt{2}} \times \frac{\pi}{2} = \frac{\pi}{2\sqrt{2}} \text{ 倍の値を指示する.}$$

 ひずみ波電流の実効値は，基本波と各高調波の実効値を 2 乗したものの和を求めて，その平方根 ($\sqrt{\ }$) だよ．実効値は最大値の $1/\sqrt{2}$ だね.

解答 問81→5　問82→ア−6　イ−2　ウ−8　エ−9　オ−10

問 83 📖 解説あり! 正解 ☐ 完璧 ☐ ✏ 直前CHECK ☐

図に示す回路において自己インダクタンス L〔H〕のコイル M の分布容量 C_0 を求めるために，標準信号発振器 SG の周波数 f を変化させて回路を共振させたとき，表に示す静電容量 C_S の値が得られた．このときの C_0 の値として，正しいものを下の番号から選べ．ただし，SG の出力は，コイル T を通して M と疎に結合しているものとする．

1　6〔pF〕

2　8〔pF〕

3　10〔pF〕

4　12〔pF〕

5　14〔pF〕

f〔kHz〕	C_S〔pF〕
300	154
600	34

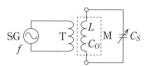

問 84 📖 解説あり! 正解 ☐ 完璧 ☐ ✏ 直前CHECK ☐

次の記述は，図 1 および図 2 に示す二つの回路による未知抵抗の測定について述べたものである．☐☐内に入れるべき字句を下の番号から選べ．ただし，図 1 および図 2 において，電流計 A の指示値をそれぞれ I_1 および I_2〔A〕，電圧計 V の指示値をそれぞれ V_1 および V_2〔V〕とする．

(1) 図 1 に示す回路で，未知抵抗を V_1/I_1 として求めたときの値を R_{X1}〔Ω〕とすれば，R_{X1} は，真値 R_S より ☐ア☐ なる．このとき，電圧計 V の内部抵抗を R_V〔Ω〕とすれば，真値 R_S は，

　　$R_S = V_1/(\boxed{イ})$〔Ω〕で表される．

(2) 図 2 に示す回路で，電流計 A の内部抵抗を R_A〔Ω〕とすれば，真値 R_S は，

　　$R_S = V_2/I_2 - \boxed{ウ}$〔Ω〕で表される．

(3) 一般に，未知抵抗が高抵抗のときには ☐エ☐ の方法が使われる．

(4) この方法による抵抗測定は，一般に ☐オ☐ と呼ばれる．

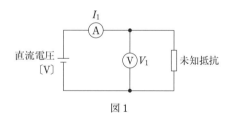

図 1

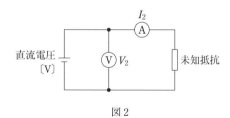

図 2

1　大きく　　2　$I_1 - \dfrac{V_1}{R_V}$　　3　$\dfrac{V_2}{R_A}$　　4　図 1　　5　電位降下法

6　小さく　　7　$I_1 + \dfrac{V_1}{R_V}$　　8　R_A　　9　図 2　　10　置換法

回路を共振させたときの角周波数をω_1，ω_2，そのときの可変静電容量の値をC_{S1}，C_{S2}とすると，次式が成り立つ．

$$\omega_1{}^2 = \frac{1}{L(C_{S1}+C_0)} \quad\quad \cdots\cdots(1) \quad\quad \omega_2{}^2 = \frac{1}{L(C_{S2}+C_0)} \quad\quad \cdots\cdots(2)$$

ただし，$\omega_1 = 2\pi f_1$，$\omega_2 = 2\pi f_2$である．

ここで，周波数$f_1 = 300〔kHz〕$，$f_2 = 600〔kHz〕$であるから，次式が成り立つ．

$$2\omega_1 = \omega_2 \quad\quad\quad\quad\quad\quad\quad\quad\quad\quad\quad \cdots\cdots(3)$$

式(2)÷式(1)に式(3)を代入すると，次式が得られる．

$$2^2 = \frac{L(C_{S1}+C_0)}{L(C_{S2}+C_0)} = \frac{C_{S1}+C_0}{C_{S2}+C_0} \quad\quad 4(C_{S2}+C_0) = C_{S1}+C_0$$

よって，C_0は次式によって求めることができる．

$$C_0 = \frac{C_{S1}-4C_{S2}}{3} = \frac{154-4\times34}{3} = \frac{18}{3} = 6〔pF〕$$

(1) 問題図1に示す回路の未知抵抗の測定値$R_{X1}〔\Omega〕$は，

$$R_{X1} = \frac{V_1}{I_1}〔\Omega〕$$

によって求めることができるが，I_1には電圧計に流れる電流I_Vが含まれるので，真値$R_S〔\Omega〕$より**小さく**なる．R_Sは次式で表される．

$$R_S = \frac{V_1}{I_1-I_V} = \frac{V_1}{I_1-\dfrac{V_1}{R_V}}〔\Omega〕$$

(2) 問題図2に示す回路は，電流計の電圧降下$V_I(=R_A I_2)$による誤差を引けば真値を求めることができるので，R_Sは次式で表される．

$$R_S = \frac{V_2-V_I}{I_2} = \frac{V_2}{I_2}-R_A$$

(3) 電流計の内部抵抗R_Aは一般に小さいので，高抵抗を測定したときの誤差は図1よりも図2の方が小さくなるので，**図2**の方法が用いられる．

(4) 問題図の測定方法は**電位降下法**と呼ばれる．未知抵抗をダイヤル式可変抵抗器などに置き換えて，電圧と電流を同じ値として測定する方法が置換法である．

解答 問83→1　問84→ア－6　イ－2　ウ－8　エ－9　オ－5

問 85 解説あり！ 正解 ☐ 完璧 ☐ 直前 CHECK ☐

抵抗と電流の測定値から抵抗で消費する電力を求めるときの測定の誤差率 ε を表す式として，最も適切なものを下の番号から選べ．ただし，抵抗の真値を R 〔Ω〕，測定誤差を ΔR 〔Ω〕，電流の真値を I 〔A〕，測定誤差を ΔI 〔A〕としたとき，抵抗の誤差率 ε_R を $\varepsilon_R = \Delta R/R$ および電流の誤差率 ε_I を $\varepsilon_I = \Delta I/I$ とする．また，ε_R および ε_I は十分小さいものとする．

1　$\varepsilon \fallingdotseq 2\,\varepsilon_I\varepsilon_R + 1$　　　2　$\varepsilon \fallingdotseq 2\,\varepsilon_I + \varepsilon_R$　　　3　$\varepsilon \fallingdotseq 2\,(\varepsilon_I + \varepsilon_R)$

4　$\varepsilon \fallingdotseq \varepsilon_I - \varepsilon_R$　　　5　$\varepsilon \fallingdotseq \varepsilon_I - 2\,\varepsilon_R$

問 86 解説あり！ 正解 ☐ 完璧 ☐ 直前 CHECK ☐

次の記述は，図に示す回路を用いて静電容量 C 〔F〕を求める過程について述べたものである．☐☐内に入れるべき字句の正しい組合せを下の番号から選べ．ただし，回路は，交流電圧 $\dot{V}$ 〔V〕の角周波数 ω 〔rad/s〕に共振しており，そのときの合成インピーダンス $\dot{Z}_0$ は，次式で表されるものとする．

$$\dot{Z}_0 = \frac{R}{1+\omega^2 C^2 R^2}\ \text{〔Ω〕}$$

(1) 共振時において，$\dot{V}$ と C の両端の電圧 $\dot{V}_C$ 〔V〕の間には，$\dfrac{\dot{V}_C}{\dot{V}} = $ ☐ A ☐ が成り立つ．

(2) したがって，$\left|\dfrac{\dot{V}_C}{\dot{V}}\right| = $ ☐ B ☐ が成り立つ．

(3) よって，$\dot{V}$ および $\dot{V}_C$ の大きさをそれぞれ V 〔V〕および V_C 〔V〕とすれば C は，$C=$ ☐ C ☐ 〔F〕である．

	A	B	C
1	$1+j\omega CR$	$\sqrt{1-(\omega CR)^2}$	$\dfrac{1}{\omega R}\sqrt{\dfrac{V_C}{V}-1}$
2	$1+j\omega CR$	$\sqrt{1+(\omega CR)^2}$	$\dfrac{1}{\omega R}\sqrt{\dfrac{V_C^2}{V^2}-1}$
3	$1-j\omega CR$	$\sqrt{1-(\omega CR)^2}$	$\dfrac{1}{\omega R}\sqrt{\dfrac{V_C^2}{V^2}-1}$
4	$1-j\omega CR$	$\sqrt{1-(\omega CR)^2}$	$\dfrac{1}{\omega R}\sqrt{\dfrac{V_C}{V}-1}$
5	$1-j\omega CR$	$\sqrt{1+(\omega CR)^2}$	$\dfrac{1}{\omega R}\sqrt{\dfrac{V_C^2}{V^2}-1}$

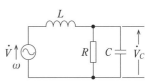

R：抵抗 〔Ω〕
L：自己インダクタンス 〔H〕
$\dot{V}$：交流電圧 〔V〕

📖 解説 →問85

抵抗の測定値 $R_M = R + \Delta R$ 〔Ω〕と電流の測定値 $I_M = I + \Delta I$ 〔A〕から，電力の測定値 P_M 〔W〕は，次式で表される．

$$P_M = I_M{}^2 R_M = (I + \Delta I)^2 \times (R + \Delta R)$$

電力の真値 $P = I^2 R$ なので，誤差率 ε は，次式で表される．

$$\varepsilon = \frac{P_M - P}{P} = \frac{(I + \Delta I)^2 \times (R + \Delta R) - I^2 R}{I^2 R}$$

$$= \frac{(I^2 + 2I\Delta I + \Delta I^2) \times R + (I^2 + 2I\Delta I + \Delta I^2) \times \Delta R - I^2 R}{I^2 R}$$

$$= \frac{2IR\Delta I + R\Delta I^2 + I^2 \Delta R + 2I\Delta I\Delta R + \Delta I^2 \Delta R}{I^2 R}$$

$$= \frac{2\Delta I}{I} + \frac{\Delta I^2}{I^2} + \frac{\Delta R}{R} + \frac{2\Delta I\Delta R}{IR} + \frac{\Delta I^2 \Delta R}{I^2 R}$$

$$= 2\varepsilon_I + \varepsilon_I{}^2 + \varepsilon_R + 2\varepsilon_I\varepsilon_R + \varepsilon_I{}^2\varepsilon_R$$

$\varepsilon_I \ll 1$，$\varepsilon_R \ll 1$ なので，$\varepsilon_I\varepsilon_R$ と $\varepsilon_I{}^2$ の項を無視すると，次式が得られる．

$$\varepsilon \fallingdotseq 2\varepsilon_I + \varepsilon_R$$

📖 解説 →問86

R と C の並列回路のインピーダンス $\dot{Z}_C$ 〔Ω〕は，次式で表される．

$$\dot{Z}_C = \frac{R \times \dfrac{1}{j\omega C}}{R + \dfrac{1}{j\omega C}} = \frac{R}{1 + j\omega CR} \ \text{〔Ω〕}$$

共振時の電圧比 $\dot{V}_C / \dot{V}$ は，インピーダンスの比 $\dot{Z}_C / \dot{Z}_0$ で求めることができるので，

$$\frac{\dot{V}_C}{\dot{V}} = \frac{\dot{Z}_C}{\dot{Z}_0} = \frac{\dfrac{R}{1 + j\omega CR}}{\dfrac{R}{1 + \omega^2 C^2 R^2}} = \frac{1 + (\omega CR)^2}{1 + j\omega CR} = \frac{(1 + j\omega CR)(1 - j\omega CR)}{1 + j\omega CR} = 1 - j\omega CR$$

絶対値から C を求めると，次式のようになる．

$$\left| \frac{\dot{V}_C}{\dot{V}} \right| = \frac{V_C}{V} = \sqrt{1 + (\omega CR)^2} \qquad \text{より，} \quad (\omega CR)^2 = \left(\frac{V_C}{V} \right)^2 - 1$$

よって，$C = \dfrac{1}{\omega R} \sqrt{\dfrac{V_C{}^2}{V^2} - 1}$

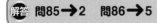

解答 問85→2　問86→5

　図に示すように，直流電圧計V_1，V_2およびV_3を直列に接続したとき，それぞれの電圧計の指示値V_1，V_2およびV_3の和の値から測定できる端子ab間の電圧V_{ab}の最大値として，正しいものを下の番号から選べ．ただし，それぞれの電圧計の最大目盛値および内部抵抗は，表の値とする．

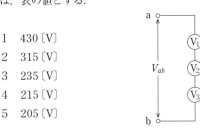

1　430〔V〕
2　315〔V〕
3　235〔V〕
4　215〔V〕
5　205〔V〕

電圧計	最大目盛値	内部抵抗
V_1	30〔V〕	30〔kΩ〕
V_2	100〔V〕	200〔kΩ〕
V_3	300〔V〕	200〔kΩ〕

　次の記述は，図に示すブリッジ回路を用いてコイルの自己インダクタンスL_X〔H〕および抵抗R_X〔Ω〕を求める方法について述べたものである．　　内に入れるべき字句の正しい組合せを下の番号から選べ．ただし，交流電源V〔V〕の角周波数をω〔rad/s〕とする．

(1) ブリッジ回路が平衡しているとき，次式が得られる．

$$R_1 R_2 = (\boxed{\text{A}}) \times \frac{R_S}{1 + j\omega C_S R_S} \qquad \cdots\cdots ①$$

(2) 式①よりR_XおよびL_Xは，次式で表される．

$$R_X = \boxed{\text{B}}\ \text{〔Ω〕}, \quad L_X = \boxed{\text{C}}\ \text{〔H〕}$$

	A	B	C
1	$\dfrac{j\omega L_X}{R_X + j\omega L_X}$	$\dfrac{R_1 R_2}{R_S}$	$R_1 R_2 C_S$
2	$\dfrac{j\omega L_X}{R_X + j\omega L_X}$	$\dfrac{R_1 R_S}{R_2}$	$\dfrac{R_1 R_2}{C_S}$
3	$R_X + j\omega L_X$	$\dfrac{R_1 R_S}{R_2}$	$R_1 R_2 C_S$
4	$R_X + j\omega L_X$	$\dfrac{R_1 R_2}{R_S}$	$R_1 R_2 C_S$
5	$R_X + j\omega L_X$	$\dfrac{R_1 R_S}{R_2}$	$\dfrac{R_1 R_2}{C_S}$

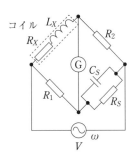

G：交流検流計
R_1, R_2, R_S：抵抗〔Ω〕
C_S：静電容量〔F〕

解説 → 問87

　各電圧計に流れる電流は同じだから，各電圧計の最大目盛値 V_1，V_2，V_3 〔V〕の電圧となるときに流れる電流 I_1，I_2，I_3〔A〕が最大電流となる．それらは内部抵抗 r_1，r_2，r_3〔Ω〕の電圧降下だから，I_1，I_2，I_3 を求めると，

$$I_1 = \frac{V_1}{r_1} = \frac{30}{30 \times 10^3} = 1 \times 10^{-3} \,\text{〔A〕} \qquad \cdots\cdots(1)$$

$$I_2 = \frac{V_2}{r_2} = \frac{100}{200 \times 10^3} = 0.5 \times 10^{-3} \,\text{〔A〕} \qquad \cdots\cdots(2)$$

$$I_3 = \frac{V_3}{r_3} = \frac{300}{200 \times 10^3} = 1.5 \times 10^{-3} \,\text{〔A〕} \qquad \cdots\cdots(3)$$

I_2 が最小なので，式 (2) の電流が流れたときに電圧計 V_2 が最大目盛に到達する．そのとき，ab 間の電圧 V_{ab}〔V〕は，次式で表される．

$$V_{ab} = (r_1 + r_2 + r_3)I_2$$
$$= (30 + 200 + 200) \times 10^3 \times 0.5 \times 10^{-3} = 215 \,\text{〔V〕}$$

> 電圧計が二つの問題や電流計の問題も出題されているよ．解き方は一緒だよ．電流計が並列に接続されている問題は，各電流計の電流が最大となるときの電圧から求めてね．

解説 → 問88

　R_S と C_S の並列回路のインピーダンス $\dot{Z}_S$〔Ω〕は，次式で表される．

$$\dot{Z}_S = \frac{R_S \times \dfrac{1}{j\omega C_S}}{R_S + \dfrac{1}{j\omega C_S}} = \frac{R_S}{1 + j\omega C_S R_S} \,\text{〔Ω〕}$$

ブリッジ回路の平衡条件より，対辺のインピーダンスの積を求めると，次式で表される．

$$R_1 R_2 = (R_X + j\omega L_X) \times \frac{R_S}{1 + j\omega C_S R_S}$$

$$(1 + j\omega C_S R_S)R_1 R_2 = (R_X + j\omega L_X)R_S$$

$$R_1 R_2 + j\omega C_S R_S R_1 R_2 = R_X R_S + j\omega L_X R_S \qquad \cdots\cdots(1)$$

式 (1) の実数部より，$R_X = \dfrac{R_1 R_2}{R_S}$〔Ω〕

式 (1) の虚数部より，$L_X = R_1 R_2 C_S$〔H〕

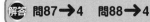

解答　問87→4　　問88→4

問題

問 89 📖 解説あり！　　正解 □　完璧 □　✎ 直前CHECK □

　次の記述は，図1に示すリサジュー図について述べたものである．□□□内に入れるべき字句の正しい組合せを下の番号から選べ．ただし，図1は，図2に示すようにオシロスコープの水平入力および垂直入力にそれぞれ最大値が V_m〔V〕で等しく，周波数の異なる正弦波交流電圧 v_x および v_y〔V〕を加えたときに得られたものとする．

(1) v_x の周波数が 4〔kHz〕のとき，v_y の周波数は □ A □ である．

(2) 図1の点aにおける v_x の値は，□ B □ である．

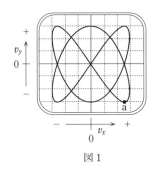

図1

オシロスコープ

図2

	A	B
1	2〔kHz〕	$\dfrac{\sqrt{3}\,V_m}{2}$〔V〕
2	2〔kHz〕	$\sqrt{2}\,V_m$〔V〕
3	6〔kHz〕	$\dfrac{\sqrt{3}\,V_m}{2}$〔V〕
4	6〔kHz〕	$\sqrt{2}\,V_m$〔V〕
5	8〔kHz〕	$\dfrac{\sqrt{3}\,V_m}{2}$〔V〕

　リサジュー波形の線をなぞって進んでみてね．中心から始めて斜め右上に動いていくと，一度斜め左上から中心に戻って，次に斜め右下から進んで斜め左下から中心に戻るのが一回りでしょう．そのとき v_y が 0 に戻る回数が 6 回で，v_x が 0 に戻る回数が 4 回だよ．これが周波数の比だよ．

解説図のように，リサジュー図形の接線ではない画面上の任意の位置に，v_x，v_y方向に直線x，yを引くと，図形がそれぞれの線を横切る回数の比が正弦波の周波数の比を表す．ブラウン管上の輝点が図形を描いて一巡する間に，水平に引いた線xをv_yの波形が6回横切る間に垂直に引いた線yをv_xの波形が4回横切る．よって，周波数比$n=\dfrac{6}{4}$である．垂直方向の周波数を$f_x=4$〔kHz〕とすると，水平方向の周波数f_y〔kHz〕は，次式で表される．

$$f_y=nf_x=\frac{6}{4}\times4=6 〔\text{kHz}〕$$

点aを中心点oから始まる角度θの三角関数で表すと，y軸の位相角は偏移が最大なので$\theta_y=\pi/2$，x軸の位相角は周波数比が$f_x/f_y=4/6=2/3$となるので，$\theta_x=(\pi/2)\times(2/3)=\pi/3$となるから，$v_x$〔V〕は次式によって求めることができる．

$$v_x=V_m\sin\theta_x=V_m\sin\frac{\pi}{3}=\frac{\sqrt{3}\,V_m}{2} 〔\text{V}〕$$

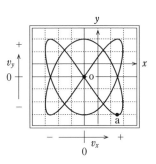

$f_x=(2/3)\,f_y$として，時間関数t〔s〕の式で表すと，次のようになるよ．

$$v_x=V_m\sin(2\pi f_xt)=V_m\sin\left(\frac{2}{3}\times2\pi f_yt\right)$$

$$v_y=V_m\sin(2\pi f_yt)$$

$\pi/2$は90度，$\pi/3$は60度だよ．$\sin(\pi/2)=1$，$\sin(\pi/3)=\sqrt{3}/2$だよ．

解答 問89➡3

問 90　　　　　　　　　　　　　　　　　　　　正解 ☐　完璧 ☐　🖊 直前 CHECK ☐

次の記述は，我が国の中波放送における精密同一周波放送（同期放送）方式について述べたものである．　☐☐☐内に入れるべき字句の正しい組合せを下の番号から選べ．

(1) 同期放送は，相互に同期放送の関係にある基幹放送局の搬送周波数の差 Δf が　☐A☐　を超えて変わらないものとし，同時に同一の番組を放送するものである．

(2) 例えば，相互に同期放送の関係にある基幹放送局を X 局および Y 局とすると，ある受信場所における X 局および Y 局の搬送波間の位相差 ϕ〔rad〕が $1/\Delta f$〔s〕の周期で $0 \sim 2\pi$〔rad〕の間を変化するため，その受信場所における X 局および Y 局の搬送波の合成電界は，同周期でフェージングを繰り返す．原理的に，X 局および Y 局の搬送波の電界強度が等しい（等電界）場所における搬送波の合成電界は，ϕ が　☐B☐　のときは X 局（または Y 局）の電界強度の 2 倍になり，ϕ が　☐C☐　のときは 0 となる．

(3) 同期放送では，(2) の合成電界の変化と併せ，被変調波に位相差がある場合の受信ひずみなどが，等電界の場所とその付近でのサービス低下の原因になる．これらによる受信への影響については，受信機の自動利得調整（AGC）機能並びに受信機のバーアンテナ等の指向性によって所定の混信保護比を満たすことによる改善が期待できる．また，受信ひずみは，　☐D☐　により改善される．

	A	B	C	D
1	0.1〔Hz〕	π〔rad〕	0 および 2π〔rad〕	2 乗検波
2	0.1〔Hz〕	0 および 2π〔rad〕	π〔rad〕	同期検波
3	0.1〔Hz〕	π〔rad〕	0 および 2π〔rad〕	同期検波
4	1〔kHz〕	0 および 2π〔rad〕	π〔rad〕	同期検波
5	1〔kHz〕	π〔rad〕	0 および 2π〔rad〕	2 乗検波

周波数が 1〔kHz〕もずれてれば，精密同一周波数とはいわないよね．合成電界強度が 2 倍になる同位相は 0 と 2π〔rad〕で，0 になる逆位相は π〔rad〕だよ．

無線工学A　放送

問題

問 91　　　　　　　　　　　　　　　　正解 □　完璧 □　📝 直前 CHECK □

次の記述は，図に示す我が国のFM放送（アナログ超短波放送）におけるステレオ複合（コンポジット）信号について述べたものである．□内に入れるべき字句を下の番号から選べ．ただし，FMステレオ放送の左側信号を"L"，右側信号を"R"とする．なお，同じ記号の□内には，同じ字句が入るものとする．

(1) 主チャネル信号は，和信号"L＋R"であり，副チャネル信号は，差信号"L－R"により，副搬送波を　ア　したときに生ずる側波帯である．

(2)　イ　は，ステレオ放送識別のための信号であり，受信側で副チャネル信号を復調するときに必要な副搬送波を得るために付加されている．

(3) ステレオ受信機で復調の際には，"L＋R"の信号および"L－R"の信号の　ウ　，"L"および"R"を復元することができる．

(4) モノラル受信機で復調の際には，　エ　は帯域外の成分としてフィルターでカットされるため，　オ　のみが受信される．

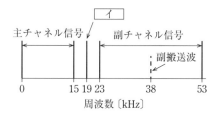

1	振幅変調	2	パイロット信号	3	右側信号（"R"）
4	副チャネル信号	5	左側信号（"L"）	6	周波数変調
7	多重信号	8	加算・減算により	9	乗算・除算により
10	主チャネル信号				

主チャネルの音声信号も副チャネルの音声信号も同じ帯域の15〔kHz〕だとすると，副搬送波の上下の周波数に15〔kHz〕の二つの側波帯を持つから振幅変調だよ．

解答　問90→2

96

　　　　　　　　　正解□　完璧□　✎ 直前CHECK□

　次の記述は，我が国の標準テレビ放送のうち地上系デジタル放送の標準方式（ISDB－T）で用いられる送信システムについて，図の伝送路符号化部基本構成に示す主要なブロック中，五つのブロックの働きについてそれぞれ述べたものである．□内に入れるべき字句を下の番号から選べ．なお，同じ記号の□内には，同じ字句が入るものとする．

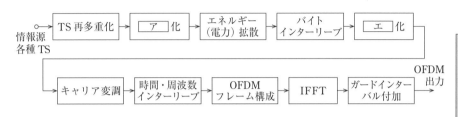

(1) 「TS再多重化」では，放送の各種TS（Transport Stream）が入力され，16バイトのヌルデータを付加したパケットストリームに変換する．

(2) 「 ア 化」では，「TS再多重化」で付加された16バイトのヌルデータを誤り訂正のためのパリティバイトに置き換えて，パケット単位で誤りを訂正できるようにする．誤り訂正符号は， ア （外符号）が使われる．

(3) 「エネルギー（電力）拡散」では，変調波のエネルギーを特定のところに集中 イ とともに，受信側で信号からクロック再生を容易にするため，同じ値のデジタル符号（"0" または "1"）が長く ウ ように，擬似乱数符号系列と伝送するデジタル符号を加算する．

(4) 「バイトインターリーブ」では，受信側で エ （内符号）により誤り訂正を行った後のバースト誤りを拡散させることによって， ア （外符号）の誤り訂正の性能を向上させる．

(5) 「時間・周波数インターリーブ」では，誤り訂正の効果を高め，移動受信性能と オ を向上させる．

1　グレイ符号　　　　2　させる　　　　　　3　続かない
4　AMI符号　　　　　5　耐マルチパス性能　6　リードソロモン符号
7　することを抑える　8　続く　　　　　　　9　畳込み符号
10　交差偏波識別度

表は，我が国の標準テレビジョン放送のうち地上系デジタル放送の標準方式（ISDB－T）のモード3における伝送信号パラメータおよびその値の一部を示したものである．　　　内に入れるべき字句の正しい組合せを下の番号から選べ．ただし，OFDMのIFFT（逆離散フーリエ変換）のサンプリング周波数は，512/63〔MHz〕，モード3のIFFTのサンプリング点の数は，8,192であり，512＝2^9，8,192＝2^{13}である．また，表中のガードインターバル比の値は，有効シンボル期間長およびガードインターバル期間長が表に示す値のときのものであり，キャリア総数は，図のOFDMフレームの変調波スペクトルの配置に示す13個の全セグメント中のキャリア数に，帯域の右端に示す復調基準信号に対応するキャリア数1本を加えた値である．

復調基準信号

セグメント No.11	セグメント No.9	セグメント No.7	セグメント No.5	セグメント No.3	セグメント No.1	セグメント No.0	セグメント No.2	セグメント No.4	セグメント No.6	セグメント No.8	セグメント No.10	セグメント No.12

周波数〔Hz〕

伝送信号パラメータ	値
セグメント数	13〔個〕（No.0～No.12）
有効シンボル期間長	A 〔μs〕
ガードインターバル期間長	B 〔μs〕
ガードインターバル比	1/8
キャリア間隔	C 〔kHz〕
1セグメントの帯域幅	6,000/14〔kHz〕
キャリア総数	D 〔本〕

	A	B	C	D
1	2,016	252	125/126	5,617
2	2,016	252	500/567	6,319
3	1,008	252	500/567	5,617
4	1,008	126	125/126	5,617
5	1,008	126	500/567	6,319

解答　問91➡ア－1　イ－2　ウ－8　エ－4　オ－10
　　　問92➡ア－6　イ－7　ウ－3　エ－9　オ－5

問題

問 94　　解説あり！　　　正解　　完璧　　　直前CHECK

次の記述は，我が国の標準テレビジョン放送等のうち地上系デジタル放送に関する標準方式で規定されているガードインターバルについて述べたものである．　　内に入れるべき字句の正しい組合せを下の番号から選べ．

(1) ガードインターバルは，送信側においてOFDM（直交周波数分割多重）セグメントを逆高速フーリエ変換（IFFT）した出力データのうち，時間的に　A　端の出力データを有効シンボルの　B　に付加することによって受信が可能となる期間を延ばし，有効シンボル期間において正しく受信できるようにするものである．

(2) ガードインターバルを用いることにより，中継局で親局と同一の周波数を使用する（SFN：Single Frequency Network）ことが可能であり，ガードインターバル期間長　C　の遅延波があってもシンボル間干渉のない受信が可能である．

(3) 例えば，図に示すようにガードインターバル期間長が，有効シンボル期間長の1/4の252〔μs〕としたとき，SFNとすることができる親局と中継局間の最大距離は，原理的に約　D　〔km〕となる．ただし，中継局は，親局の放送波を中継する放送波中継とし，親局と中継局の放送波の送出タイミングは両局間の距離による伝搬遅延のみに影響されるものとする．また，親局と中継局の放送波のデジタル信号は，完全に同一であり，受信点において，遅延波の影響により正しく受信するための有効シンボル期間分の時間を確保できない場合はシンボル間干渉により正しく受信できず，SFNとすることができないものとする．

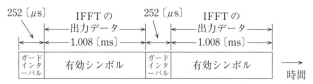

親局のデジタル信号（放送波）

	A	B	C	D
1	前	後	以上	37.8
2	前	後	以内	75.6
3	後	前	以上	18.9
4	後	前	以内	75.6
5	後	前	以内	37.8

$\boxed{A}$：有効シンボル期間長＝$\dfrac{\text{サンプリング点の数}}{\text{サンプリング周波数}}$

$$=\dfrac{2^{13}}{\dfrac{512}{63}\times10^6}=63\times2^{13-9}\times10^{-6} \qquad [\text{ここで}, \ 512=2^9]$$

$$=63\times2^4\times10^{-6}=1,008\times10^{-6}\,[\text{s}]=1,008\,[\mu s]$$

$\boxed{B}$：ガードインターバル期間長＝有効シンボル期間長×ガードインターバル比

$$=1,008\,[\mu s]\times\dfrac{1}{8}=126\,[\mu s]$$

$\boxed{C}$：キャリア間隔＝$\dfrac{1}{\text{有効シンボル期間長}}$

選択肢の数値から$\boxed{B}$で求めた数値を使うと，

$$=\dfrac{1}{1,008\times10^{-6}}=\dfrac{1}{126\times8}\times10^6$$

$$=\dfrac{1}{126}\times\dfrac{10^3}{8}\times10^3\,[\text{Hz}]=\dfrac{125}{126}\,[\text{kHz}]$$

$\boxed{D}$：キャリア総数＝$\dfrac{1\text{セグメントの帯域幅}}{\text{キャリア間隔}}\times13+1$

$$=\dfrac{\dfrac{6,000}{14}\,[\text{kHz}]}{\dfrac{125}{126}\,[\text{kHz}]}\times13+1=\dfrac{6,000\times126}{125\times14}\times13+1$$

$$=\dfrac{6\times8\times126}{14}\times13+1=432\times13+1=5,617$$

受信点において，中継局が送出する電波は，親局から到達する電波に対して遅延が発生する．この遅延時間をカードインターバル t_g [s] に電波が伝搬する距離以内としなければ干渉が発生する．中継局は親局の電波を再送信するので，中継局から親局間の距離を往復する時間が t_g に等しいとすると，$t_g/2$ の間に電波が伝搬する距離が中継局と親局間の最大距離 d_m [m] となるので，電波の伝搬速度を $c=3\times10^8$ [m/s] とすると d_m は，次式で表される．

$$d_m=\dfrac{t_g c}{2}=\dfrac{252\times10^{-6}\times3\times10^8}{2}=37.8\times10^3\,[\text{m}]=37.8\,[\text{km}]$$

解答 問93→4　問94→5

問題

次の記述は，我が国の地上系デジタル方式の標準テレビジョン放送に用いられるガードインターバルの原理的な働きについて述べたものである．☐☐☐内に入れるべき字句の正しい組合せを下の番号から選べ．ただし，親局の放送波および中継局の放送波のデジタル信号は完全に同一であるものとする．

(1) ガードインターバルを用いることにより，中継局で親局と同一の周波数を使用する（SFN：Single Frequency Network）ことが可能である．ガードインターバルは，送信側においてOFDM（直交周波数分割多重）セグメントを ☐ A ☐ した出力データのうち，時間的に ☐ B ☐ 端の出力データを有効シンボルの ☐ C ☐ に付加することによって受信が可能となる期間を延ばし，有効シンボル期間において「シンボル間干渉なく正しく受信すること」ができるようにするものである．

(2) 図は，受信点において，親局からの放送波に対して τ〔s〕遅延した中継局からの放送波が同時に受信された場合のそれぞれの放送波を分離して示したものである．この図は，親局の放送波の有効シンボル期間分の情報を「シンボル間干渉なく正しく受信すること」が ☐ D ☐ となる場合を示している．ただし，親局の放送波のデジタル信号が次のシンボルに変化してから，中継局の信号が遅れて変化するまでの時間が，ガードインターバル内に入れば，親局の放送波の有効シンボル期間分の情報を「シンボル間干渉なく正しく受信すること」が可能であるものとし，一方で，ガードインターバルを超えると親局の放送波の有効シンボル期間分の情報を「シンボル間干渉なく正しく受信すること」が不可能となるものとする．

受信点における親局からの放送波

| ガードインターバル | 有効シンボル（デジタル信号） | ガードインターバル | 有効シンボル（デジタル信号） |

受信点における中継局からの放送波

| ガードインターバル | 有効シンボル（デジタル信号） | ガードインターバル | 有効シンボル（デジタル信号） |

← τ →　　　　　　　　　　　　　　時間〔s〕 →

	A	B	C	D
1	逆高速フーリエ変換（IFFT）	後	前	可能
2	逆高速フーリエ変換（IFFT）	後	前	不可能
3	高速フーリエ変換（FFT）	前	後	不可能
4	高速フーリエ変換（FFT）	前	後	可能
5	高速フーリエ変換（FFT）	後	前	可能

無線工学A　放送

次の記述は、我が国の標準テレビジョン放送等のうち、放送衛星 (BS) による BS デジタル放送 (広帯域伝送方式) で使用されている画像の符号化方式等について述べたものである。 □ 内に入れるべき字句の正しい組合せを下の番号から選べ。なお、同じ記号の □ 内には、同じ字句が入るものとする。

(1) ハイビジョン (HDTV、高精細度テレビジョン放送) 等の原信号 (画像信号) は、情報量が多いため、原信号を圧縮符号化し、情報量を減らして伝送することが必要になる。原信号の画像符号化方式は、動き補償予測符号化方式、離散コサイン変換方式および □ A □ などを組み合わせた □ B □ 方式である。

(2) 原信号の画像符号化方式のうち、 □ A □ は、一般に、信号をデジタル化すると、デジタル化した値は均等な確率で発生するのではなく、同じような値が偏って発生する傾向があることから、統計的に発生頻度の □ C □ 符号ほど短いビット列で表現して、全体として平均的な符号長を短くし、データの統計的な冗長性を除去することにより、伝送するビット数を減らす方式である。

	A	B	C
1	可変長符号化方式	MPEG-2	高い
2	可変長符号化方式	MPEG-2	低い
3	マルチキャリア方式	JPEG	高い
4	マルチキャリア方式	JPEG	低い
5	マルチキャリア方式	MPEG-2	高い

スマホの写真は JPEG でしょ。
静止画だから JPEG は違うよ。

解答　問95 → 1

解答

問 97　　　　　　　　　　　　　　　正解 ☐　完璧 ☐　✎ 直前CHECK ☐

　次の記述は，我が国の地上系デジタル放送の標準方式（ISDB-T）に用いられている離散コサイン変換（DCT）および画像信号のデータ圧縮の原理について述べたものである．このうち誤っているものを下の番号から選べ．

1　画像信号は，最初に8画素四方（8×8画素）のブロックに分割される．

2　2次元DCTでは，分割された画像信号のブロックを周波数成分毎に64種類の基本パターンに分解し，それぞれの周波数成分（DCT係数）を求める．

3　2次元DCTで変換した周波数成分（DCT係数）一つ一つは，個々の係数（量子化マトリクスと呼ばれる数値群）で除算される．

4　一般的に，2次元DCTで変換した周波数成分（DCT係数）は，低い周波数成分が圧倒的に多く，高い周波数成分はごく少なくなる．

5　2次元DCTで変換した周波数成分（DCT係数）のうち，低い周波数成分に対して人間の視覚が鈍感であり，低い周波数成分を高い周波数成分と比較して大きな値の係数（量子化マトリクスと呼ばれる数値群）で除算することで数値が間引かれる．これが画像信号のデータ圧縮の原理である．

問 98　　　　　　　　　　　　　　　正解 ☐　完璧 ☐　✎ 直前CHECK ☐

　図は，直交周波数分割多重（OFDM）方式の変復調システムの原理的な基本構成を示したものである．☐☐☐内に入れるべき字句の正しい組合せを下の番号から選べ．ただし，$C_i\,(i=1,\,2,\,\cdots N)$ は，第 i 番目の搬送波で送られるデータとする．

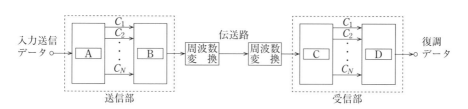

	A	B	C	D
1	直並列変換	離散フーリエ変換	逆離散フーリエ変換	並直列変換
2	直並列変換	逆離散フーリエ変換	離散フーリエ変換	並直列変換
3	直並列変換	離散フーリエ変換	離散フーリエ変換	並直列変換
4	並直列変換	離散フーリエ変換	逆離散フーリエ変換	直並列変換
5	並直列変換	逆離散フーリエ変換	離散フーリエ変換	直並列変換

問 99　　　　　　　　　　　　　　正解 □　完璧 □　直前CHECK □

次の記述は，直交周波数分割多重（OFDM）方式について述べたものである．このうち正しいものを下の番号から選べ．

1　各サブキャリアを直交させてお互いに干渉させずに最小の周波数間隔で配置している．情報のシンボルの長さを T〔s〕とし，サブキャリアの間隔を ΔF〔Hz〕とすると直交条件は，$\Delta F \times T = 1$ である．

2　周波数領域から時間領域への変換では，変調シンボルをサブキャリア間隔で配置し，これに高速フーリエ変換（FFT）を施すことによって時間波形を生成する．

3　高速のデータを複数の低速データ列に分割し，複数のサブキャリアを用いて並列伝送を行うため，各サブキャリア信号のシンボル時間が遅延スプレッドに比較して相対的に短くなるので，マルチパス遅延波による干渉を低減することができる．

4　高速フーリエ変換（FFT）を施した出力データに外符号という干渉を軽減させるための冗長信号を挿入することによって，マルチパス遅延波の干渉を効率よく除去できる．

5　サブキャリア信号のそれぞれの変調波がランダムにいろいろな振幅や位相をとり，これが合成された送信波形は，各サブキャリアの振幅や位相の関係によってその振幅変動が大きくなるため，送信増幅では，非線形領域で増幅を行う必要がある．

送り側が逆高速フーリエ変換だよ．高速フーリエ変換は時間領域から周波数領域，逆高速フーリエ変換が周波数領域から時間領域だよ．

解答 問96→1　問97→5　問98→2

問97　5　2次元DCTで変換した周波数成分（DCT係数）のうち，高い周波数成分に対して人間の視覚が鈍感であり，**高い**周波数成分を**低い**周波数成分と比較して大きな値の係数（量子化マトリクスと呼ばれる数値群）で除算することで数値が間引かれる．これが画像信号のデータ圧縮の原理である．

ミニ解説

次の記述は，直交周波数分割多重 (OFDM) 方式について述べたものである．　☐　内に入れるべき字句の正しい組合せを下の番号から選べ．

(1) 図に示すように，各サブキャリアを直交させてお互いに干渉させずに最小の周波数間隔で配置している．最小のサブキャリアの間隔を ΔF〔Hz〕とし，シンボル長を T〔s〕とすると直交条件は，　A　である．

(2) サブキャリア信号のそれぞれの変調波がランダムにいろいろな振幅や位相をとり，これらが合成された送信波形は，各サブキャリアの振幅や位相の関係によってその振幅変動が大きくなるため，送信増幅では，　B　で増幅を行う必要がある．

(3) シングルキャリアをデジタル変調した場合と比較して，伝送速度はそのままでシンボル長を　C　できる．シンボル長が　D　ほどマルチパス遅延波の干渉を受ける時間が相対的に短くなり，マルチパス遅延波の影響で生じるシンボル間干渉を受けにくくなる．

無線工学A　放送

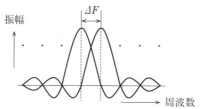

各サブキャリアの変調スペクトル

	A	B	C	D
1	$T=1/\Delta F$	非線形領域	短く	短い
2	$T=1/\Delta F$	線形領域	短く	短い
3	$T=1/\Delta F$	線形領域	長く	長い
4	$\Delta F/T=1$	線形領域	長く	長い
5	$\Delta F/T=1$	非線形領域	長く	長い

次の記述は，我が国の地上系デジタル方式標準テレビジョン放送の標準方式に用いられる直交周波数分割多重（OFDM）方式において，OFDM信号を正しく受信するために必要な同期の原理について述べたものである．　　　内に入れるべき字句の正しい組合せを下の番号から選べ．

(1) OFDM方式では，送信側のシンボルの区切りと同じタイミングを検出するためのシンボルに対する同期，送信側で送られた搬送波と同一周波数にするための搬送波周波数に対する同期および　A　フーリエ変換処理に必要な標本を生成するための標本化周波数に対する同期がそれぞれ必要である．

(2) シンボルに対する同期は，シンボルの前後にある同じ情報を利用してとることができる．具体的な方法としては，受信したOFDM信号と，それを1有効シンボル期間長分遅延させた信号との積をとり　B　すれば，遅延させた信号のシンボルのガードインターバル期間のみは，受信したOFDM信号のシンボルの後半の一部分と相関がある（同じ波形）ため出力が現れる．この相関値を演算し，ピークを求めることによってシンボルの区切りを検出できる．

(3) 搬送波周波数に対する同期および標本化周波数に対する同期は，(2)と同様にガードインターバル期間の相関を利用し，搬送波周波数および標本化周波数の誤差によって生じる信号間の　C　の差を利用してとることができる．

	A	B	C
1	離散	積分	振幅
2	離散	微分	振幅
3	離散	積分	位相
4	逆離散	微分	位相
5	逆離散	積分	振幅

解答 問99➡1 　問100➡3

問99 2 …これに逆高速フーリエ変換（IFFT）を施す…
　　　 3 …遅延スプレッドに比較して相対的に**長くなるので**…
　　　 4 …**逆高速フーリエ変換（IFFT）**を施した出力データに**ガードインターバル**という干渉を軽減させるための冗長信号…
　　　 5 …**線形領域**で増幅を行う…

問題

(問) 102 📖 解説あり！　　　　　　　正解 ☐ 完璧 ☐ ✏ 直前 CHECK ☐

OFDM（直交周波数分割多重）において原理的に伝送可能な情報の伝送速度（ビットレート）の最大値として，正しいものを下の番号から選べ．ただし，情報を伝送するサブキャリアの個数を50個，変調方式を64QAMおよび有効シンボル期間長を4〔μs〕とし，ガードインターバル期間長を1〔μs〕（ガードインターバル比「1/4」）および情報の誤り訂正の符号化率を「1/2」とする．

1　10〔Mbps〕　　2　15〔Mbps〕　　3　30〔Mbps〕　　4　40〔Mbps〕　　5　50〔Mbps〕

(問) 103 📖 解説あり！　　　　　　　正解 ☐ 完璧 ☐ ✏ 直前 CHECK ☐

単一正弦波で60〔%〕変調されたAM（A3E）変調波の全電力が，590〔W〕であった．このAM変調波の両側波帯のうち，一方の側波帯のみの電力の値として，正しいものを下の番号から選べ．

1　15〔W〕　　2　20〔W〕　　3　45〔W〕　　4　80〔W〕　　5　90〔W〕

変調度 m（真数），搬送波の電力 P_C，側波帯の電力 P_S のとき，全電力 P_{AM} は，

$$P_{AM} = P_C + P_S + P_S = P_C + 2 \times \frac{m^2}{4} P_C = \left(1 + \frac{m^2}{2}\right) P_C$$

の式で表されるよ．最初に搬送波の電力を求めてね．

(問) 104 📖 解説あり！　　　　　　　正解 ☐ 完璧 ☐ ✏ 直前 CHECK ☐

AM（A3E）送信機において，搬送波を二つの単一正弦波で同時に振幅変調したときの平均電力の値として，正しいものを下の番号から選べ．ただし，搬送波の電力は10〔kW〕とする．また，当該搬送波を一方の単一正弦波のみで変調したときの変調度は30〔%〕であり，他方の単一正弦波のみで変調したときの平均電力は10.8〔kW〕である．

1　7.50〔kW〕　　2　11.25〔kW〕　　3　14.35〔kW〕　　4　15.00〔kW〕　　5　22.50〔kW〕

無線工学A　放送／変調理論

📖 解説➡問102

64QAM方式では，$64=2^6$ だから 1 シンボル当たり $n=6$〔bit〕の情報を伝送することができる．有効シンボル期間長を 1 サブキャリアあたりのシンボルレートとして $t_s=4$〔μs〕$=4\times10^{-6}$〔s〕，サブキャリア数を $c_s=50$ とすると，最大情報伝送速度 D_m〔bps〕は，

$$D_m=\frac{nc_s}{t_s}=\frac{6\times50}{4\times10^{-6}}=75\times10^6 \text{〔bps〕}$$

ガードインターバル比が 1／4 だから，ガードインターバル期間長 t_g と有効シンボル期間長 t_d の比が $t_g:t_d=1:4$ となるので，$t_d/t_s=4/5$ となる．符号化率を η とすると，伝送速度の最大値 D〔bps〕は，次式で表される．

$$D=D_m\eta\frac{t_d}{t_s}=75\times10^6\times\frac{1}{2}\times\frac{4}{5}=30\times10^6 \text{〔bps〕}=30 \text{〔Mbps〕}$$

📖 解説➡問103

変調度 $m=0.6$（真数）で振幅変調された搬送波の電力を P_C〔W〕，側波帯の電力を P_S〔W〕とすると，全電力 P_{AM}〔W〕は，次式で表される．

$$P_{AM}=P_C+P_S+P_S=P_C+2\times\frac{m^2}{4}P_C=\left(1+\frac{m^2}{2}\right)P_C \text{〔W〕}$$

$$590=\left(1+\frac{0.6^2}{2}\right)P_C=1.18P_C \qquad \text{よって，} P_C=\frac{590}{1.18}=500 \text{〔W〕}$$

一方の側波帯の電力 P_S〔W〕は，

$$P_S=\frac{m^2}{4}P_C=\frac{0.6^2}{4}\times500=0.09\times500=45 \text{〔W〕}$$

📖 解説➡問104

搬送波電力は変わらないので，側波の電力を比較すると，搬送波を一方の単一正弦波で変調度 $m_A=0.3$（真数）で振幅変調したときに，搬送波の電力を P_C〔kW〕とすると，二つの側波の電力 P_{S1}〔kW〕は，次式で表される．

$$P_{S1}=2\times\frac{m_A^2}{4}P_C=\frac{0.3^2}{2}\times10=0.09\times5=0.45 \text{〔kW〕}$$

他方の単一正弦波で振幅変調したときの被変調波の平均電力を P_{AM2}〔kW〕とすると，二つの側波の電力 P_{S2}〔kW〕は，次式で表される．

$$P_{S2}=P_{AM2}-P_C=10.8-10=0.8 \text{〔kW〕}$$

二つの単一正弦波で同時に振幅変調したときの平均電力 P_{AM}〔kW〕は，次式で表される．

$$P_{AM}=P_C+P_{S1}+P_{S2}=10+0.45+0.8=11.25 \text{〔kW〕}$$

解答 問101➡3　問102➡3　問103➡3　問104➡2

108

問題

問 105 📖 **解説あり!**   正解 ☐ 完璧 ☐ ✏️ 直前CHECK ☐

FM（F3E）波の占有周波数帯幅に含まれる側帯波の次数 n の最大値として，正しいものを下の番号から選べ．ただし，最大周波数偏移を 60〔kHz〕とし，変調信号を周波数が 15〔kHz〕の単一正弦波とする．また，m を変調指数としたときの第1種ベッセル関数 $J_n(m)$ の2乗値 $J_n^2(m)$ は表に示す値とし，$n=0$ は搬送波を表すものとする．

n ＼ $J_n^2(m)$	$J_n^2(1)$	$J_n^2(2)$	$J_n^2(3)$	$J_n^2(4)$
0	0.5855	0.0501	0.0676	0.1577
1	0.1936	0.3326	0.1150	0.0044
2	0.0132	0.1245	0.2363	0.1326
3	0.0004	0.0166	0.0955	0.1850
4	0	0.0012	0.0174	0.0790
5	0	0	0.0019	0.0174

1　1　　　2　2　　　3　3　　　4　4　　　5　5

問 106 📖 **解説あり!**   正解 ☐ 完璧 ☐ ✏️ 直前CHECK ☐

最大周波数偏移が入力信号のレベルに比例する FM（F3E）変調器に 400〔Hz〕の正弦波を変調信号として入力し，その出力をスペクトルアナライザで観測した．変調信号の振幅を零から徐々に大きくしたところ，1〔V〕で搬送波の振幅が零となった．図に示す第1種ベッセル関数のグラフを用いて，最大周波数偏移が $2,400$〔Hz〕となるときの変調信号の振幅の値として，最も近いものを下の番号から選べ．ただし，m_f は変調指数とする．

1　2.0〔V〕
2　2.5〔V〕
3　3.0〔V〕
4　3.5〔V〕
5　4.0〔V〕

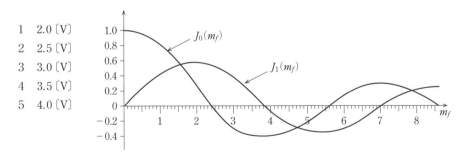

無線工学A　変調理論

109

📖 解説 → 問105

信号波の周波数を f_S 〔kHz〕，最大周波数偏移を ΔF 〔kHz〕とすると，変調指数 m は，次式で表される．

$$m = \frac{\Delta F}{f_S} = \frac{60}{15} = 4$$

占有周波数帯幅は被変調波の全電力を 1 としたとき，0.99 の電力が存在する周波数の幅だから，$m = 4$ のときの $J_n{}^2(4)$ の表から搬送波 $J_0{}^2(4)$ と n 次の側波 $2 \times J_n{}^2(4)$ の数値の和を求めていくと，

$$P_1 = J_0{}^2(4) + 2J_1{}^2(4) = 0.1577 + 2 \times 0.0044 = 0.1665$$
$$P_2 = P_1 + 2J_2{}^2(4) = 0.1665 + 2 \times 0.1326 = 0.4317$$
$$P_3 = P_2 + 2J_3{}^2(4) = 0.4317 + 2 \times 0.1850 = 0.8017$$
$$P_4 = P_3 + 2J_4{}^2(4) = 0.8017 + 2 \times 0.0790 = 0.9597$$
$$P_5 = P_4 + 2J_5{}^2(4) = 0.9597 + 2 \times 0.0174 = 0.9945$$

となるので，次数の最大値 $n = 5$ となる．

また，占有周波数帯幅 B のおおよその値を求める式は，

$$B = 2(m+1)f_S$$

で表されるので，$n = (m+1) = 4+1 = 5$ と計算することもできる．

📖 解説 → 問106

問題図において，$J_0(m_f)$ が搬送波の振幅の値を表す．図より，m_f を変化させて最初に $J_0(m_f) = 0$ となるのは，$m_f = 2.4$ のときである．

変調周波数を f_S 〔Hz〕とすると，変調信号の振幅 $V_{S1} = 1$ 〔V〕のときの最大周波数偏移 Δf_1 〔Hz〕は，次式で表される．

$$\Delta f_1 = m_f f_S = 2.4 \times 400 = 960 \text{〔Hz〕}$$

変調信号の振幅と最大周波数偏移は比例するので，周波数偏移 $\Delta f_2 = 2,400$ 〔Hz〕のときの変調信号の振幅 V_{S2} 〔V〕を求めると，次式で表される．

$$V_{S2} = \frac{\Delta f_2}{\Delta f_1} \times V_{S1} = \frac{2,400}{960} \times 1 = 2.5 \text{〔V〕}$$

解答 問105 → 5　　問106 → 2

次の記述は，図に示す QPSK（4PSK）信号および 16 QAM 信号の信号点間距離等についてその原理を述べたものである．____内に入れるべき字句の正しい組合せを下の番号から選べ．

(1) 図 1 に示す QPSK 信号空間ダイアグラムの信号点間距離が d のとき，QPSK 信号のピーク（最大）振幅は __A__ で表せる．

(2) 図 2 に示す 16 QAM 信号空間ダイアグラムの信号点間距離を d' とし，妨害に対する余裕度を一定にするため，d' を (1) の QPSK の信号点間距離 d と等しくしたときの，16 QAM 信号のピーク（最大）振幅は，d を用いて __B__ で表せる．

(3) d' が d と等しいとき，16 QAM 信号のピーク電力は，QPSK 信号のピーク電力を p とすると，__C__ で表せる．

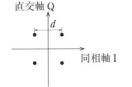

図 1　QPSK 信号空間ダイアグラム　　図 2　16 QAM 信号空間ダイアグラム

	A	B	C
1	$d/\sqrt{2}$	$3d/\sqrt{2}$	$9p$
2	$d/\sqrt{2}$	$2d/\sqrt{2}$	$4p$
3	$\sqrt{2}d$	$3\sqrt{2}d$	$9p$
4	d	$2d$	$4p$
5	d	$3d$	$4p$

問 108

次の記述は，図に示す位相同期ループ（PLL）検波器の原理的な構成例において，周波数変調（FM）波の復調について述べたものである．□□内に入れるべき字句を下の番号から選べ．なお，同じ記号の□□内には，同じ字句が入るものとする．

(1) 位相比較器（PC）の出力は，□ア□を通して，周波数変調波 e_{FM} および電圧制御発振器（VCO）の出力 e_{VCO} との□イ□差に比例した□ウ□出力する．

(2) e_{FM} の周波数が PLL の周波数引込み範囲（キャプチャレンジ）内のとき，e_F は，e_{FM} と e_{VCO} の□イ□が一致するように，VCO を制御する．e_{FM} が無変調で，e_{FM} と e_{VCO} の□イ□が一致して PLL が同期（ロック）すると，□ア□の出力電圧 e_F の電圧は，□エ□になる．

(3) e_{FM} の周波数が同期保持範囲（ロックレンジ）内において変化すると，e_F の電圧は，e_{FM} の周波数偏移に□オ□して変化するので，低周波増幅器（AF Amp）を通して復調出力を得ることができる．

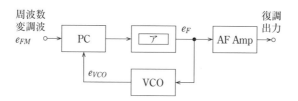

1	低域フィルタ（LPF）	2	位相	3	振幅
4	最大	5	零	6	高域フィルタ（HPF）
7	誤差電圧 e_F を	8	高周波成分 e_F を	9	反比例	10	比例

解答 問107→1

問107 最大振幅は，軸の原点から最も離れた信号点までの距離で表される．QPSK の最大振幅 $V_Q = d/\sqrt{2}$ と 16QAM 信号の最大振幅 $V_A = 3d'/\sqrt{2}$ は，$d = d'$ のとき $V_A = 3V_Q$ となる．電力は電圧の 2 乗に比例するので，16QAM 信号のピーク電力は，$3^2 p = 9p$ となる．

問題

問 109 📖 解説あり！　　　　正解 ☐　完璧 ☐　🖊 直前CHECK ☐

図に示す信号空間ダイアグラムを持つ 4 PSK (QPSK) 信号および 8 PSK 信号を，それぞれ同一の伝送路を通して受信したとき，両者の信号点間距離を等しくするために必要な 8 PSK 信号の送信電力の値として，もっとも近いものを下の番号から選べ．ただし，4 PSK 信号の送信電力を P [W]，$\sin(\pi/4)=0.707$，$\sin(\pi/8)=0.382$ とする．

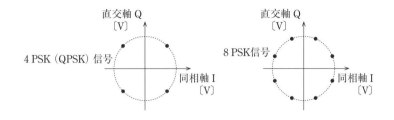

1　0.29P [W]　　2　0.54P [W]　　3　1.85P [W]　　4　3.42P [W]　　5　13.14P [W]

図の信号点の間隔を求めると，それらの比から電圧比がでるよ．電力は電圧の 2 乗に比例するよ．定規は国家試験に持ち込める筆記具に入っていないので，長さは測れないよ．

問 110 📖 解説あり！　　　　正解 ☐　完璧 ☐　🖊 直前CHECK ☐

図に示す AM (A3E) 受信機の復調部に用いられる包絡線検波器に振幅変調波 $e_i = E(1+m\cos pt)\cos \omega t$ [V] を加えたとき，検波効率が最も良く，かつ，復調出力電圧 e_o [V] に斜めクリッピングによるひずみの影響を低減するための条件式の組合せとして，正しいものを下の番号から選べ．ただし，振幅変調波の振幅を E [V]，変調度を $m \times 100$ [％]，搬送波および変調信号の角周波数をそれぞれ ω [rad/s] および p [rad/s] とし，ダイオード D の順方向抵抗を r_d [Ω] とする．また，抵抗を R [Ω]，コンデンサの静電容量を C [F] とする．

1　$R \ll r_d$，$1/\omega \ll CR$ および $CR \ll 1/p$
2　$R \ll r_d$，$1/\omega \gg CR$ および $CR \gg 1/p$
3　$R \gg r_d$，$1/\omega \ll CR$ および $CR \ll 1/p$
4　$R \gg r_d$，$1/\omega \ll CR$ および $CR \gg 1/p$
5　$R \gg r_d$，$1/\omega \gg CR$ および $CR \gg 1/p$

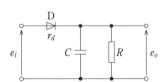

無線工学A　変調理論／変復調器

113

解説図に示すように, 各信号の振幅は軸の原点から信号点までの長さで表される. 4 PSK の信号点間距離を r_4 とすると, 4 PSK の振幅 V_4 は, 次式で表される.

$$V_4 \sin\frac{\pi}{4} = \frac{r_4}{2} \qquad 0.707 \times V_4 = \frac{r_4}{2} \text{〔V〕} \qquad\qquad \cdots\cdots(1)$$

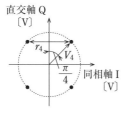

4 PSK (QPSK) 信号

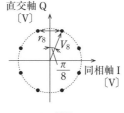

8 PSK 信号

8 PSK の信号点間距離を r_8 とすると, 8 PSK の振幅 V_8 は, 次式で表される.

$$V_8 \sin\frac{\pi}{8} = \frac{r_8}{2} \qquad 0.382 \times V_8 = \frac{r_8}{2} \text{〔V〕} \qquad\qquad \cdots\cdots(2)$$

問題の条件から信号点間の距離が等しいので, $r_4 = r_8$ となる. よって, V_8 は式 (1), (2) より, 次式で表される.

$$V_8 = \frac{0.707}{0.382} V_4 \fallingdotseq 1.85 V_4 \text{〔V〕}$$

電力は電圧の 2 乗に比例するので, 4 PSK の送信電力を P〔W〕とすると, 信号点間の距離を等しくするために必要な 8 PSK の送信電力 P_8〔W〕は, 次式によって求めることができる.

$$P_8 = 1.85^2 P \fallingdotseq 3.42 P \text{〔W〕}$$

ダイオードの順方向抵抗 r_d による電圧降下の影響を軽減するため, $R \gg r_d$ とする.

CR 回路はダイオードによって, 半波整流された搬送波成分を減衰させる平滑回路として動作するので, CR 回路の時定数 $\tau = CR$ を搬送波の周期 $T = 2\pi/\omega$ に比較して, 十分大きくしなければならないから, 次式の関係とする.

$$\frac{2\pi}{\omega} \ll CR \qquad 2\pi を無視すると, \quad \frac{1}{\omega} \ll CR$$

時定数 $\tau = CR$ を信号波の周期 $T = 2\pi/p$ に比較して十分小さくしないと, 入力の信号波の変化が正確に再現されないようになって, 斜めクリッピングひずみが発生するので, 次式の関係とする.

$$CR \ll \frac{2\pi}{p} \qquad 2\pi を無視すると, \quad CR \ll \frac{1}{p}$$

解答 問108→ ア-1 イ-2 ウ-7 エ-5 オ-10 問109→4 問110→3

　$e = E(1 + 0.8 \sin pt) \sin \omega t$ 〔V〕で表される振幅変調波電圧を2乗検波器に入力したとき，出力の検波電流中に含まれる信号波の第2高調波成分によるひずみ率の値として，正しいものを下の番号から選べ．ただし，出力の検波電流 i は，$i = ke^2$〔A〕で表すことができるものとする．また，k は定数，E〔V〕は搬送波の振幅，ω〔rad/s〕は搬送波の角周波数，p〔rad/s〕は信号波の角周波数で，$\omega \gg p$ とし，$\cos 2x = 1 - 2\sin^2 x$ である．

1　10〔%〕　　　2　12〔%〕　　　3　15〔%〕　　　4　20〔%〕　　　5　30〔%〕

　同期検波器に使われる図の回路について，入力信号 e_i〔V〕の平均電力 P_i に対する出力信号 e_o〔V〕の平均電力 P_o の比 P_o/P_i の値として，正しいものを下の番号から選べ．ただし，P_i および P_o は，それぞれの信号を1〔Ω〕の負荷抵抗に加えたときに消費される平均電力であり，入力信号 e_i および局部発振信号 e_L は，それぞれの角周波数を ω_c〔rad/s〕および ω_L〔rad/s〕とすると，$e_i = \sqrt{2}\cos\omega_c t$〔V〕，$e_L = \sqrt{2}\cos\omega_L t$〔V〕で表されるものとする．また，回路は理想的に動作するものとして，掛け算器の出力を $e_i e_L$〔V〕および低域フィルタ（LPF）による損失は無視するものとする．

P_o/P_i

1　4/5

2　1/$\sqrt{2}$

3　2/3

4　3/5

5　1/2

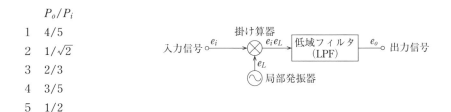

📖 解説→問111

振幅変調波 e の 2 乗検波器の検波電流 i は，次式で表される．

$$i = ke^2 = k\{E(1 + m\sin pt)\sin \omega t\}^2 = kE^2(1 + m\sin pt)^2 \times \sin^2 \omega t$$

$$i = kE^2(1 + 2m\sin pt + m^2\sin^2 pt) \times \frac{1 - \cos 2\omega t}{2} \qquad \cdots\cdots(1)$$

式 (1) において，直流および低周波成分 i_s は，次式で表される．

$$i_s = \frac{kE^2}{2}(1 + 2m\sin pt + m^2\sin^2 pt)$$

$$= \frac{kE^2}{2}\left(1 + 2m\sin pt + m^2\frac{1 - \cos 2pt}{2}\right) \qquad \cdots\cdots(2)$$

式 (2) において，第2高調波成分と変調信号波成分より，ひずみ率 D は，次式で表される．

$$D = \frac{\dfrac{m^2}{2}}{2m} = \frac{m}{4} = \frac{0.8}{4} = 0.2 = 20 \,[\%]$$

📖 解説→問112

入力信号 e_i と局部発振信号 e_L を加えたときの掛け算器の出力 e は，次式で表される．

$$e = e_i \times e_L = \sqrt{2}\cos \omega_c t \times \sqrt{2}\cos \omega_L t$$

$$= \cos(\omega_c + \omega_L)t + \cos(\omega_c - \omega_L)t \qquad \cdots\cdots(1)$$

式(1)は三角関数の公式で展開する． $\cos A \cos B = \dfrac{1}{2} \times \{\cos(A + B) + \cos(A - B)\}$

式 (1) の $\omega_c - \omega_L$ が信号成分であり，低域フィルタを通った出力信号 e_o は，

$$e_o = \cos(\omega_c - \omega_L)t \qquad \cdots\cdots(2)$$

となる． e_i と e_L の最大値は $\sqrt{2}$ 〔V〕だから，入力信号 e_i の最大値 $E_{im} = \sqrt{2}$ 〔V〕より，e_i の実効値を E_{ie}〔V〕，抵抗を $R = 1$〔Ω〕とすると，入力信号の平均電力 P_i〔W〕は，次式で表される．

$$P_i = \frac{E_{ie}^2}{R} = \left(\frac{E_{im}}{\sqrt{2}}\right)^2 = \left(\frac{\sqrt{2}}{\sqrt{2}}\right)^2 = 1 \,[\text{W}] \qquad \cdots\cdots(3)$$

式 (2) より，出力信号の最大値 $E_{om} = 1$〔V〕となるので，e_o の実効値を E_{oe}〔V〕，抵抗を $R = 1$〔Ω〕とすると，消費電力 P_o〔W〕は，次式で表される．

$$P_o = \frac{E_{oe}^2}{R} = \left(\frac{E_{om}}{\sqrt{2}}\right)^2 = \left(\frac{1}{\sqrt{2}}\right)^2 = \frac{1}{2} \,[\text{W}] \qquad \cdots\cdots(4)$$

よって，$\dfrac{P_o}{P_i} = \dfrac{1}{2}$ となる．

解答 問111→4　問112→5

解答

次の記述は，検波の基本的な過程について述べたものである．☐内に入れるべき字句の正しい組合せを下の番号から選べ．

(1) 振幅変化 $E_0(t)$ と位相変化 $\phi_o(t)$ を同時に受けている被変調波 $s_0(t)$ は，無変調時の $s_0(t)$ の振幅を1，初期位相を0および高周波成分の角周波数を ω_c とすると，$s_0(t)=E_0(t)\cos\{\omega_c t+\phi_o(t)\}$ と表される．ここで，高周波成分 ω_c の変化を除去し，$E_0(t)$ を直接検波するのが ☐A☐ 検波であるが，実際に検出されるのは $|E_0(t)|$ である．

(2) 同期検波を行って $E_0(t)$ または $\phi_o(t)$ をベースバンド信号として取り出すには，最初に，$s_0(t)$ に対して角周波数 ω_c が等しく，位相差 θ_s が既知の搬送波 $s_s(t)=\cos\{\omega_c t+\theta_s\}$ を掛け合わせる．その積は，$s_0(t)\times s_s(t)=$ ☐B☐ となる．

(3) ここで，高周波成分を除去すると，同期検波後の出力は，振幅変化分 $E_0(t)$ および両信号の位相差 $\theta_s-\phi_o(t)$ の余弦に比例することになる．位相変調成分がなく $\phi_o(t)=0$ のとき，出力は $E_0(t)\cos\theta_s$ に比例する．すなわち，$s_s(t)$ が $s_0(t)$ と同相（$\theta_s=0$）のとき ☐C☐ となり，逆に直角位相（$\theta_s=\pi/2$）の関係にあるとき ☐D☐ となる．

	A	B	C	D
1	FM	$\dfrac{1}{2}E_0(t)[\cos\{\omega_c t-\phi_o(t)\}+\cos\{2\omega_c t+\theta_s+\phi_o(t)\}]$	最大	0
2	FM	$\dfrac{1}{2}E_0(t)[\cos\{\theta_s-\phi_o(t)\}+\cos\{2\omega_c t+\theta_s+\phi_o(t)\}]$	0	最大
3	包絡線	$\dfrac{1}{2}E_0(t)[\cos\{\theta_s-\phi_o(t)\}+\cos\{2\omega_c t+\theta_s+\phi_o(t)\}]$	最大	0
4	包絡線	$\dfrac{1}{2}E_0(t)[\cos\{\theta_s-\phi_o(t)\}+\cos\{2\omega_c t+\theta_s+\phi_o(t)\}]$	0	最大
5	包絡線	$\dfrac{1}{2}E_0(t)[\cos\{\omega_c t-\phi_o(t)\}+\cos\{2\omega_c t+\theta_s+\phi_o(t)\}]$	最大	0

問 114

次の記述は，QPSK および OQPSK（Offset QPSK）変調方式について述べたものである．_____内に入れるべき字句を下の番号から選べ．

(1) OQPSK 変調波の包絡線の振幅変動は，QPSK 変調波のそれに比べ__ア__することができ，電力効率が高く，線形性の低い電力増幅器の使用が可能である．

(2) 信号点配置を図に示す QPSK 変調方式では，変調入力における I チャネルと Q チャネルのベースバンド信号の極性が同時に変化したときは，QPSK 変調波の位相が__イ__〔rad〕変化する．この変化は，信号点軌跡が原点を通ることである．この原点は，QPSK 変調波の包絡線の振幅が__ウ__となることを表している．

(3) OQPSK 変調方式では，変調入力における I チャネルと Q チャネルのベースバンド信号を，互いに__エ__だけ時間的にオフセットしている．このため I チャネルと Q チャネルのベースバンド信号の極性が同時に変化せず，OQPSK 変調波の位相が変化する場合には，必ず__オ__の位相変化を生じることになるため，信号点軌跡は原点を通らない．

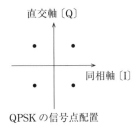

直交軸〔Q〕

同相軸〔I〕

QPSK の信号点配置

1 大きく	2 1シンボル長の半分	3 最大値	4 π	5 ±π/4〔rad〕
6 小さく	7 1シンボル長	8 0	9 2π	10 ±π/2〔rad〕

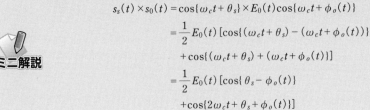

解答 問113 → 3

問 113 搬送波 $s_s(t)$ と被変調波 $s_0(t)$ の積は，

$$s_s(t) \times s_0(t) = \cos\{\omega_c t + \theta_s\} \times E_0(t)\cos\{\omega_c t + \phi_o(t)\}$$

$$= \frac{1}{2}E_0(t)\left[\cos\{(\omega_c t + \theta_s) - (\omega_c t + \phi_o(t))\}\right.$$

$$\left. + \cos\{(\omega_c t + \theta_s) + (\omega_c t + \phi_o(t))\}\right]$$

$$= \frac{1}{2}E_0(t)\left[\cos\{\theta_s - \phi_o(t)\}\right.$$

$$\left. + \cos\{2\omega_c t + \theta_s + \phi_o(t)\}\right]$$

ミニ解説

問 115

正解 □ 完璧 □ 🖊 直前 CHECK □

BPSK（2 PSK）信号の復調（検波）方式である遅延検波方式に関する次の記述のうち，誤っているものを下の番号から選べ.

1 遅延検波方式は，送信側において必ず差動符号化を行わなければならない.

2 遅延検波方式は，基準搬送波再生回路を必要としない復調方式である.

3 遅延検波方式は，受信信号をそのまま基準搬送波として用いるので，基準搬送波も情報信号と同程度に雑音で劣化させられている.

4 遅延検波方式は，1シンボル後の変調されていない搬送波を基準搬送波として位相差を検出する方式である.

5 遅延検波方式は，理論特性上，同じ C/N に対してビット誤り率の値が同期検波方式に比べて大きい.

問 116

正解 □ 完璧 □ 🖊 直前 CHECK □

次の記述は，BPSK（2 PSK）信号の復調（検波）方式である遅延検波方式について述べたものである. □ 内に入れるべき字句の正しい組合せを下の番号から選べ.

(1) 遅延検波方式は，基準搬送波再生回路を必要としない復調方式であり，1シンボル □A□ の変調されている搬送波を基準搬送波として位相差を検出する.

(2) 遅延検波方式は，送信側において必ず □B□ 符号化を行わなければならない.

(3) 遅延検波方式は，受信信号をそのまま基準搬送波として用いるので，基準搬送波も情報信号と同程度に雑音で劣化させられており，理論特性上，同じ C/N に対してビット誤り率の値が同期検波方式に比べて □C□ .

	A	B	C
1	後	差動	小さい
2	後	帯域分割	小さい
3	後	帯域分割	大きい
4	前	帯域分割	大きい
5	前	差動	大きい

無線工学A 変復調器

119

次の記述は，図に示すBPSK（2 PSK）復調器に用いられる基準搬送波再生回路の原理的な構成例において，基準搬送波の再生について述べたものである．□□□内に入れるべき字句の正しい組合せを下の番号から選べ．なお，同じ記号の□□□内には，同じ字句が入るものとする．

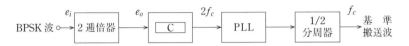

（1）入力のBPSK波e_iは，次式で表される．ただし，e_iの振幅を1〔V〕，搬送波の周波数をf_c〔Hz〕とする．また，2値符号$s(t)$はデジタル信号が "0" のとき0，"1" のとき1の値をとる．

$$e_i = \cos\{2\pi f_c t + \pi s(t)\} \ \text{〔V〕} \qquad \cdots\cdots ①$$

（2）式①のe_iを2逓倍器で2乗すると，その出力e_oは，次式で表される．ただし，2逓倍器の利得は1（真数）とする．

$$e_o = \frac{1}{2} + \frac{1}{2} \times \cos\{(2\pi(2f_c)t + \boxed{\text{A}}\} \ \text{〔V〕} \qquad \cdots\cdots ②$$

（3）式②から，e_iを2逓倍器で2乗することによってe_iの位相がデジタル信号に応じて □ B □ 〔rad〕変化しても，同相になることがわかる．

（4）2逓倍器の出力には，直流成分や雑音成分が含まれているので，□ C □で$2f_c$〔Hz〕の成分のみを取り出し，位相同期ループ（PLL）で位相安定化後，その出力を1/2分周器によって周波数f_c〔Hz〕の基準搬送波を再生する．

	A	B	C
1	$\pi s(t)$	$\pi/2$	高域フィルタ（HPF）
2	$\pi s(t)$	π	帯域フィルタ（BPF）
3	$2\pi s(t)$	$\pi/2$	高域フィルタ（HPF）
4	$2\pi s(t)$	$\pi/2$	帯域フィルタ（BPF）
5	$2\pi s(t)$	π	帯域フィルタ（BPF）

解答　問114→ア−6　イ−4　ウ−8　エ−2　オ−10　　問115→4　　問116→5

ミニ解説　　問115　4　遅延検波方式は，1シンボル前の変調されている搬送波を基準搬送波として位相差を検出する方式である．

問題

次の記述は，図1に示す QPSK（4 PSK）変調器の原理的な構成例について述べたものである．□内に入れるべき字句の正しい組合せを下の番号から選べ．ただし，入力の搬送波e_cは，振幅E_cを，角周波数をωとすると，$E_c\cos\omega t$〔V〕で表され，$\pi/2$移相器は，入力の搬送波の位相を$\pi/2$〔rad〕遅延させるものとする．また，2値符号$s_1(t)$および$s_2(t)$は，それぞれ符号が "0" のとき0，"1" のとき1の値をとり，$s_1(t)$および$s_2(t)$は，e_cと同期しているものとする．

(1) BPSK 変調器1の出力e_1は，$E_c\cos\{\omega t+\pi s_1(t)\}$〔V〕で表され，BPSK 変調器2の出力$e_2$は，次式で表される．

$$e_2=E_c\cos\{\boxed{\text{ A }}+\pi s_2(t)\}\,〔V〕$$

(2) e_1およびe_2を合成（加算）すると，$s_1(t)$の値が1，$s_2(t)$の値が0のときの出力のQPSK 波のベクトルは，図2の$\boxed{\text{ B }}$で表され，$s_1(t)$および$s_2(t)$の値が共に0のときの出力のQPSK 波のベクトルは，図2の$\boxed{\text{ C }}$で表される．ただし，e_cのベクトルは，同相軸上にあるものとする．

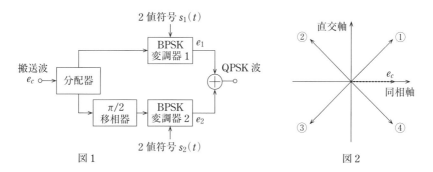

図1　　　　　　　　　　　　　　　　図2

	A	B	C
1	$\omega t+\pi/2$	②	①
2	$\omega t+\pi/2$	①	③
3	$\omega t-\pi/2$	②	③
4	$\omega t-\pi/2$	①	②
5	$\omega t-\pi/2$	③	④

$s_1(t)$と$s_2(t)$の値を0か1にして，e_1とe_2の電圧のベクトルを合成するんだよ．
国家試験では符号が異なる問題が出題されているので注意してね．

搬送波 $e_c = E_c \cos \omega t$ を変調器1によってBPSK変調した被変調波 e_1 は，次式で表される．

$$e_1 = E_c \cos \omega t \{ \omega t + \pi s_1(t) \} \qquad \cdots\cdots(1)$$

$\dfrac{\pi}{2}$ 移相器によって e_c の位相を $\dfrac{\pi}{2}$〔rad〕遅延された搬送波を変調する変調器2の出力 e_2 は，次式で表される．

$$e_2 = E_c \cos \left\{ \omega t - \frac{\pi}{2} + \pi s_2(t) \right\} \qquad \cdots\cdots(2)$$

$s_1(t)$ が1，$s_2(t)$ が0のときの出力 e_{11}，e_{20} は，次式で表される．

$$e_{11} = E_c \cos(\omega t + \pi) \qquad \cdots\cdots(3)$$

$$e_{20} = E_c \cos \left(\omega t - \frac{\pi}{2} \right) \qquad \cdots\cdots(4)$$

式 (3)，式 (4) より，ベクトル合成器の出力 e_a は，解説図 (a) に示すように問題図2の③となる．

$s_1(t)$ および $s_2(t)$ が共に0のときの出力 e_{10}，e_{20} は，次式で表される．

$$e_{10} = E_c \cos \omega t \qquad \cdots\cdots(5)$$

$$e_{20} = E_c \cos \left(\omega t - \frac{\pi}{2} \right) \qquad \cdots\cdots(6)$$

式 (5)，式 (6) より，ベクトル合成器の出力 e_b は，解説図 (b) に示すように問題図の④となる．

(a)　　　　　　　　　　(b)

問117 三角関数の公式を用いる．

ミニ解説

$$e_o = e_i{}^2 = \cos^2 \{ 2\pi f_c t + \pi s(t) \}$$

$$= \frac{1}{2} \times [1 + \cos \{ 2 \times (2\pi f_c t + \pi s(t)) \}]$$

$$= \frac{1}{2} + \frac{1}{2} \times \cos \{ 2\pi (2f_c) t + 2\pi s(t) \}$$

正解 ☐ 完璧 ☐ 直前 CHECK ☐

次の記述は，図に示すデジタル通信に用いられる QPSK（4 PSK）復調器の原理的構成例について述べたものである．　☐☐内に入れるべき字句の正しい組合せを下の番号から選べ．なお，同じ記号の☐☐内には，同じ字句が入るものとする．

(1) 位相検波器 1 および 2 は，「QPSK信号」と「基準搬送波」および「QPSK信号」と「基準搬送波と位相が π/2 異なる信号」をそれぞれ　A　し，両者の位相差を出力させるものである．

(2) 基準搬送波再生回路に用いられる搬送波再生方法の一つである逆変調方式は，例えば位相検波器 1 および 2 の出力を用いて，QPSK信号を送信側と逆方向に　B　変調することによって，情報による　B　の変化を除去し，　B　が元の搬送波と同じ波を得るものである．

(3) 識別器 1 および 2 に用いられる符号の識別方法には，位相検波器 1 および 2 の出力のパルスのピークにおける瞬時値によって符号を識別する瞬時検出方式の他，クロックパルスの　C　周期内で検波器出力信号波を積分して，その積分値により識別する積分検出法もある．

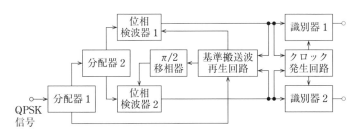

	A	B	C
1	掛け算	位相	1
2	掛け算	位相	4
3	足し算	振幅	1
4	足し算	振幅	4
5	足し算	位相	4

問題

問 120　　　　　　　　　　　　　　　　　　正解 ☐ 完璧 ☐ ✐ 直前CHECK ☐

次の記述は，図に示す同期検波器を用いた 4 相 PSK（QPSK）波の復調器の動作原理について述べたものである．　　内に入れるべき字句の正しい組合せを下の番号から選べ．ただし，ω〔rad/s〕は搬送波の角周波数とする．なお，同じ記号の　　内には，同じ字句が入るものとする．

(1) 符号により変調された搬送波の位相 $\theta(t)$ が $\pi/4$, $3\pi/4$, $5\pi/4$, $7\pi/4$〔rad〕と変化する QPSK 波 $\cos(\omega t+\theta(t))$〔V〕を D_1 および D_2 の乗算器に加えるとともに，別に再生した二つの復調用信号 $\cos\omega t$〔V〕および $\boxed{\text{A}}$〔V〕をそれぞれ D_1 および D_2 の乗算器に加えて同期検波を行う．

(2) D_1 において，低域フィルタ 1 は，QPSK 波の位相が $\pi/4$, $7\pi/4$〔rad〕のとき正，$3\pi/4$, $5\pi/4$〔rad〕のとき負の信号を出力する．また，D_2 において，低域フィルタ 2 は，QPSK 波の位相が $\boxed{\text{B}}$〔rad〕のとき正，$\boxed{\text{C}}$〔rad〕のとき負の信号を出力する．したがって，同相成分および直交成分それぞれの正負を判断して QPSK 波の位相を判定することができる．

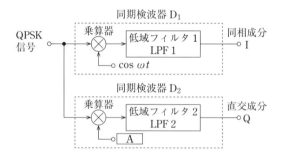

	A	B	C
1	$-\cos\omega t$	$\pi/4$, $3\pi/4$	$5\pi/4$, $7\pi/4$
2	$-\cos\omega t$	$5\pi/4$, $7\pi/4$	$\pi/4$, $3\pi/4$
3	$-\sin\omega t$	$\pi/4$, $5\pi/4$	$3\pi/4$, $7\pi/4$
4	$-\sin\omega t$	$5\pi/4$, $7\pi/4$	$\pi/4$, $3\pi/4$
5	$-\sin\omega t$	$\pi/4$, $3\pi/4$	$5\pi/4$, $7\pi/4$

解答 問119→1

問 121

正解 ☐ 完璧 ☐ 直前CHECK ☐

次の記述は，無線送受信機で発生するひずみ等について述べたものである．☐☐内に入れるべき字句を下の番号から選べ．

(1) 直線ひずみは，利得（減衰量）の周波数特性が平坦でない減衰ひずみや伝搬時間が周波数に対して一定 ☐ ア ☐ 群遅延ひずみの総称である．

(2) 非直線ひずみのうち，混変調の原因になるのは主として ☐ イ ☐ の変調積により発生するひずみである．

(3) 増幅器の非直線性により生じる非直線ひずみを小さくする方法として ☐ ウ ☐ 施すことなどがある．

(4) 一般に，周波数逓倍器として非直線ひずみを利用する増幅器は，☐ エ ☐ 級増幅器である．

(5) ☐ オ ☐ は，単一の周波数信号が非直線回路を通って高調波成分を生じるときや，複数の周波数成分を持つ信号が非直線回路を通ってそれらの周波数の組合せによる周波数成分を生じるときなどに発生する．

1 でない	2 奇数次（3次，5次，7次・・・）	3 正帰還を
4 負帰還を	5 非直線ひずみ	6 である
7 偶数次（2次，4次，6次・・・）		8 A
9 C	10 直線ひずみ	

問 122 📖 解説あり！

正解 ☐ 完璧 ☐ 直前CHECK ☐

図に示す電力増幅器の総合効率 η_T の値として，最も近いものを下の番号から選べ．ただし，励振部および終段部の電力効率をそれぞれ $\eta_e = P_i/P_{DCe}$ および $\eta_f = P_o/P_{DCf}$ とし，その値をそれぞれ 80〔%〕および 70〔%〕とする．また，終段部の電力利得 G_P の値を 20（真数）とする．

1 45〔%〕
2 53〔%〕
3 60〔%〕
4 67〔%〕
5 73〔%〕

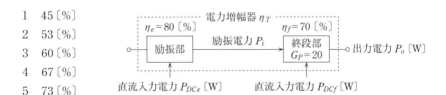

電力増幅器 η_T
$\eta_e = 80$〔%〕　　　　$\eta_f = 70$〔%〕
励振部　励振電力 P_i　終段部 $G_P = 20$　出力電力 P_o〔W〕
直流入力電力 P_{DCe}〔W〕　　直流入力電力 P_{DCf}〔W〕

📖 解説→問122

終段部の直流入力電力を P_{DCf}〔W〕，終段部の効率をη_fとすると，出力電力P_o〔W〕は，次式で表される.

$$P_o = \eta_f P_{DCf} \text{〔W〕} \qquad \cdots\cdots(1)$$

励振部の直流入力電力を P_{DCe}〔W〕，励振部の効率をη_eとすると，励振電力P_i〔W〕は，次式で表される.

$$P_i = \eta_e P_{DCe} \text{〔W〕} \qquad \cdots\cdots(2)$$

終段部の電力利得がG_Pだから，式 (2) から出力電力P_o〔W〕を求めると，

$$P_o = G_P P_i = \eta_e G_P P_{DCe} \text{〔W〕} \qquad \cdots\cdots(3)$$

電力増幅器の総合効率η_T〔%〕は，式 (1)，(3) を用いると，次式で表される.

$$\eta_T = \frac{P_o}{P_{DCe} + P_{DCf}}$$

$$= \frac{P_o}{\dfrac{P_o}{\eta_e G_P} + \dfrac{P_o}{\eta_f}} = \frac{\eta_e \eta_f G_P}{\eta_f + \eta_e G_P}$$

$$= \frac{0.8 \times 0.7 \times 20}{0.7 + 0.8 \times 20} = \frac{11.2}{16.7} \fallingdotseq 0.67 = 67 \text{〔%〕}$$

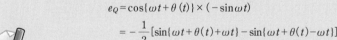

解答 問120→5　問121→ア−1　イ−2　ウ−4　エ−9　オ−5　問122→4

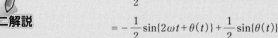

問120　D_2 の出力e_Qは，三角関数の公式を用いて，

$$e_Q = \cos\{\omega t + \theta(t)\} \times (-\sin\omega t)$$

$$= -\frac{1}{2}[\sin\{\omega t + \theta(t) + \omega t\} - \sin\{\omega t + \theta(t) - \omega t\}]$$

$$= -\frac{1}{2}\sin\{2\omega t + \theta(t)\} + \frac{1}{2}\sin\{\theta(t)\}$$

第2項が出力されるので，位相$\theta(t)$が$\pi/4$〔rad〕または$3\pi/4$〔rad〕のときに正，$5\pi/4$〔rad〕または$7\pi/4$〔rad〕のときに負の信号となる.

次の記述は，図に示す送信機 T_1 および T_2 の間で生ずる 3 次の相互変調積について述べたものである．□内に入れるべき字句の正しい組合せを下の番号から選べ．ただし，3 次の相互変調積は，送信周波数 f_1〔Hz〕の送信機 T_1 に，送信周波数が f_1 よりわずかに高い f_2〔Hz〕の送信機 T_2 の電波が入り込み，T_1 において伝送帯域内に生ずる可能性のある周波数成分とする．また，T_1 および T_2 の送信電力は等しく，アンテナ相互間の結合量を $1/k$ $(k > 1)$ とする．

(1) 3 次の相互変調積が発生したときの周波数成分は，　A　の二つの成分である．

(2) (1) の二つの周波数成分のうち，振幅が大きいのは周波数の　B　方の成分である．

(3) T_1 および T_2 の送信電力がそれぞれ 1〔dB〕減少すると，(2) の振幅が大きい周波数成分の電力は，　C　〔dB〕減少する．

無線工学A　送受信機

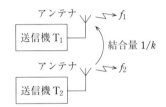

	A	B	C
1	$3f_1 - 2f_2$〔MHz〕および $3f_2 - 2f_1$〔MHz〕	高い	3
2	$3f_1 - 2f_2$〔MHz〕および $3f_2 - 2f_1$〔MHz〕	低い	6
3	$2f_1 - f_2$〔MHz〕および $2f_2 - f_1$〔MHz〕	高い	6
4	$2f_1 - f_2$〔MHz〕および $2f_2 - f_1$〔MHz〕	低い	3
5	$2f_1 - f_2$〔MHz〕および $2f_2 - f_1$〔MHz〕	低い	6

2 波 3 次の相互変調積は，2 波の和の 3 乗を計算すると求めることができる二つの周波数の 2 倍と 1 倍の和と差のことだよ．f_2 は f_1 より高いので，$(2f_2 - f_1)$ は f_2 より高く，$(2f_1 - f_2)$ は f_1 より低いよ．分かりにくかったら f_2 に 10，f_1 に 9 などの数を入れてみてね．

(1) 送信周波数 f_1〔MHz〕, f_2〔MHz〕による3次の相互変調積成分は,次の四つである.
f_1+2f_2〔MHz〕, f_2+2f_1〔MHz〕, $2f_1-f_2$〔MHz〕, $2f_2-f_1$〔MHz〕
このうち,**$2f_1-f_2$〔MHz〕** および **$2f_2-f_1$〔MHz〕** の二つの成分が送信機 T_1 において伝送帯域内に生ずる可能性がある.

(2) 2波3次の相互変調積成分は,3乗のひずみによって発生する.二つの送信機の送信電力が等しい条件より,送信波により発生する電圧を1とすれば,T_1 により発生する電圧を $\cos\omega_1 t$,T_2 により発生する電圧を $(1/k)\cos\omega_2 t$ として,これらの和の3乗を求めると,次式で表される.

$$\left(\cos\omega_1 t + \frac{1}{k}\cos\omega_2 t\right)^3 = \cos^3\omega_1 t + 3\cos^2\omega_1 t \times \frac{1}{k}\cos\omega_2 t$$

$$+ 3\cos\omega_1 t \times \frac{1}{k^2}\cos^2\omega_2 t + \cos^3\omega_2 t \quad \cdots\cdots(1)$$

また,$\cos^2\omega t = \frac{1}{2}+\frac{1}{2}\cos2\omega t$ の公式を用いると,式(1)の右辺の第2項および第3項から3次の相互変調積成分を求めることができる.ここで,$f_1<f_2$ の関係より,$2f_1-f_2$ の周波数成分は f_1 より低く,$2f_2-f_1$ の周波数成分は f_1 より高い.二つの周波数成分のうち,周波数が低い方の成分は $1/k$ に比例し,周波数が高い方の成分は $1/k^2$ に比例するので,振幅が大きいのは周波数の**低い**方の成分 $(2f_1-f_2)$ である.

(3) 送信周波数 f_1,f_2 のそれぞれの振幅を e_1,e_2 とすると,振幅が大きい(周波数の低い)3次の相互変調積の振幅は $e_1{}^2\times e_2$(真数)に比例する.送信電力がそれぞれ1〔dB〕減少すると,真数の2乗は dB 値の2倍となるので,$2\times1+1=3$〔dB〕減少する.

解答 問123➡4

問題

問 **124**　　　　　　　　　　　正解 ☐　完璧 ☐　✎直前 CHECK ☐

次の記述は，図に示す構成例によるデジタル処理型の AM（A3E）送信機の動作原理について述べたものである．　☐内に入れるべき字句を下の番号から選べ．ただし，PA-1～PA-23 は，それぞれ同一の電力増幅器（PA）であり，100 ％変調時には，全ての PA が動作するものとする．また，搬送波を波形整形した矩形波の励振入力が加えられた各 PA は，デジタル信号のビット情報により制御されるものであり，MSB は最上位ビット，LSB は最下位ビットである．なお，同じ記号の☐内には，同じ字句が入るものとする．

（1）入力の音声信号に印加される直流成分は，無変調時の ☐ア☐ を決定する．

（2）直流成分が印加された音声信号は，12 ビットのデジタル信号に変換され，おおまかな振幅情報を表す ☐イ☐ 側の 4 ビットと細かい振幅情報を表す ☐ウ☐ 側の 8 ビットに分けられる．☐イ☐ 側の 4 ビットは，エンコーダにより符号変換され，PA-1～PA-15 に供給される．☐ウ☐ 側の 8 ビットは，符号変換しないで PA-16～PA-23 に供給される．

（3）PA-16～PA-23 の出力は，図に示すように電力加算部のトランスの巻線比を変えて PA の負荷インピーダンスを変化させることにより，それぞれ 1/2，1/4，1/8，1/16，1/32，1/64，1/128，1/256 に重み付けされ，電力加算部で PA-1～PA-15 の出力と合わせて電力加算される．その加算された出力は，☐エ☐ を通すことにより，振幅変調（A3E）された送信出力となる．

（4）送信出力における無変調時の搬送波電力を 400〔W〕とした場合，PA-1～PA-15 それぞれが分担する 100 ％変調時の尖頭（ピーク）電力は，約 ☐オ☐〔W〕となる．ただし，D/A 変換の役目をする電力加算部，☐エ☐ は，理想的に動作するものとする．

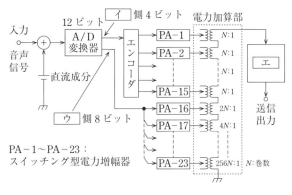

エンコーダ：入力の 4 ビットデータの内容により，制御（動作）する PA を定める役目をする．例えば，4 ビットデータが 0001 であれば PA-1 を動作，0010 であれば PA-1 と PA-2 を動作，…，1111 であれば PA-1～PA-15 を動作させる．

PA-1～PA-23：
スイッチング型電力増幅器

1　送信出力	2　MSB	3　同相軸
4　高域フィルタ（HPF）	5　25	6　電力効率
7　LSB	8　直交軸	9　帯域フィルタ（BPF）
10　100		

問 125 📖 解説あり!　　　　　　　正解 ☐　完璧 ☐　✎ 直前CHECK ☐

単一通信路における周波数変調（FM）波の S/N 改善係数 I〔dB〕の値として，最も近いものを下の番号から選べ．ただし，変調指数を m_f，等価雑音帯域幅を B〔Hz〕，最高変調周波数を f_p〔Hz〕とすると，I（真数）は，$I=3m_f{}^2B/(2f_p)$ で表せるものとし，B を 20〔kHz〕，f_p を 3〔kHz〕，最大周波数偏移を 6〔kHz〕とする．また，$\log_{10}2=0.3$ とする．

1　16〔dB〕

2　18〔dB〕

3　20〔dB〕

4　24〔dB〕

5　28〔dB〕

最高変調周波数 f_p，最大周波数偏移 ΔF のとき変調指数 m_f は，次の式だよ.

$$m_f=\frac{\Delta F}{f_p}$$

dB値の計算は電力と同じ $I_{dB}=10\log_{10}I$ で求めてね．2 倍は 3〔dB〕，$2\times2=4$ 倍は $3+3=6$〔dB〕，10 倍は 10〔dB〕，$10\times10=100$ 倍は $10+10=20$〔dB〕だよ.

解答　問124→ア-1　イ-2　ウ-7　エ-9　オ-10

問124　振幅変調では 100〔%〕変調時の先頭（ピーク）電圧は搬送波電圧の 2 倍となる．電圧の 2 乗と電力は比例するので，このときの先頭電力は搬送波電力 400〔W〕の 4 倍の 1,600〔W〕となる．これを PA-1～PA-15 までの 15 台の電力に加えて，PA-16 ～ PA-23 の合成電力が PA-1～PA-15 の 1 台分の電力を負担するので，PA-1～PA-15 の 1 台分の負担は 1/16 となるから，100〔W〕である.

ミニ解説

問題

問 126　📖 解説あり!　　　　　　　　　正解 □　完璧 □　✏直前CHECK □

　次の記述は，スーパヘテロダイン受信機の相互変調について述べたものである．□□□□
内に入れるべき字句の正しい組合せを下の番号から選べ．ただし，a_0, a_1, a_2 および a_3 は，
それぞれ，直流分，1次，2次および3次の項の係数を示す．なお，同じ記号の□□□□内に
は，同じ字句が入るものとする．

(1) 高周波増幅器等の振幅非直線回路の入力を e_i，出力を e_o とすると，一般に入出力特性
　　は，式 $e_o = a_0 + a_1 e_i + a_2 e_i^2 + a_3 e_i^3 + \cdots$ で表すことができ，同回路へ，例えば，二つの
　　単一波 f_1, f_2〔Hz〕を同時に入力した場合，同式の3乗の項で計算すると，出力 e_o には，
　　f_1, f_2〔Hz〕および両波それぞれの3乗成分の他に □A□ × $f_1 \pm f_2$〔Hz〕および □A□ ×
　　$f_2 \pm f_1$〔Hz〕が現れる．これらの成分が希望周波数または中間周波数と一致したときに相
　　互変調積による妨害を生ずる．

(2) 周波数差の等しい三つの波 F_1, F_2, F_3〔Hz〕（$F_1 < F_2 < F_3$ とする）が存在するとき，他
　　の2波による3次の相互変調積の妨害を最も受けにくいのは □B□ である．

(3) 相互変調積を小さくするには，できるだけ，高周波増幅器等の利得を □C□ し，非直線
　　動作をしにくくする．

	A	B	C
1	2	F_1	大きく
2	2	F_3	小さく
3	2	F_2	小さく
4	3	F_1	小さく
5	3	F_2	大きく

無線工学A　送受信機

信号波の最高変調周波数が f_p 〔kHz〕, 最大周波数偏移が ΔF 〔kHz〕のとき, 変調指数 m_f は, 次式で表される.

$$m_f = \frac{\Delta F}{f_p} = \frac{6}{3} = 2$$

問題で与えられた式に数値を代入すると, 次式が得られる.

$$I = \frac{3m_f^2 B}{2f_p} = \frac{3 \times 2^2 \times 20 \times 10^3}{2 \times 3 \times 10^3} = 40$$

よって, dB値 I_{dB} は, 次式で表される.

$$I_{dB} = 10\log_{10}40 = 10\log_{10}(2^2 \times 10) = 2 \times 10\log_{10}2 + 10\log_{10}10 = 2 \times 3 + 10 = 16 \text{〔dB〕}$$

$e_1 = E_1\cos\omega_1 t$, $e_2 = E_2\cos\omega_2 t$ で表される2波の単一波が振幅非直線回路に入力したとき, 3乗の項の成分を求めると, 次式で表される.

$$(e_1 + e_2)^3 = (E_1\cos\omega_1 t + E_2\cos\omega_2 t)^3 = (E_1{}^3\cos^3\omega_1 t + 3E_1{}^2\cos^2\omega_1 t \times E_2\cos\omega_2 t$$
$$+ 3E_1\cos\omega_1 t \times E_2{}^2\cos^2\omega_2 t + E_2{}^3\cos^3\omega_2 t) \qquad \cdots\cdots(1)$$

式(1)の第1項と第4項が3乗の成分となり, 第2項と第3項が3次の相互変調積成分となるので, 第2項より三角関数の公式を用いて次式が得られる.

$$\cos^2\omega_1 t \times \cos\omega_2 t = \frac{1}{2}(1 + \cos2\omega_1 t) \times \cos\omega_2 t = \frac{1}{2}(\cos\omega_2 t + \cos2\omega_1 t \times \cos\omega_2 t)$$

$$= \frac{1}{2}\cos\omega_2 t + \frac{1}{4}\cos(2\omega_1 + \omega_2)t + \frac{1}{4}\cos(2\omega_1 - \omega_2)t \qquad \cdots\cdots(2)$$

よって, $(2\omega_1 + \omega_2) = 2\pi(2f_1 + f_2)$, $(2\omega_1 - \omega_2) = 2\pi(2f_1 - f_2)$ の周波数成分が発生し, 同様にして式(1)の第4項から $(2f_2 \pm f_1)$ の周波数成分が発生する.

例えば, 3波の周波数が $F_1 = 451.0$〔MHz〕, $F_2 = 451.1$〔MHz〕, $F_3 = 451.2$〔MHz〕のとき,

$2F_2 - F_3 = 2 \times 451.1 - 451.2 = 451.0$〔MHz〕$= F_1$

$2F_2 - F_1 = 2 \times 451.1 - 451.0 = 451.2$〔MHz〕$= F_3$

となるので, F_2 と F_3 あるいは F_2 と F_1 の関係では, F_1 あるいは F_3 に相互変調積が発生するが,

$2F_1 - F_3 = 2 \times 451.0 - 451.2 = 450.8$〔MHz〕

$2F_3 - F_1 = 2 \times 451.2 - 451.0 = 451.4$〔MHz〕

となるので, $F_1 < F_2 < F_3$ が等しい周波数差で並んでいるときは F_2 に妨害波は発生しない.

解答 問125➡1 　問126➡3

問題

問 127　📖 解説あり!　　　　　　正解 ☐　完璧 ☐　✏️ 直前 CHECK ☐

図に示す通信回線において，受信機の入力に換算した搬送波電力対雑音電力比 (C/N) が 30 [dB] のときの送信機の送信電力 (平均電力) P [dBm] の値として，最も近いものを下の番号から選べ．ただし，送信アンテナの絶対利得を 35 [dBi]，受信アンテナの絶対利得を 15 [dBi]，送信給電線の損失を 2 [dB]，受信給電線の損失を 1 [dB] および両アンテナ間の伝搬路の損失を 140 [dB] 並びに受信機の雑音指数を 2.5 (真数) ($=4$ [dB])，等価雑音帯域幅を 10 [MHz]，ボルツマン定数 k を 1.38×10^{-23} [J/K] ($=-228.6$ [dB (W/Hz/K)]) および周囲温度 T を 290 [K] ($=24.6$ [dB (K)]) とするものとし，1 [mW] を 0 [dBm] とする．

1　13 [dBm]　　2　17 [dBm]　　3　23 [dBm]　　4　27 [dBm]　　5　33 [dBm]

問 128　📖 解説あり!　　　　　　正解 ☐　完璧 ☐　✏️ 直前 CHECK ☐

図 (a) および (b) に示す二つの回路の出力の信号対雑音比 (S/N) が等しいとき，それぞれの入力信号レベルを S_1 [dB] および S_2 [dB] とすれば，$S_2 - S_1$ の値として，最も近いものを下の番号から選べ．ただし，各増幅器の入出力端は整合しており，両回路の入力雑音は，熱雑音のみとする．また，「増幅器A」の雑音指数 F_A と利得 G_A をそれぞれ 2 [dB] および 10 [dB]，「増幅器B」の雑音指数 F_B を 10 [dB] とし，$\log_{10} 2 = 0.3$ とする．なお，図 (a) の回路と図 (b) の回路の帯域幅は，同一とする．

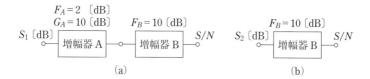

1　2 [dB]　　2　3 [dB]　　3　4 [dB]　　4　6 [dB]　　5　7 [dB]

受信機の雑音指数を F，等価雑音帯域幅を B〔Hz〕，ボルツマン定数を k，周囲の絶対温度を T〔K〕とすると，受信機入力の雑音電力 N〔W〕は，次式で表される．

$$N = kTBF \text{〔W〕}$$

$B = 10 \text{〔MHz〕} - 10 \times 10^6 = 10^7$ は，70〔dB（Hz）〕となるので，問題で与えられた k の dB値より，〔dBW〕に 30〔dB〕加えて〔dBm〕としてデシベルで求めると，

$$N_{dB} = -228.6 + 24.6 + 70 + 4 + 30 = -100 \text{〔dBm〕} \quad \cdots\cdots(1)$$

送信電力を P〔dBm〕，送信および受信系のアンテナ利得をそれぞれ G_T，G_R〔dB〕，給電線損失をそれぞれ L_T，L_R〔dB〕，伝搬路の損失を Γ_0〔dB〕とすると，受信機入力端の C/N_{dB}〔dB〕は，次式で表される．

$$C/N_{dB} = P + G_T - L_T - \Gamma_0 + G_R - L_R - N_{dB} \text{〔dB〕} \quad \cdots\cdots(2)$$

$$30 = P + 35 - 2 - 140 + 15 - 1 - (-100) = P + 7$$

よって，$P = 30 - 7 = 23$〔dBm〕

雑音指数 $F_A = 2$〔dB〕を真数 F_{AX} に直すと，次式で表される．

$$F_A = 10 \log_{10} F_{AX}$$

$$2 = \frac{10}{2} - 3 = \frac{1}{2} \times 10 \log_{10} 10 - 10 \log_{10} 2 = 10 \log_{10} \frac{10^{1/2}}{2}$$

よって，$F_{AX} = \dfrac{\sqrt{10}}{2} \fallingdotseq \dfrac{3.16}{2} = 1.58$

また，ほかの dB値の真数は $F_{BX} = 10$，$G_{AX} = 10$ となる．

増幅器A，B を従属接続したときの総合の雑音指数の真数 F_X と dB値 F を求めると，

$$F_X = F_{AX} + \frac{F_{BX} - 1}{G_{AX}} = 1.58 + \frac{10 - 1}{10} = 2.48 \fallingdotseq 2.5 = \frac{10}{4}$$

$$F = 10 \log_{10} F_X = 10 \log_{10} \frac{10}{4} = 10 \log_{10} 10 - 10 \log_{10} 2^2$$

$$= 10 - 2 \times 3 = 4 \text{〔dB〕} \quad \cdots\cdots(1)$$

入力信号電力を S_I〔dB〕，入力雑音電力を N_I〔dB〕，出力信号電力を S_O〔dB〕，出力雑音電力を N_O〔dB〕とすると，雑音指数 F〔dB〕は，次式で表される．

$$F = (S_I - N_I) - (S_O - N_O) \quad \cdots\cdots(2)$$

問題図 (a) の回路の雑音指数は式 (1) より，$F = 4$〔dB〕となるので，図 (b) の回路の雑音指数 $F_B = 10$〔dB〕より，$F_B - F = 6$〔dB〕雑音指数が低下するから，入力電力は $S_2 - S_1 = 6$〔dB〕低くても同じ S/N を得ることができる．

解答 問127→3　問128→4

次の記述は，スーパヘテロダイン受信機の影像（イメージ）周波数について述べたものである．☐☐☐内に入れるべき字句の正しい組合せを下の番号から選べ．

(1) 受信希望波の周波数 f_d を局部発振周波数 f_0 でヘテロダイン検波して中間周波数 f_i を得るが，周波数の関係において，f_0 に対して f_d と対称の位置にある周波数，すなわち f_d から ☐ A ☐ 離れた周波数 f_u も同じようにヘテロダイン検波される可能性があり，f_u を影像周波数という．

(2) 影像周波数に相当する妨害波があるとき，受信機出力に混信となって現れることを抑圧する能力を影像周波数選択度などという．

(3) この影像周波数による混信の軽減法には，中間周波数を ☐ B ☐ して受信希望波と妨害波との周波数間隔を広げる方法や ☐ C ☐ の選択度を良くする方法などがある．

	A	B	C
1	$2f_i$	高く	高周波増幅回路
2	$2f_i$	低く	中間周波増幅回路
3	$4f_i$	低く	中間周波増幅回路
4	$4f_i$	高く	中間周波増幅回路
5	$4f_i$	高く	高周波増幅回路

受信機の周波数混合器で希望波と影像妨害波が中間周波数に変換されるんだよ．
それらは同じ周波数だから，中間周波増幅回路の選択度を良くしてもだめだね．
周波数混合器の前にあるのは高周波増幅回路だよ．

次の記述は，AM（A3E）スーパヘテロダイン受信機において生ずることのある，相互変調および混変調による妨害について述べたものである．☐☐内に入れるべき字句の正しい組合せを下の番号から選べ．

(1) 妨害波の周波数が f_1〔Hz〕および f_2〔Hz〕のとき，回路の非直線性によって生ずる周波数成分のうち，$2f_1-f_2$〔Hz〕および $2f_2-f_1$〔Hz〕は，☐ A ☐の相互変調波の成分である．

(2) 混変調による妨害は，受信機に希望波および妨害波が入力されたとき，回路の非直線動作によって妨害波の変調信号成分で希望波の搬送波が☐ B ☐を受ける現象である．

(3) 希望波の搬送波の周波数が f_d〔Hz〕，妨害波の搬送波の周波数が f_u〔Hz〕，妨害波の変調信号の周波数が f_m〔Hz〕および妨害波の側波帯成分の周波数が f_u+f_m〔Hz〕のとき，混変調積の周波数成分☐ C ☐〔Hz〕によって混変調による妨害が生ずる．

	A	B	C
1	3次	抑圧	$f_d \pm f_m$
2	3次	変調	$f_d \pm f_m$
3	3次	抑圧	$f_d \pm f_u$
4	2次	変調	$f_d \pm f_u$
5	2次	変調	$f_d \pm f_m$

解答 問129 → 1

問129 希望波 f_d と局部発振周波数 f_0 が $f_d < f_0$ とすれば，$f_i = f_0 - f_d$ の周波数の関係となるので，妨害波 f_u が $f_i = f_u - f_0$ のときに，影像周波数の妨害が発生する．f_u を f_d を用いて表せば，$f_u = f_0 + f_i = (f_d + f_i) + f_i = f_d + 2f_i$ となる．

問 131　📖 解説あり!　　　　正解 ☐　完璧 ☐　　✏️ 直前CHECK ☐

次の記述は，スーパヘテロダイン受信機において，スプリアス・レスポンスを生ずることがあるスプリアスの周波数について述べたものである．☐内に入れるべき字句の正しい組合せを下の番号から選べ．ただし，スプリアスの周波数を f_{SP} 〔Hz〕，局部発振周波数を f_0 〔Hz〕，中間周波数を f_{IF} 〔Hz〕とし，受信機の中間周波フィルタは理想的なものとする．

(1) 局部発振器の出力に高調波成分 $2f_0$ 〔Hz〕が含まれていると，$f_{SP}=$ ☐ A ☐ のとき，混信妨害を生ずることがある．

(2) 局部発振器の出力に低調波成分 $f_0/2$ 〔Hz〕が含まれていると，$f_{SP}=$ ☐ B ☐ のとき，混信妨害を生ずることがある．

(3) 周波数混合器の非直線動作により，$f_{SP}=$ ☐ C ☐ のとき，混信妨害を生ずることがある．

	A	B	C
1	$f_0 \pm 2f_{IF}$	$f_0 \pm 2f_{IF}$	$f_0 \pm (f_{IF}/2)$
2	$f_0 \pm 2f_{IF}$	$(f_0/2) \pm f_{IF}$	$2f_0 \pm 2f_{IF}$
3	$2f_0 \pm f_{IF}$	$(f_0/2) \pm f_{IF}$	$f_0 \pm (f_{IF}/2)$
4	$2f_0 \pm f_{IF}$	$f_0 \pm 2f_{IF}$	$f_0 \pm (f_{IF}/2)$
5	$2f_0 \pm f_{IF}$	$f_0 \pm 2f_{IF}$	$2f_0 \pm 2f_{IF}$

問 132　📖 解説あり!　　　　正解 ☐　完璧 ☐　　✏️ 直前CHECK ☐

図に示す縦続接続した増幅器A，B，Cにおいて，それぞれの増幅器の雑音指数 F_A，F_B，F_C および利得 G_A，G_B，G_C を，それぞれ $F_A=2$，$F_B=5$，$F_C=8$ および $G_A=10$，$G_B=20$，$G_C=40$ としたときの総合の雑音指数 F の値として最も近いものを下の番号から選べ．ただし，各増幅器の帯域幅は等しく，かつ，入出力端は整合しているものとする．また，数値は全て真数とする．

入力 ○→ | 増幅器 A　$F_A=2$, $G_A=10$ | → | 増幅器 B　$F_B=5$, $G_B=20$ | → | 増幅器 C　$F_C=8$, $G_C=40$ | →○ 出力

1　2.0　　　2　2.2　　　3　2.4　　　4　2.7　　　5　5.0

📖 **解説➡問130**

　2波3次の相互変調積成分は，f_1+2f_2〔Hz〕，f_2+2f_1〔Hz〕，$2f_1-f_2$〔Hz〕，$2f_2-f_1$〔Hz〕の四つの相互変調波が発生する．このうち，近接周波数の妨害となるのは，$2f_1-f_2$，$2f_2-f_1$である．

📖 **解説➡問131**

　局部発振周波数が f_0〔Hz〕，中間周波数が f_{IF}〔Hz〕，受信周波数が f_R〔Hz〕のとき，次式の関係がある．

$\qquad f_R-f_0=f_{IF} \qquad$ または，$f_0-f_R=f_{IF}$

よって，$f_R=f_0\pm f_{IF}$〔Hz〕の周波数が受信される．

　局部発振周波数に高調波成分 $2f_0$〔Hz〕が含まれていると，$f_{SP}=2f_0\pm f_{IF}$〔Hz〕のとき，混信妨害を生ずることがある．

　局部発振周波数に低調波成分 $f_0/2$〔Hz〕が含まれていると，$f_{SP}=(f_0/2)\pm f_{IF}$〔Hz〕のとき，混信妨害を生ずることがある．

　周波数混合器が非直線動作を行う場合，$f_{SP}=f_0\pm(f_{IF}/2)$〔Hz〕と f_0〔Hz〕が混合され $f_{IF}/2$〔Hz〕が発生するが，非直線動作のため2倍の高調波の f_{IF}〔Hz〕が発生し，混信妨害を生ずることがある．

📖 **解説➡問132**

　それぞれの雑音指数 F_A，F_B，F_C，増幅度 G_A，G_B，G_C の増幅器A，B，C を従属接続したときの総合の雑音指数 F は，次式で表される．

$$F=F_A+\frac{F_B-1}{G_A}+\frac{F_C-1}{G_AG_B}$$

$$=2+\frac{5-1}{10}+\frac{8-1}{10\times20}$$

$$=2+0.4+0.035\fallingdotseq2.4$$

解答 問130➡2　問131➡3　問132➡3

▼解答

138

 問 133　　　　　　　　　　　　　　　　　正解 ☐　完璧 ☐　🖊 直前CHECK ☐

　整流回路のリプル率 γ，電圧変動率 δ および整流効率 η を表す式の組合せとして，正しいものを下の番号から選べ．ただし，負荷電流に含まれる直流成分を I_{DC}〔A〕，交流成分の実効値を i_r〔A〕，無負荷電圧を V_o〔V〕，負荷に定格電流を流したときの定格電圧を V_n〔V〕とする．また，整流回路に供給される交流電力を P_1〔W〕，負荷に供給される電力を P_2〔W〕とする．

1　$\gamma = (i_r / I_{DC}) \times 100$〔%〕　　　$\delta = \{(V_o - V_n) / V_o\} \times 100$〔%〕　　$\eta = (P_1 / P_2) \times 100$〔%〕

2　$\gamma = (i_r / I_{DC}) \times 100$〔%〕　　　$\delta = \{(V_o - V_n) / V_n\} \times 100$〔%〕　　$\eta = (P_2 / P_1) \times 100$〔%〕

3　$\gamma = (i_r / I_{DC}) \times 100$〔%〕　　　$\delta = \{(V_o - V_n) / V_o\} \times 100$〔%〕　　$\eta = (P_2 / P_1) \times 100$〔%〕

4　$\gamma = \{i_r / (i_r + I_{DC})\} \times 100$〔%〕　$\delta = \{(V_o - V_n) / V_n\} \times 100$〔%〕　$\eta = (P_1 / P_2) \times 100$〔%〕

5　$\gamma = \{i_r / (i_r + I_{DC})\} \times 100$〔%〕　$\delta = \{(V_o - V_n) / V_o\} \times 100$〔%〕　$\eta = (P_2 / P_1) \times 100$〔%〕

 電源は損失があるので効率 η は 100〔%〕より小さいよ．η はギリシャ文字で「イータ」，γ は「ガンマ」，δ は「デルタ」と読むよ．

（右側縦書き）無線工学A　電源

問 134　　　　　　　　　　　　　　　　　正解 ☐　完璧 ☐　🖊 直前CHECK ☐

　次の記述は，電源回路に用いるツェナー・ダイオード（D_Z）に関して述べたものである．このうち誤っているものを下の番号から選べ．

1　定電圧特性を利用するためには，通常，逆バイアス電圧で動作させる．

2　一般的傾向として，ツェナー電圧 5 〜 6〔V〕の D_Z の温度係数は，ほぼ 0 である．

3　原理的に，D_Z に直列に通常のシリコン・ダイオードを接続して温度特性を改善することができる．

4　D_Z の定格には，ツェナー電圧，許容電力損失などが規定されている．

5　D_Z の逆方向特性は，飽和領域と降伏領域に分かれる．定電圧素子として利用されるのは飽和領域である．

 ツェナーダイオードの逆方向電圧を大きくしていくと，ある電圧になると急激に電流が増えて電圧がほぼ一定になる領域があるよ．それが降伏領域だよ．飽和領域は電流が流れない領域だよ．

次の記述は，図に示す直列形定電圧回路に用いられる電流制限形保護回路の原理的な動作について述べたものである．☐内に入れるべき字句の正しい組合せを下の番号から選べ．

(1) 負荷電流 I_L〔A〕が規定値以内のとき，保護回路のトランジスタ $\mathrm{Tr_3}$ は非導通である．I_L が増加して抵抗 ☐ A ☐〔Ω〕の両端の電圧が規定の電圧 V_S〔V〕より大きくなると，$\mathrm{Tr_3}$ が導通する．このとき ☐ B ☐ のベース電流が減少するので，I_L の増加を抑えることができる．

(2) $\mathrm{Tr_3}$ が導通して保護回路が動作し始める I_L は，$I_L ≒$ ☐ C ☐〔A〕である．

	A	B	C
1	R_5	$\mathrm{Tr_1}$	V_S/R_5
2	R_5	$\mathrm{Tr_2}$	$(V_i-V_O)/R_5$
3	R_5	$\mathrm{Tr_1}$	$(V_i-V_O)/R_5$
4	R_3	$\mathrm{Tr_1}$	V_S/R_5
5	R_3	$\mathrm{Tr_2}$	$(V_i-V_O)/R_5$

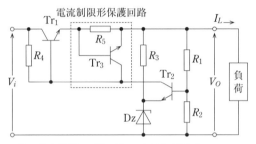

V_i：入力電圧　　　　$\mathrm{Tr_1}$~$\mathrm{Tr_3}$：トランジスタ
V_O：出力電圧　　　　R_1~R_5：抵抗
I_L：負荷電流　　　　Dz：ツェナーダイオード

 $\mathrm{Tr_3}$ のベース－エミッタ間電圧 V_{BE} が規定の電圧 V_S になると，ベース電流が流れて $\mathrm{Tr_3}$ が動作するよ．この電圧を抵抗 R_5 で割れば，電流 I_L が求まるね．

 問134　5　Dz の逆方向特性は，飽和領域と降伏領域に分かれる．定電圧素子として利用されるのは**降伏領域**である．

ミニ解説

問 136　　　　　　　　　　　　　　　正解 ☐　完璧 ☐　✎ 直前 CHECK ☐

　次の記述は，静止通信衛星の電源系に用いられる太陽電池，2次電池および太陽食について述べたものである．このうち誤っているものを下の番号から選べ．

1　日照時に太陽電池から衛星搭載機器に電力が供給される．

2　夏至または冬至の日を中心にして前後で約1箇月の間は，1日に最長70分程度，衛星が地球の陰に隠れる（太陽食）ため，太陽電池は発電ができなくなる．

3　太陽電池のセルは，一般に，3軸衛星では展開式の平板状のパネルに実装される．

4　サービスエリアからみた太陽食が始まる時間は，衛星軌道位置がサービスエリアに対応した経度よりも西にあるほど遅くなる．

5　太陽食により太陽電池が発電できなくなる間は，リチウムイオン電池などの2次電池により衛星搭載機器に電力が供給される．

 静止衛星は，赤道上空にあるよ．赤道面と太陽の向きが春分と秋分のときに同じ向きになるよ．夏至と冬至は大きくずれるよ．

問 137　　　　　　　　　　　　　　　正解 ☐　完璧 ☐　✎ 直前 CHECK ☐

　次の記述は，鉛蓄電池の一般的な充電方法について述べたものである．このうち誤っているものを下の番号から選べ．

1　定電流充電は，電池の端子電圧に関係なく一定の電流で充電する方法である．

2　定電圧充電は，直流電源と電池との間に抵抗を直列に入れて充電電流を制限する方法である．充電電流は初期には大きいが過大ではなく，また，終期には所定値以下になるようにセットできる．

3　定電流・定電圧充電は，充電の初期および中期は定電流で比較的急速に充電し，その後定電圧に切り換え充電する方法である．

4　浮動充電では，整流電源（直流電源）に対して負荷と電池が並列に接続された状態で，負荷を使用しつつ充電する．

5　トリクル充電では，電池を停電時の予備電源とし，停電時のみ電池を負荷に接続するという使い方において，電池が負荷に接続されていないときは，常に充電状態に保っておくため，自己放電電流に近い電流で絶えず充電する．

次の記述は，シリコン太陽電池について述べたものである．　☐　内に入れるべき字句の正しい組合せを下の番号から選べ．

(1) 太陽電池の素子に太陽光を入射すると，pn接合部で吸収され，そのエネルギーにより電子が励起されて，p側が　A　，n側が　B　に帯電する．

(2) 変換効率は，一般的に太陽電池に入射する光のエネルギーに対する最大出力 (電気エネルギー) の割合で評価できる．受光面の放射照度が一定等の基準条件における温度特性は，温度の上昇とともに　C　は微増するが，　D　が大幅に減少するので，温度の上昇とともに変換効率は低下する．

	A	B	C	D
1	負	正	短絡電流	開放電圧
2	負	正	開放電圧	短絡電流
3	正	負	最大出力	短絡電流
4	正	負	開放電圧	短絡電流
5	正	負	短絡電流	開放電圧

p形半導体は電子が少なくて，n形半導体は電子が多いよ．
電子の電荷は負だから n 側が負だね．

解答 問135→1　問136→2　問137→2

問135　Tr_3 のベース−エミッタ間電圧 V_{BE} は，$V_{BE} = R_5 I_L$ の電圧降下によって発生する．この値が規定の電圧 $V_S ≒ 0.6$ 〔V〕になると保護回路が動作するので，$I_L ≒ V_S / R_5$ となる．

問136　2　**春分および秋分の日を中心にして前後で約1箇月の間は，1日に最長70分程度，衛星が地球の陰に隠れる (太陽食) のため，太陽電池は発電ができなくなる．**

問137　2　定電圧充電は，**最初から充電器の出力電圧を充電終止電圧に設定して一定電圧に保って充電する**方法である．電池にとって充電終期の電流値は小さく好ましいが，充電初期には大きな電流が流れるため**電極に負担がかかる．**

問 139 📖 解説あり! 　　　　　　　正解 ☐ 完璧 ☐ ✏️ 直前 CHECK ☐

レーダー方程式を用いて求めたパルスレーダーの最大探知距離の値として，正しいもの
を下の番号から選べ．ただし，送信尖頭出力を 10〔kW〕，物標の有効反射断面積を π^2
〔m²〕，アンテナの利得および実効面積をそれぞれ 40〔dBi〕および 1.6〔m²〕とし，物標は，
受信機の受信電力が −100〔dBm〕以上のとき探知できるものとする．また，1〔mW〕を 0
〔dBm〕とする．

1　100〔km〕　　2　160〔km〕　　3　200〔km〕　　4　260〔km〕　　5　320〔km〕

問 140 📖 解説あり! 　　　　　　　正解 ☐ 完璧 ☐ ✏️ 直前 CHECK ☐

次の記述は，レーダー方程式において，送信電力等のパラメータを変えた時の最大探知
距離（R_{max}）の変化について述べたものである．☐☐☐内に入れるべき字句の正しい組合せ
を下の番号から選べ．ただし，R_{max} は，レーダー方程式のみで決まるものとし，最小受信
電力は，信号の探知限界の電力とする．

(1) 最小受信電力が 4 倍大きい受信機を用いると，R_{max} の値は，約　A　倍になる．
(2) 送信電力を 4 倍にすると，R_{max} の値は，約　B　倍になる．
(3) 物標の有効反射断面積を 4 倍にすると，R_{max} の値は，約　C　倍になる．

	A	B	C
1	0.7	1.4	1.4
2	0.7	0.7	1.4
3	1.4	0.7	1.4
4	1.4	0.7	0.7
5	1.4	1.4	0.7

> 送信電力 P_T，アンテナの利得 G，電波の波長 λ，物標の有効反射面積 σ，最小受信
> 電力 P_{min}，最大探知距離 R_{max} のとき，レーダー方程式は次の式だよ．
> $$R_{max} = \sqrt[4]{\frac{P_T G^2 \lambda^2 \sigma}{(4\pi)^3 P_{min}}}$$
> 式が難しいから，G と λ は $\sqrt{\ }$ に比例，P_T と σ は 4 乗根に比例，P_{min} は 4 乗根に反
> 比例と覚えてね．$\sqrt{2} \approx 1.41$，$1/\sqrt{2} \approx 0.707$ だよ．

無線工学A　電源／電波航法

送信尖頭出力電力を $P_T = 10^4$〔W〕，アンテナの利得を $G = 10^4$（40〔dB〕の真数），受信電力が P_{min}〔W〕のときの最大探知距離を R〔m〕とすると，物標の位置における受信電力密度 W_R〔W／m^2〕は，次式で表される．

$$W_R = \frac{P_T G}{4\pi R^2} \text{〔W／}m^2\text{〕} \quad\quad\quad \cdots\cdots(1)$$

物標の有効反射断面積を $\sigma = \pi^2$〔m^2〕とすると，物標から再放射される電力 P_S〔W〕は，

$$P_S = W_R \sigma \text{〔W〕} \quad\quad\quad \cdots\cdots(2)$$

受信アンテナの実効面積を $A_e = 1.6$〔m^2〕とすると，受信電力 $P_{min} = 10^{-10}$〔mW〕$= 10^{-13}$〔W〕（-100〔dBm〕の真数）は，次式で表される．

$$P_{min} = \frac{P_S A_e}{4\pi R^2} = \frac{P_T G \sigma A_e}{(4\pi)^2 R^4} \text{〔W〕} \quad\quad\quad \cdots\cdots(3)$$

式(3)より，最大探知距離 R を求めると，次式で表される．

$$R = \left(\frac{P_T G \sigma A_e}{4^2 \pi^2 P_{min}}\right)^{1/4} = \left(\frac{10^4 \times 10^4 \times \pi^2 \times 1.6}{16 \times \pi^2 \times 10^{-13}}\right)^{1/4} = (10^{20})^{1/4} = 10^5 \text{〔m〕} = 100 \text{〔km〕}$$

送信電力を P_T〔W〕，アンテナの利得を G，電波の波長を λ〔m〕，物標の有効反射面積を σ〔m^2〕，最小受信電力を P_{min}〔W〕とすると，最大探知距離 R_{max}〔m〕は，次式で表される．

$$R_{max} = \sqrt[4]{\frac{P_T G^2 \lambda^2 \sigma}{(4\pi)^3 P_{min}}} \text{〔m〕} \quad\quad\quad \cdots\cdots(1)$$

式 (1) のレーダー方程式において，

(1) 最小受信電力 P_{min} が $4 = 2^2$ 倍大きい受信機を用いると R_{max} は，$(1/2^2)^{1/4} = 1/\sqrt{2} \fallingdotseq$ 0.7 倍になる．

(2) 送信電力 P_T を $4 = 2^2$ 倍にすると R_{max} は，$(2^2)^{1/4} = \sqrt{2} \fallingdotseq 1.4$ 倍になる．

(3) 物標の有効反射面積 σ を $4 = 2^2$ 倍にすると R_{max} は，$(2^2)^{1/4} = \sqrt{2} \fallingdotseq 1.4$ 倍になる．

解答 問138➡5　問139➡1　問140➡1

問 141　　　　　　　　　　　　　　　　　　　　　正解 ☐　完璧 ☐　✎ 直前 CHECK ☐

次の記述は，レーダーに用いられるパルス圧縮技術の原理について述べたものである．
☐☐☐内に入れるべき字句の正しい組合せを下の番号から選べ．

(1) 線形周波数変調（チャープ）方式によるパルス圧縮技術は，送信時に送信パルス幅 T〔s〕
の中の周波数を，f_1〔Hz〕から f_2〔Hz〕まで直線的に Δf〔Hz〕変化（周波数変調）させて
送信する．反射波の受信では，遅延時間の周波数特性が送信時の周波数変化 Δf〔Hz〕と
☐ A ☐の特性を持ったフィルタを通してパルス幅が狭く，かつ，大きな振幅の受信出力を
得る．

(2) このパルス圧縮処理により，受信波形のパルス幅が T〔s〕から☐ B ☐〔s〕に圧縮され，
せん頭値の振幅は $\sqrt{T\Delta f}$ 倍になる．

(3) せん頭送信電力に制約のあるパルスレーダーにおいて，探知距離を増大するには送信
パルス幅を広くする必要があり，他方，☐ C ☐分解能を向上させるためには送信パルス幅
を狭くする必要がある．これらは相矛盾するものであるが，パルス圧縮技術によりこの問
題を解決し，パルス幅が広く，かつ，低い送信電力のパルスを用いても，大電力で狭い
パルスを送信した場合と同じ効果を得ることができる．

	A	B	C
1	逆	$T/\Delta f$	方位
2	逆	$T/\Delta f$	距離
3	逆	$1/\Delta f$	距離
4	同一	$T/\Delta f$	方位
5	同一	$1/\Delta f$	距離

無線工学A　電波航法

145

問題

　次の記述は，航空機の航行援助に用いられる ILS（計器着陸装置）について述べたものである．□□□内に入れるべき字句の正しい組合せを下の番号から選べ．

(1) グライド・パスは，滑走路の側方の所定の位置に設置され，航空機に対して，設定された進入角からの垂直方向のずれの情報を与えるためのものであり，航空機の降下路面の □A□ の変調信号が強く受信されるような指向性を持つ UHF 帯の電波を放射する．

(2) ローカライザは，滑走路末端から所定の位置に設置され，航空機に対して，滑走路の中心線の延長上からの水平方向のずれの情報を与えるためのものであり，航空機の進入方向から見て進入路の右側では 150〔Hz〕，左側では 90〔Hz〕の変調信号が強く受信されるような指向性を持つ □B□ 帯の電波を放射する．

(3) マーカ・ビーコンは，滑走路進入端から複数の所定の位置に設置され，その上空を通過する航空機に対して，滑走路進入端からの距離の情報を与えるためのものであり，それぞれ特有の変調周波数で振幅変調された □C□ 帯の電波を上空に向けて放射する．

	A	B	C
1	下側では 90〔Hz〕，上側では 150〔Hz〕	VHF	UHF
2	下側では 90〔Hz〕，上側では 150〔Hz〕	UHF	VHF
3	下側では 150〔Hz〕，上側では 90〔Hz〕	UHF	VHF
4	下側では 150〔Hz〕，上側では 90〔Hz〕	UHF	UHF
5	下側では 150〔Hz〕，上側では 90〔Hz〕	VHF	VHF

解答 問141➡3

146

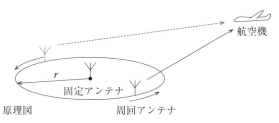

問 143 📖 解説あり！   正解 ☐ 完璧 ☐ ✏️ 直前 CHECK ☐

次の記述は，ドプラ VOR（DVOR）の原理について述べたものである．_____内に入れるべき字句の正しい組合せを下の番号から選べ．

(1) DVOR は，原理図に示すように，等価的に円周上を 1,800〔rpm〕の速さで周回するアンテナから電波を発射するものである．この電波を遠方の航空機で受信すると，ドプラ効果により，__A__ で周波数変調された可変位相信号となる．また，中央の固定アンテナから，周回するアンテナと同期した 30〔Hz〕で振幅変調された基準位相信号を発射する．

(2) 実際には，円周上に等間隔に並べられたアンテナ列に，給電するアンテナを次々と一定回転方向に切り換えることで，(1) の周回アンテナを実現している．この際，標準 VOR（CVOR）との両立性を保つため，ドプラ効果による周波数の偏移量が CVOR の基準位相信号の最大周波数偏移（480〔Hz〕）と等しくなるよう，円周の直径 2r を搬送波の波長の約 __B__ 倍にするとともに，その回転方向を，CVOR と __C__ にする．

航空機

r

固定アンテナ

周回アンテナ

原理図

	A	B	C
1	30〔Hz〕	8	同一方向
2	30〔Hz〕	5	同一方向
3	30〔Hz〕	5	逆方向
4	60〔Hz〕	5	同一方向
5	60〔Hz〕	8	逆方向

無線工学A　電波航法

アンテナは円周上を毎分（60〔s〕）1,800回の速度で回転するので，周波数 f_R〔Hz〕で表すと，

$$f_R = \frac{1,800}{60} = 30 \text{〔Hz〕} \qquad \cdots\cdots(1)$$

これを移動する航空機で受信するとドプラ効果によって，**30〔Hz〕**で周波数変調された可変位相信号となる．

速度 v〔m/s〕で移動するアンテナから発射する電波は，ドプラ効果によって周波数が偏移する．発射電波の搬送波の周波数を f〔Hz〕，速度を c〔m/s〕とすると，周波数偏移 f_D〔Hz〕は，次式で表される．

$$f_D = \frac{v}{c} f \text{〔Hz〕} \qquad \cdots\cdots(2)$$

回転の角速度を ω〔rad/s〕とすると，速度 v は次式で表される．

$$v = r\omega = r \times 2\pi f_R \text{〔m/s〕} \qquad \cdots\cdots(3)$$

円周の直径 $2r$ を搬送波の波長 λ〔m〕の**5倍**に設定すると，

$$v = 5\lambda \pi f_R \text{〔m/s〕} \qquad \cdots\cdots(4)$$

周波数偏移 f_D は式 (2) に式 (1)，式 (4) を代入して，次式によって求めることができる．

$$f_D = \frac{v}{c} f = \frac{v}{\lambda}$$

$$= \frac{5\lambda \pi f_R}{\lambda} = 5\pi \times 30 \fallingdotseq 480 \text{〔Hz〕}$$

ただし，$\lambda = \dfrac{c}{f}$ である．

解答 問142→5　問143→3

問142 グライドパスは330〔MHz〕帯のUHF帯の電波が，ローカライザは110〔MHz〕帯のVHF帯の電波が，マーカビーコンは75〔MHz〕のVHF帯の電波が用いられる．VHF帯は30〜300〔MHz〕，UHF帯は300〜3,000〔MHz〕の周波数帯を表す．

ミニ解説

問題

問 144　　　　　　　　　　　　　　　　　　正解 ☐　完璧 ☐　✎ 直前CHECK ☐

次の記述は，図に示す航空用DME（距離測定装置）の原理的な構成例等について述べた
ものである．____内に入れるべき字句の正しい組合せを下の番号から選べ．

(1) 航空用DMEは，追跡の状態において，航行中の航空機に対し，既知の地点からの距離
情報を連続的に与える装置であり，使用周波数帯は，__A__帯である．

(2) 地上DME（トランスポンダ）は，航空機の機上DME（インタロゲータ）から送信され
た質問信号を受信すると，質問信号と__B__周波数の応答信号を自動的に送信する．

(3) トランスポンダは，複数の航空機からの質問信号に対し応答信号を送信する．このた
め，インタロゲータは，質問信号の発射間隔を__C__にし，自機の質問信号に対する応
答信号のみを安定に同期受信できるようにしている．

無線工学A　電波航法

	A	B	C
1	UHF	同一の	一定
2	UHF	異なる	一定
3	UHF	異なる	不規則
4	VHF	同一の	一定
5	VHF	同一の	不規則

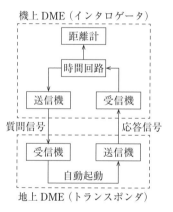

機上DME（インタロゲータ）

地上DME（トランスポンダ）

問 145　📖 解説あり!　　　　　　　　　　　　正解 ☐　完璧 ☐　✎ 直前CHECK ☐

図に示すように，ドプラレーダーを用いて移動体を前方30〔°〕の方向から測定したとき
のドプラ周波数が，1〔kHz〕であった．この移動体の移動方向の速度の値として，最も近
いものを下の番号から選べ．ただし，レーダーの周波数は10〔GHz〕とし，cos30〔°〕=0.9
とする．

1　60〔km/h〕
2　67〔km/h〕
3　70〔km/h〕
4　77〔km/h〕
5　80〔km/h〕

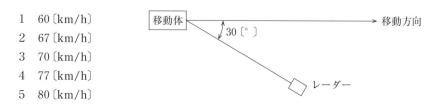

149

📖 解説➡️問145

移動体の速度を v〔m/s〕，測定角度を θ〔°〕，電波の周波数を f_0〔Hz〕，電波の速度を $c=3\times10^8$〔m/s〕とすると，ドプラ周波数 f_d〔Hz〕は，次式で表される．

$$f_d=\frac{2vf_0}{c}\cos\theta \text{〔Hz〕}$$

移動体の速度 v を求めると，次式で表される．

$$v=\frac{f_d c}{2f_0\cos\theta}$$

$$=\frac{1\times10^3\times3\times10^8}{2\times10\times10^9\times0.9}$$

$$=\frac{1}{6}\times10^2 \text{〔m/s〕}$$

時速〔km/h〕で表すと，次式となる．

$$v=\frac{1}{6}\times10^2\times3,600$$

$$=60\times10^3 \text{〔m/h〕}=60 \text{〔km/h〕}$$

 秒速の〔m/s〕を時速の〔km/h〕に直すために，1時間の秒数3,600を掛けて，〔m〕を〔km〕にするため1,000で割るので，3.6を掛けてもいいよ．

解答 問144➡️3　問145➡️1

 問144 DMEは一般にVORと同一の場所に設置して，距離および方位の測定に用いられる．DMEの使用周波数は，960～1,215〔MHz〕のUHF帯が用いられ，質問信号と応答信号の送信周波数には，一定の周波数差を持たせている．

次の記述は，ARSR（航空路監視レーダー）およびASR（空港監視レーダー）について述べたものである．　☐☐内に入れるべき字句の正しい組合せを下の番号から選べ．

(1) ARSRは，山頂などに設置され，半径約200海里（約370〔km〕）の範囲にある航空路を航行する航空機の位置を探知する．これで得た情報と，併設されたSSR（航空用2次監視レーダー）からの航空機の高度情報を組合わせることにより，航空機の位置を3次元的に把握することが可能である．

(2) ARSRおよびASRに用いられるMTI（移動目標指示装置）は，移動する航空機の反射波の位相などがドプラ効果によって変化することを利用しており，受信した物標からの反射パルスと，これを　A　に等しい時間だけ遅らせたものとの　B　をとると，山岳，地面および建物などの固定物標からの反射パルスを除去することができる．

(3) この方法は，原理的に反射パルスのドプラ周波数がパルスの繰返し周波数の　C　倍（n は正の整数）になるような速度を持つ移動物標からの反射パルスも除去されるので，その対策が必要である．

	A	B	C
1	パルスの繰返し周期	差	n
2	パルスの繰返し周期	積	$1/n$
3	パルス幅	差	n
4	パルス幅	差	$1/n$
5	パルス幅	積	n

受信した反射パルスと，次に受信する反射パルスが同じなら，動かない物標だと分かるね．それらの差を取るとなくなるよね．あるパルスと次のパルスまでの時間はパルスの繰返し周期だね．海里は，地球上の緯度1分に相当する長さで表され，1海里は1.852〔km〕だよ．

問題

航空機の対地高度計として搭載された FM - CW レーダー（電波高度計）の送信波と受信波（反射波）の周波数差Δfが 10〔kHz〕であった．この航空機の対地高度の値として，最も近いものを下の番号から選べ．ただし，送信波は，図に示すように，100〔Hz〕の三角波で変調されたものであり，4,250 ~ 4,350〔MHz〕の間を変化するものとする．

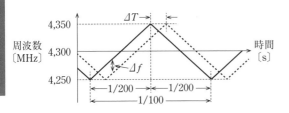

―――：送信波
········：受信波（反射波）
Δf：送信波と受信波（反射波）の周波数差
ΔT：送信された電波が受信されるまでの時間

1　　20〔m〕

2　　50〔m〕

3　　75〔m〕

4　100〔m〕

5　150〔m〕

衛星通信回線における総合の搬送波電力対雑音電力比（C/N）の値として，正しいものを下の番号から選べ．ただし，雑音は，アップリンク熱雑音電力，ダウンリンク熱雑音電力，システム間干渉雑音電力およびシステム内干渉雑音電力のみとし，搬送波電力対雑音電力比は，いずれも 20〔dB〕とする．また，各雑音は，相互に相関を持たないものとし，$\log_{10}2=0.3$とする．

1　8〔dB〕　　　2　10〔dB〕　　　3　12〔dB〕　　　4　14〔dB〕　　　5　16〔dB〕

 問146→1

問題

次の記述は，図に示す衛星通信地球局の構成例について述べたものである．☐☐内に入れるべき字句を下の番号から選べ．

(1) 送信系の大電力増幅器（HPA）として，クライストロンは以前から用いられてきたが，現在では，進行波管（TWT）などが用いられている．TWTは，クライストロンに比べて使用可能な周波数帯域幅が ☐ ア ☐ ．

(2) アンテナを天空に向けたときの等価雑音温度は，通常，地上に向けたときと比べて ☐ イ ☐ なる．受信系の等価雑音温度をアンテナ系の等価雑音温度に近づけることにより，利得対雑音温度比（G/T）を改善できる．このため，受信系の低雑音増幅器には，☐ ウ ☐ や HEMT などが用いられている．

(3) 送信系および受信系において良好な周波数変換を行うため，☐ エ ☐ が高く，位相雑音のレベルが低い特性の局部発振器が用いられ，周波数を混合した後で，帯域フィルタ（BPF）で必要な周波数成分だけを取り出す際に，不要な周波数成分が出力されないようにする．また，☐ オ ☐ をするように入出力のレベルを適切な値に設計し，相互変調積などが発生しないようにする．

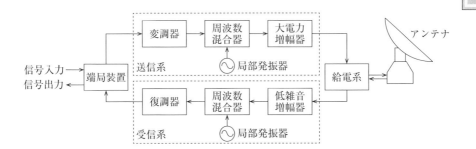

1	広い	2	高く	3	PIN ダイオード		
4	出力インピーダンス	5	線形動作	6	狭い	7	低く
8	GaAsFET	9	周波数安定度	10	非線形動作		

📖 解説 ➜ 問147

送信波と受信波の周波数差を $\Delta f = 10 \,$〔kHz〕，発射電波の周波数の変化を $f = 4,350 -$
$4,250 = 100$〔MHz〕，周波数が変化する時間を T〔s〕，送信電波が受信されるまでの時間
を ΔT〔s〕とすると，次式が成り立つ．

$$\frac{\Delta T}{T} = \frac{\Delta f}{f}$$

問題図より，$T = 1 / 200$〔s〕となるので，ΔT は次式によって求めることができる．

$$\Delta T = \frac{\Delta f}{f} T = \frac{10 \times 10^3}{100 \times 10^6} \times \frac{1}{200} = \frac{1}{2 \times 10^6} \,\text{〔s〕}$$

ΔT は速度 $c = 3 \times 10^8$〔m/s〕の電波が大地に反射して往復する時間なので，航空機の
高度 h〔m〕は，次式で表される．

$$h = \frac{c \Delta T}{2} = \frac{3 \times 10^8}{2} \times \frac{1}{2 \times 10^6} = \frac{300}{4} = 75 \,\text{〔m〕}$$

📖 解説 ➜ 問148

衛星通信回線におけるアップリンク熱雑音電力を N_U，ダウンリンク熱雑音電力を N_D，
システム間干渉雑音電力を N_S，システム内干渉雑音電力を N_I とする．各雑音には，相関
性がないという条件より，総合の雑音電力はそれらの和によって求めることができる．

各 $\dfrac{C}{N} = 100$（20〔dB〕の真数）は分かっているが，各雑音電力は与えられていないので，
$\dfrac{C}{N}$ の逆数の和をとることにより雑音電力の和を求めることができる．総合の搬送波電力
対雑音電力比を $\dfrac{C}{N_T}$（真数）とすると，次式が成り立つ．

$$\frac{N_T}{C} = \frac{N_U}{C} + \frac{N_D}{C} + \frac{N_S}{C} + \frac{N_I}{C}$$

$$= \frac{1}{100} + \frac{1}{100} + \frac{1}{100} + \frac{1}{100} = \frac{4}{100}$$

よって，総合の搬送波電力対雑音電力比を dB 値で表すと，

$$10 \log_{10} \frac{C}{N_T} = 10 \log_{10} \frac{100}{4} = 10 \log_{10} 10^2 - 10 \log_{10} 2^2 = 20 - 6 = 14 \,\text{〔dB〕}$$

解答 問147➜3　問148➜4　問149➜ア-1　イ-7　ウ-8　エ-9　オ-5

　次の記述は，衛星通信システムで用いられる周波数分割多元接続（FDMA）方式について述べたものである．□□□内に入れるべき字句の正しい組合せを下の番号から選べ．

(1) 送信地球局では，割り当てられた周波数を用いて信号を伝送するので，通常，隣接するチャネル間の衝突が生じないように，□ A □を設ける．

(2) 送信地球局では，割り当てられた周波数を用いて信号を伝送し，受信地球局では，□ B □により相手を識別して自局向けの信号を取り出す．

(3) 一つの中継器で複数の搬送波を同時に増幅するときの非線形増幅の影響を軽減するには，入力バックオフを□ C □するなどの方法がある．

	A	B	C
1	ガードタイム	タイムスロット	大きく
2	ガードタイム	周波数	小さく
3	ガードバンド	周波数	小さく
4	ガードバンド	タイムスロット	小さく
5	ガードバンド	周波数	大きく

　次の記述は，衛星通信システムに用いられる時分割多元接続（TDMA）方式について述べたものである．□□□内に入れるべき字句の正しい組合せを下の番号から選べ．

(1) 衛星に搭載した一つの中継器を複数の地球局が時分割で使用するため，□ A □の時間幅のフレームを分割したスロットを各地球局に割り当てる．

(2) 地球局は，□ B □と呼ばれる自局の信号を与えられたスロットの時間内に収めて送出する．

(3) 各地球局から送られる送信信号が衛星上で重ならないように，各地球局の□ C □を制御する必要がある．

	A	B	C
1	任意	インターリーブ	送信タイミング
2	任意	バースト	周波数
3	一定	インターリーブ	周波数
4	一定	インターリーブ	送信タイミング
5	一定	バースト	送信タイミング

次の記述は，多元接続を用いた衛星通信システムの回線の割当て方式について述べたものである．　□□□内に入れるべき字句の正しい組合せを下の番号から選べ．

(1) 回線割当て方式である　A　方式は，総伝送容量を固定的に分割し，各地球局間に定められた容量の回線を固定的に割り当てる方式であり，局間の伝送すべきトラヒックが　B　場合に有効な方式である．

(2) 各地球局から要求（電話の場合は呼）が発生するたびに回線を設定する方式は，　C　方式といい，　D　通信容量の多数の地球局が単一中継器を共同使用する場合に有効な方式である．

	A	B	C	D
1	デマンドアサイメント	一定の	プリアサイメント	小さな
2	デマンドアサイメント	一定の	プリアサイメント	大きな
3	デマンドアサイメント	変動している	プリアサイメント	大きな
4	プリアサイメント	一定の	デマンドアサイメント	小さな
5	プリアサイメント	変動している	デマンドアサイメント	小さな

プリ (pre-) は「あらかじめ」，アサイメント (assignment) は「割当」の意味だよ．デマンド (demand) は「要求」の意味だよ．

正解 □ 完璧 □ 直前 CHECK □

次の記述は，静止衛星を用いた通信システムの多元接続方式について述べたものである．□内に入れるべき字句を下の番号から選べ．

(1) 時分割多元接続 (TDMA) 方式は，時間を分割して各地球局に回線を割り当てる方式である．各地球局から送られる送信信号が衛星上で重ならないように，各地球局の ア を制御する必要がある．

(2) 周波数分割多元接続 (FDMA) 方式は，周波数を分割して各地球局に回線を割り当てる方式である．送信地球局では，割り当てられた周波数を用いて信号を伝送するので，通常，隣接するチャネル間の干渉が生じないように，イ 設ける．

(3) 符号分割多元接続 (CDMA) 方式は，同じ周波数帯を用いて各地球局に特定の符号列を割り当てる方式である．送信地球局では，この割り当てられた符号列で変調し，送信する．受信地球局では，送信側と ウ 符号列で受信信号との相関をとり，自局向けの信号を取り出す．

(4) SCPC方式は，送出する一つのチャネルに対して エ の搬送波を割り当て，一つの中継器の帯域内に複数の異なる周波数の搬送波を等間隔に並べる方式で，オ 一つである．

1　ガードバンドを　　2　ガードタイムを　　3　異なる　　　　　　4　同じ
5　周波数分割多元接続 (FDMA) 方式の　　6　送信タイミング
7　周波数　　8　一つ　　9　複数　　10　時分割多元接続 (TDMA) 方式の

 SCPC方式は，Single Channel Per Carrier の略語で一つのチャネルごとに一つの搬送波を割り当てる方式だよ．

無線工学A　衛星通信

　次の記述は，SCPC方式の衛星通信の中継器などに用いられる電力増幅器について述べたものである．　☐☐内に入れるべき字句を下の番号から選べ．なお，同じ記号の☐☐内には，同じ字句が入るものとする．

(1) 電力効率を良くするために増幅器が ☐ ア ☐ 領域で動作するように設計されていると，相互変調積が生じて信号と異なる周波数帯の成分が生ずる．このため，単一波を入力したときの飽和出力電力に比べて，複数波を入力したときの帯域内の各波の飽和出力電力の ☐ イ ☐．

(2) 増幅器の動作点の状態を示す入力バックオフは，単一波を入力したときの飽和 ☐ ウ ☐ P_1 〔W〕と複数波の全入力電力 P_2 〔W〕との比 P_1/P_2 をデシベルで表したものである．

(3) 相互変調積などの影響を軽減するには，入力バックオフを ☐ エ ☐ することなどがある．

(4) しかし，あまり入力バックオフを ☐ エ ☐ してしまうと，中継器の ☐ オ ☐ を低下させてしまう．

1　線形	2　非線形	3　入力電力	4　出力電力
5　帯域外放射特性	6　総和は増加する	7　総和は減少する	
8　大きく	9　小さく	10　電力利用効率	

　飽和しているのは非線形領域だね．非線形領域はひずみが発生するので相互変調積も発生するよ．入力バックオフは飽和電力と動作電力をデシベルで表したときのレベル差だから，大きい方が動作電力が小さくなり，ひずみも小さくなるけど，効率は低下するよ．

解答 問152➜4　問153➜ア−6　イ−1　ウ−4　エ−8　オ−5

問 155 正解 ☐ 完璧 ☐ ✎ 直前 CHECK ☐

次の記述は，図に示す GPS（全世界測位システム）の測位原理について述べたものである．☐☐☐☐内に入れるべき字句の正しい組合せを下の番号から選べ．

(1) GPS 衛星と受信点 P の GPS 受信機との間の距離は，GPS 衛星から発射した電波が，受信点 P の GPS 受信機に到達するまでに要した時間 t を測定すれば，t と電波の伝搬速度 c との積から求められる．

(2) 通常，GPS 受信機の時計の時刻は，GPS 衛星の時計の時刻に対して誤差があり，GPS 衛星と GPS 受信機の時計の時刻の誤差を t_d とすると擬似距離 r_1 と S_1 の位置（x_1, y_1, z_1）および受信点 P の位置（x_0, y_0, z_0）は，$r_1 =$ ☐ A ☐ の関係が成り立つ．

(3) (2) と同様に受信点 P と他の衛星 S_2，S_3 および S_4 との擬似距離 r_2，r_3 および r_4 を求めて 4 元連立方程式を立てれば，各 GPS 衛星からの航法データに含まれる軌道情報から S_1，S_2，S_3 および S_4 の位置は既知であるため，四つの未知変数（x_0, y_0, z_0, t_d）を求めることができる．このように三次元の測位を行うためには，少なくとも ☐ B ☐ 個の衛星の電波を受信する必要がある．

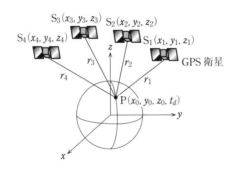

	A	B
1	$\sqrt{(x_0 - x_1)^2 - (y_0 - y_1)^2 - (z_0 - z_1)^2} + t_d \times c$	4
2	$\sqrt{(x_0 - x_1)^2 + (y_0 - y_1)^2 + (z_0 - z_1)^2} + t_d \times c$	3
3	$\sqrt{(x_0 - x_1)^2 + (y_0 - y_1)^2 + (z_0 - z_1)^2} + t_d \times c$	4
4	$\sqrt{(x_0 + x_1)^2 - (y_0 + y_1)^2 - (z_0 + z_1)^2} + t_d \times c$	4
5	$\sqrt{(x_0 + x_1)^2 - (y_0 + y_1)^2 - (z_0 + z_1)^2} + t_d \times c$	3

問題

次の記述は，パルス符号変調（PCM）方式において生ずる雑音について述べたものである．このうち誤っているものを下の番号から選べ．

1　折返し雑音は，入力信号の帯域制限が不十分なとき生ずる．
2　補間雑音を生じさせないためには，原理的に標本化パルス列の復調に理想的な特性の低域フィルタ（LPF）が必要である．
3　量子化雑音による回線品質を表す信号対量子化雑音比（S/N_Q）の値は，量子化ステップ数が増えれば大きくなる．
4　周波数が28〔kHz〕の単一正弦波を標本化周波数が48〔kHz〕の標本化回路に入力し，その出力を24〔kHz〕の理想的な低域フィルタ（LPF）に通したとき，原理的に低域フィルタ（LPF）の出力に生ずる折返し雑音の周波数は，22〔kHz〕である．
5　アパーチャ効果は，標本化パルスのパルス幅が有限の値を持つために生ずる．アパーチャ効果が生ずると，標本化パルス列に含まれるアナログ信号の高域の周波数成分が減衰する．

標本化周波数が48〔kHz〕の標本化回路では，標本化周波数の上下に信号波の側波が発生するよ．信号波が48/2＝24〔kHz〕より高いと重なるよね．それが折返し雑音だよ．

問 157　　　　　　　　　　　　　　正解 [　] 完璧 [　] ✎ 直前CHECK [　]

　次の記述は，雑音が重畳している BPSK (2 PSK) 信号を理想的に同期検波したときに発生するビット誤り等について述べたものである．　[　]　内に入れるべき字句の正しい組合せを下の番号から選べ．ただし，BPSK 信号を識別する識別回路において，図のように符号が "0" のときの平均振幅値を A〔V〕，"1" のときの平均振幅値を $-A$〔V〕として，分散が σ^2〔W〕で表されるガウス分布の雑音がそれぞれの信号に重畳しているとき，符号が "0" のときの振幅 x の確率密度を表す関数を $P_0(x)$，"1" のときの振幅 x の確率密度を表す関数を $P_1(x)$ およびビット誤り率を P とする．

(1) 図に示すように，雑音がそれぞれの信号に重畳しているときの振幅の正負によって，符号が "0" か "1" かを判定するものとするとき，ビット誤り率 P は，符号 "0" と "1" が現れる確率を $1/2$ ずつとすれば，判定点 ($x=0$〔V〕) からはみ出す面積 P_0 および P_1 により次式から算出できる．　　$P=(1/2) \times (\boxed{\text{A}})$

(2) 誤差補関数 (erfc) を用いると P は，$P=(1/2) \times \{\text{erfc}(A/\sqrt{2\sigma^2})\}$ で表せる．同式中の $(A/\sqrt{2\sigma^2})$ は，$(\sqrt{A^2/(2\sigma^2)})$ であり，A^2 と σ^2 は，それぞれベースバンドにおける信号電力と雑音電力であるから，それらの比である SNR (真数) を用いて $(\sqrt{A^2/(2\sigma^2)})$ を表すと，$(\boxed{\text{B}})$ となる．また，この SNR を搬送波周波数帯における搬送波電力と雑音電力の比である CNR と比較すると理論的に CNR の方が $\boxed{\text{C}}$〔dB〕低い値となる．

無線工学A　伝送方式

	A	B	C
1	P_0+P_1	$\sqrt{2SNR}$	6
2	P_0+P_1	$\sqrt{SNR/2}$	3
3	P_0+P_1	$\sqrt{SNR/2}$	6
4	$P_0 \times P_1$	$\sqrt{2SNR}$	3
5	$P_0 \times P_1$	$\sqrt{SNR/2}$	6

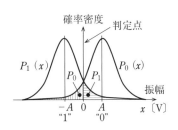

σはギリシャ文字で「シグマ」と読むよ．
数学の標準偏差に使われる記号だね．

問題

　次の記述は，図に示す移動通信などのデータ伝送の誤り制御方式の一つである自動再送要求（ARQ）に用いる巡回冗長検査符号（CRC）方式の手順について述べたものである．□内に入れるべき字句を下の番号から選べ．ただし，生成多項式を G とする．なお，同じ記号の□内には，同じ字句が入るものとする．

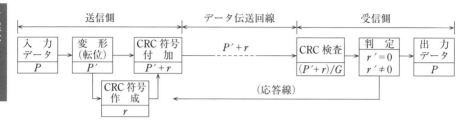

(1) 送信側の入力データ P を変形したデータ P' は，P に G の □ア□ の項を掛けたものである．

(2) 送信側の CRC符号 r は，□イ□で割ったときの□ウ□であり，これを P' に付加した $P'+r$ を表すデータのビット列を作り伝送する．

(3) 受信側で CRC検査を行って得た符号 r' は，伝送されてきた $P'+r$ を送信側と同じ生成多項式 G で割ったときの□ウ□である．

(4) 受信側では，伝送された符号が，□エ□であれば良好，そうでなければ不良と判定し，送信側に応答する．

(5) CRC方式は，受信側の演算操作が割り算だけでよく，□オ□を用いて容易に処理することができる．

1　最低次	2　剰余	3　カウンタ	4　$r' \neq 0$	5　P' を G
6　最高次	7　商	8　シフトレジスタ	9　$r' = 0$	10　G を P'

問題

問 159　正解 ☐　完璧 ☐　✎ 直前CHECK ☐

次の記述は，デジタル信号の伝送時に用いられる符号誤り訂正等について述べたものである．☐内に入れるべき字句を下の番号から選べ．

(1) 帯域圧縮などの情報源符号化処理により，デジタル信号に変換された映像，音声，データ等の送信情報を伝送する場合，他の信号の干渉，熱雑音，帯域制限および非線形などの影響により，信号を構成する符号の伝送誤りが発生し，デジタル信号の情報が正しく伝送できないことがある．このため，送信側では，☐ア☐により誤り制御符号としてデジタル信号に適当なビット数のデータ（冗長ビット）を付加し，受信側の☐イ☐ではそれを用いて，誤りを訂正あるいは検出するという方法がとられる．

(2) 伝送するデジタル信号系列を k ビットごとのブロックに区切り，それぞれのブロックを $i = (i_1, i_2, \cdots i_k)$ とすると，符号器では，i に $(n-k)$ ビットの冗長ビットを付加して長さ n ビットの符号語 $c = (i_1, i_2, \cdots i_k, p_1, p_2, \cdots p_{n-k})$ をつくる．ここで，$i_1, i_2, \cdots i_k$ を情報ビット，$p_1, p_2, \cdots p_{n-k}$ を誤り検査ビット（チェックビット）と呼び，n を符号長，☐ウ☐を符号化率という．また，チェックビットは，情報ビットの関数として定まり，あるブロックのチェックビットが☐エ☐関数として定まる符号をブロック符号，☐オ☐関数として定まる符号を畳み込み符号と呼ぶ．

1　直交変調器　　　　　　　　2　符号器
3　k/n　　　　　　　　　　　4　過去にわたる複数の情報ビットの
5　復号器　　　　　　　　　　6　直交検波器
7　$(n-k)/n$　　　　　　　　8　同じブロックの情報ビットだけの
9　ナイキストフィルタの伝達　10　伝送路の伝達

問 160　正解 ☐　完璧 ☐　✎ 直前CHECK ☐

均一量子化を行うパルス符号変調（PCM）通信方式において，量子化のビット数を1ビット増やしたときの信号対量子化雑音比（S/N_Q）の改善量の値として，正しいものを下の番号から選べ．ただし，信号電圧の振幅の発生する確率分布は，振幅を分割した区間内で一様であり，量子化雑音は，周波数に関係なく一様な分布とする．

1　6〔dB〕　　　2　8〔dB〕　　　3　10〔dB〕　　　4　12〔dB〕　　　5　18〔dB〕

次の記述は，地上系マイクロ波 (SHF) 多重回線の中継方式について述べたものである．□□□内に入れるべき字句を下の番号から選べ．

(1) 2周波方式による中継方式においては，中継ルートを ア に設定し，アンテナの イ を利用することによって，オーバーリーチ干渉を軽減できる．

(2) ウ 中継方式は，受信波を中間周波数に変換して増幅した後，再度マイクロ波に変換して送信する方式であり，信号の変復調回路を持たない．

(3) 再生中継方式は，復調した信号から元の符号パルスを再生した後，再度変調して送信するため，波形ひずみ等が累積 エ ．

(4) オ 中継方式は，送受アンテナの背中合わせや反射板による方式で，近距離の中継区間の障害物回避等に用いられる．

1　直線　　　2　非再生 (ヘテロダイン)　　3　直接　　4　パケット　　5　無給電
6　ジグザグ　7　入力インピーダンス　　　　8　指向性　9　されない　10　される

問 162　　　　　　　　　　　　　　正解 ☐　完璧 ☐　✐ 直前CHECK ☐

　次の記述は，デジタル移動体通信に用いる変調方式について述べたものである．☐☐
内に入れるべき字句の正しい組合せを下の番号から選べ．なお，同じ記号の☐☐内には，
同じ字句が入るものとする．

(1) GMSK方式は，☐ A ☐フィルタにより帯域制限したNRZ信号系列を変調ベースバンド
　　信号として，変調指数0.5でFSK変調したものであり，MSK方式よりさらに狭帯域化が
　　実現されている．また，☐ B ☐が一定であるため，電力増幅器にC級増幅器が使える．
(2) π/4シフトQPSK方式は，同一の情報系列の場合でも必ずπ/4〔rad〕の☐ C ☐が加え
　　られるため，同一シンボルが連続してもQPSKに比べてタイミング再生が容易である．
　　また，☐ B ☐変動が緩和される．

	A	B	C
1	ロールオフ	位相	同期パルス
2	ロールオフ	振幅	位相遷移
3	ガウス	振幅	位相遷移
4	ガウス	位相	同期パルス
5	ガウス	位相	位相遷移

> GMSK（Gaussian Minimum Shift Keying）に用いられるのは，ガウス関数を用い
> たフィルタだよ．C級増幅は振幅ひずみが大きいので，周波数変調などの振幅が一
> 定な被変調波の増幅には用いられるけど，振幅成分がある振幅変調などの被変調波
> の増幅には用いられないよ．

次の記述は，図に示す矩形波パルス列とその振幅スペクトルについて述べたものである．□□□内に入れるべき字句の正しい組合せを下の番号から選べ．ただし，矩形波パルスのパルス幅を T_P〔s〕，振幅を E〔V〕，繰り返し周期を T〔s〕とする．

(1) 矩形波パルス列の直流成分は Ef_0T_P〔V〕であり，基本周波数 f_0 の整数倍の周波数成分をもつ振幅スペクトルの包絡線 $G(f)$ は，周波数を f〔Hz〕として，$G(f)=(2Ef_0T_P)\times$ 　A 　〔V〕で表せる．

(2) 図は，$(T/T_P)=5$ のときの矩形波パルス列とその振幅スペクトルを示している．$G(f)$ の大きさが最初に零（ヌル点）になるのは，周波数 $f_z=$ 　B 　のときである．

(3) T_P の値が同一で T の値を大きくしていくと振幅スペクトルの周波数間隔は 　C 　なっていく．

	A	B	C
1	$\dfrac{\sin(\pi f T_P)}{\pi f T_P}$	$1/T_P$〔s〕	狭く
2	$\dfrac{\sin(\pi f T_P)}{\pi f T_P}$	$5/T_P$〔s〕	狭く
3	$\dfrac{\sin(\pi f T_P)}{\pi f T_P}$	$5T_P$〔s〕	狭く
4	$\dfrac{\pi f T_P}{\sin(\pi f T_P)}$	$5/T_P$〔s〕	広く
5	$\dfrac{\pi f T_P}{\sin(\pi f T_P)}$	$1/T_P$〔s〕	広く

問題

問 164

正解 □　完璧 □　✎ 直前 CHECK □

次の記述は，WiMAXと呼ばれ，法令等で規定された我が国の直交周波数分割多元接続方式広帯域移動無線アクセスシステムについて述べたものである．誤っているものを下の番号から選べ．なお，このシステムは，オールIPベースのネットワークに接続することを前提とし，公衆向けの広帯域データ通信サービスを行うための無線アクセスシステムである．

1　2.5〔GHz〕帯の電波が利用されている．

2　使用帯域幅によって異なるサブキャリア間隔にするスケーラブルOFDMが採用されている．これにより，システムの使用帯域幅が変わっても高速移動の環境で生じるドプラ効果の影響をどの帯域幅でも同一とすることが可能である．

3　OFDMを使用したWiFiと呼ばれる無線LAN（小電力データ通信システム）と比較すると，WiMAXはOFDMのサブキャリア数が多いため，長距離および見通し外通信などにおけるマルチパス伝搬環境下で高速なデータ伝送が可能である．

4　通信方式は，一般に周波数の有効利用の面で有利な時分割複信（TDD）方式が規定されている．

5　変調方式は，BPSK，QPSK，16 QAM，64 QAMが規定されている．また，電波の受信状況などに応じて，変調方式を選択して対応する適応変調が可能である．

問 165

正解 □　完璧 □　✎ 直前 CHECK □

次の記述は，デジタル無線方式に用いられるフェージング補償（対策）技術について述べたものである．　□　内に入れるべき字句を下の番号から選べ．なお，同じ記号の□　内には，同じ字句が入るものとする．

(1) フェージング対策用の自動等化器には，大別すると，　ア　領域で等化を行うものと　イ　領域で等化を行うものがある．

(2) 　ア　領域の等化は，等化器の特性をフェージングによる伝送路の伝達関数と　ウ　となるようにし，復調前の段階で振幅および遅延周波数特性を補償する．

(3) トランスバーサル自動等化器などによる　イ　領域の等化は，　エ　の軽減に効果がある．

(4) スペースダイバーシティおよび周波数ダイバーシティなどのダイバーシティ方式は，同時に回線品質が劣化する確率が　オ　二つ以上の通信系を用意し，その出力を選択または合成することによってフェージングの影響を軽減する．

1　周波数　　2　近傍　　3　同じ特性　　4　符号間干渉　　5　小さい

6　時間　　7　遠方　　8　逆の特性　　9　トラヒック　　10　大きい

問 166　📖 解説あり！　　　　正解 ☐　完璧 ☐　✏直前CHECK ☐

◀ 解答

次の記述は，スペクトル拡散（SS）通信方式の一つである直接拡散（DS）方式について述べたものである．このうち正しいものを 1，誤っているものを 2 として解答せよ．

ア　送信系で拡散符号により情報を広帯域に一様に拡散し電力スペクトル密度の高い雑音状にするため，信号の存在を検知するのが容易である．

イ　送信系で拡散処理により広帯域化されたデジタル信号は，受信系において，送信系と異なる擬似雑音符号を用いた逆拡散処理により，元の狭帯域のデジタル信号に復元される．

ウ　直接波とマルチパス波を受信したときの時間差が，擬似雑音符号のチップ幅（chip duration）より長いときは，マルチパス波の影響を受けにくい．

エ　各通信チャネルごとに異なる擬似雑音符号を用いることにより，同一の周波数帯域を共有して多元接続ができる．

オ　広帯域の受信波に混入した狭帯域の妨害波は，逆拡散処理により平均電力スペクトル密度が大きくなり妨害を与える．

解答　問163➡1　問164➡2　問165➡ア−1　イ−6　ウ−8　エ−4　オ−5

ミニ解説

問163　$G(f)$ の式において，$G(f)$ は sin 関数なので周期的に零になるが，最初に $\sin(\pi f T_P) = 0$ になるヌル点 f_z は，$\pi f_z T_P = \pi$ のときなので，$f_z = 1/T_P$ となる．$T = 1/f_0 = nT_P$ の関係があるので，T_P の値が同一で T を大きくしていくと n は大きくなり，f_0 が小さくなってスペクトルの周波数間隔は狭くなる．

問164　2　使用帯域幅にかかわらず**サブキャリア間隔を一定にする**スケーラブル OFDM が採用されている．これにより，システムの使用帯域幅が変わっても高速移動の環境で生じるドプラ効果の影響をどの帯域幅でも同一とすることが可能である．

　図に示す抵抗素子 R_1〔Ω〕および R_2〔Ω〕で構成される同軸形抵抗減衰器において，減衰量を 14〔dB〕にするための抵抗素子 R_2 の値を表す式として，正しいものを下の番号から選べ．ただし，同軸形抵抗減衰器の入力端には出力インピーダンスが Z_0〔Ω〕の信号源，出力端には Z_0〔Ω〕の負荷が接続され，いずれも整合しているものとする．また，Z_0 は純抵抗とし，$\log_{10} 2 = 0.3$ とする．

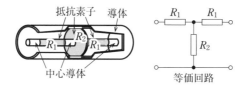

抵抗素子　導体

中心導体

等価回路

1　$2Z_0/3$〔Ω〕

2　$4Z_0/7$〔Ω〕

3　$4Z_0/9$〔Ω〕

4　$5Z_0/14$〔Ω〕

5　$5Z_0/12$〔Ω〕

電圧比の 2 倍は 6〔dB〕，10 倍は 20〔dB〕だよ．14〔dB〕は，20－6＝14〔dB〕だから真数は 10÷2＝5 倍だね．減衰量は－14〔dB〕と表すので，1/5 倍だよ．
R_2 を求める問題だけど，R_1 の値も分からないので式を二つ作って連立方程式を解かないと答えが出ないよ．

📖 解説→問166

誤っている選択肢は，正しくは次のようになる.

ア　送信系で拡散符号により情報を広帯域に一様に拡散し電力スペクトル密度の**低い**雑音状にするため，信号の存在を検知するのが**難しい**.

イ　送信系で拡散処理により広帯域化されたデジタル信号は，受信系において，送信系と**同一の擬似雑音符号を用いた逆拡散処理により**，元の狭帯域のデジタル信号に復元される.

オ　広帯域の受信波に混入した狭帯域の妨害波は，逆拡散処理により**広帯域化されるの**で，受信波への影響は拡散比に応じて**軽減される**.

▼解答

📖 解説→問167

抵抗減衰器を入力側から見たインピーダンスと入力インピーダンスが整合しているので，次式が成り立つ.

$$Z_0 = R_1 + \frac{R_2 \times (R_1 + Z_0)}{R_2 + (R_1 + Z_0)} \ [\Omega] \qquad \cdots\cdots(1)$$

電圧の減衰量が $n_{dB} = -14$ 〔dB〕の真数を n とすると，

$$n_{dB} = -14 = 20 \log_{10} n$$

$$-\frac{14}{20} = -0.7 = -1 + 0.3 = \log_{10} 10^{-1} + \log_{10} 2 = \log_{10} \frac{2}{10}$$

よって，$n = \dfrac{1}{5}$

となり，入出力インピーダンスが同じだから，解説図のように電流の減衰量も同じ値になる.よって，電流の比より次式が成り立つ.

$$\frac{I_2}{I_1} = \frac{1}{5} = \frac{R_2}{R_2 + R_1 + Z_0} \qquad \cdots\cdots(2)$$

$$R_2 + R_1 + Z_0 = 5R_2$$

よって，$R_1 = 4R_2 - Z_0 \qquad \cdots\cdots(3)$

式 (1) に式 (3) を代入すると，次式で表される.

$$Z_0 = 4R_2 - Z_0 + \frac{R_2 \times (4R_2 - Z_0 + Z_0)}{R_2 + (4R_2 - Z_0 + Z_0)} \ [\Omega] \qquad \cdots\cdots(4)$$

$$2Z_0 = 4R_2 + \frac{R_2 \times 4R_2}{5R_2} = \frac{20R_2 + 4R_2}{5} = \frac{24R_2}{5}$$

よって，$R_2 = \dfrac{5Z_0}{12} \ [\Omega]$

$$I_2 = \frac{1}{R_1 + Z_0} \times \frac{R_2(R_1 + Z_0)}{R_2 + R_1 + Z_0} I_1$$

$$\frac{V_2}{V_1} = \frac{I_2 Z_0}{I_1 Z_0} = \frac{I_2}{I_1}$$

問題

　次の記述は，図に示す帰還形パルス幅変調方式を用いたデジタル電圧計の原理的な動作等について述べたものである．□□内に入れるべき字句を下の番号から選べ．ただし，入力電圧を$+E_i$〔V〕，周期T〔s〕の方形波クロック電圧を$\pm E_C$〔V〕，基準電圧を$+E_S$，$-E_S$〔V〕，積分器出力電圧（比較器入力電圧）をE_O〔V〕とする．また，R_1の抵抗値はR_2の抵抗値と等しいものとし，回路は理想的に動作するものとする．なお，同じ記号の□□内には，同じ字句が入るものとする．

(1) $+E_i$，$\pm E_C$ および比較器出力により交互に切り換えられる$+E_S$，$-E_S$は，共に積分器に加えられる．比較器は，積分器出力E_Oを零レベルと比較し，$E_O>0$のときには$+E_S$が，$E_O<0$のときには$-E_S$が，それぞれ積分器に負帰還されるようにスイッチ（SW）を駆動する．

(2) SW が$+E_S$側または$-E_S$側に接している期間は，　ア　電圧の大きさによって変化し，その1周期にわたる平均値が，ちょうど　ア　電圧と打ち消しあうところで平衡状態になる．すなわち，SW を開閉するパルスが　ア　電圧によってパルス幅変調を受けたことになる．SW が$+E_S$側に接している期間を図2に示す　イ　〔s〕，$-E_S$側に接している期間を図2に示す　ウ　〔s〕とすれば，平衡状態では，次式が成り立つ．

$$T \times E_i = (T_2 - T_1) \times \boxed{} \qquad \cdots\cdots ①$$

(3) ①式で，E_iは，$(T_2 - T_1)$に比例するので，例えば，$(T_2 - T_1)$の時間を計数回路でカウントすれば，E_iをデジタル的に表示できる．この方式の確度を決める最も重要な要素は，原理的に$+E_S$，$-E_S$と　オ　である．

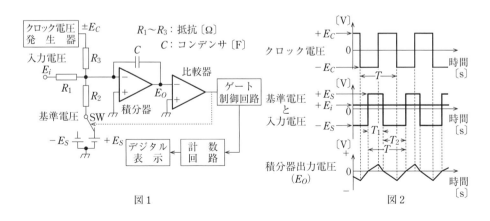

図1　　　　　　　　　　　　　　　　　図2

1	クロック	2	T_1	3	T_2	4	E_C	5	C
6	入力	7	$2T_1$	8	$2T_2$	9	E_S	10	R_1, R_2

問 169 📖 解説あり! 　　　　　　　　　正解 ☐ 完璧 ☐ ✏ 直前CHECK ☐

　真の立ち上がり時間 8 〔ns〕のパルス波形を立ち上がり時間が 6 〔ns〕のオシロスコープを用いて測定したとき, スコープ上のパルス波形の立ち上がり時間の測定値として, 最も近いものを下の番号から選べ.

1　12〔ns〕

2　10〔ns〕

3　　8〔ns〕

4　　5〔ns〕

5　　3〔ns〕

> 真の立ち上がり時間 T_p, オシロスコープの立ち上がり時間 T_s のとき, 測定値 T〔ns〕は次の式だよ.
> $$T = \sqrt{T_p{}^2 + T_s{}^2}$$

問 170 📖 解説あり! 　　　　　　　　　正解 ☐ 完璧 ☐ ✏ 直前CHECK ☐

　図 1 に示す被測定増幅器に方形波信号を加え, その出力をオシロスコープで観測したところ, 図 2 に示すような測定結果が得られた. この被測定増幅器の高域遮断周波数の値として, 最も近いものを下の番号から選べ. ただし, 入力波形は理想的な方形波とする. また, 被測定増幅器の高域における周波数特性は 6 〔dB/oct〕で減衰し, 低域遮断周波数は入力信号の最低周波数より十分低く, パルス頂部の傾斜 (サグ) は発生しないものとする.

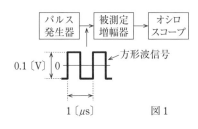

図 1

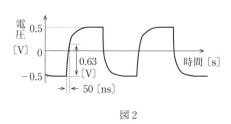

図 2

1　$\dfrac{5}{\pi}$〔MHz〕　　2　$\dfrac{10}{\pi}$〔MHz〕　　3　$\dfrac{15}{\pi}$〔MHz〕　　4　$\dfrac{20}{\pi}$〔MHz〕　　5　$\dfrac{21}{\pi}$〔MHz〕

解答 **問168→** ア−6　イ−2　ウ−3　エ−9　オ−10

問題

問 171 　　　　　　　　　　　　　正解 ☐ 完璧 ☐ ✎ 直前CHECK ☐

次の記述は，図に示す原理的構成例のフラクショナル N 型 PLL 周波数シンセサイザの動作原理について述べたものである．☐☐☐☐内に入れるべき字句の正しい組合せを下の番号から選べ．ただし，N は正の整数とし，T_N は N 分周する期間を，T_{N+1} は $(N+1)$ 分周する期間とする．

(1) この PLL 周波数シンセサイザは，基準周波数 f_{ref}〔Hz〕よりも細かい周波数分解能（周波数ステップ）を得ることができる．また，周期的に二つの整数値の分周比を切り替えることで，非整数による分周比を実現しており，平均の VCO の周波数 f_O〔Hz〕は，$f_O = [N + \{T_{N+1}/(T_N + T_{N+1})\}] f_{ref}$〔Hz〕で表される．ここで $T_{N+1}/(T_N + T_{N+1})$ は，フラクションと呼ぶ．

(2) 例えば，$f_{ref} = 10$〔MHz〕，$N = 5$ およびフラクションの設定値を 6/10 としたとき，連続したクロック 10 サイクル中における分周器の動作は，分周比 1/5 が合計 ☐ A ☐ サイクル分，分周比 1/6 が合計 ☐ B ☐ サイクル分となるように制御され，見かけ上，非整数による分周比となる．

また，このときの f_O は，☐ C ☐〔MHz〕であり，分数表示のフラクションの分子を 1 ステップずつ変化させると，f_O は 1〔MHz〕ステップずつ変化する．

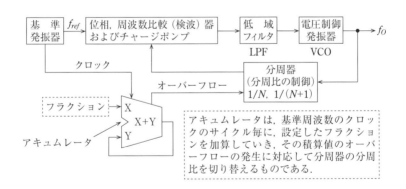

	A	B	C
1	6	4	54
2	6	4	56
3	5	5	55
4	4	6	56
5	4	6	54

無線工学A　測定

173

📖 解説→問169

真の立ち上がり時間がT_p〔ns〕のパルス波形を立ち上がり時間がT_s〔ns〕のオシロスコープで観測するときは，オシロスコープ内の回路の遅延によって，T_pにT_sの遅れが合成されて観測される．このとき，パルス波形の立ち上がり時間T〔ns〕は，次式で表される．

$$T=\sqrt{{T_p}^2+{T_s}^2}$$
$$=\sqrt{8^2+6^2}=\sqrt{64+36}$$
$$=\sqrt{100}=10 \text{〔ns〕}$$

直角三角形の3辺の比，$3:4:5$（$6:8:10$）を覚えておくと計算が楽だよ．

📖 解説→問170

問題図2の増幅器を通した方形波パルスの立ち上がり波形は，RC回路などで構成された低域フィルタを通した波形と等価的に扱うことができる．立ち上がり波形は，等価回路の時定数をT〔s〕，自然対数の底を$e≒2.718$とすると，電圧が$(1-e^{-t/T})$の関数で変化するので，図2の特性において変化する値が$(1-e^{-1})≒0.63$となる時間Tで表される．

また，高域の特性が低下する正弦波増幅回路では，入出力電圧比が$1/\sqrt{2}$となる周波数を高域遮断周波数という．等価回路の時定数を$T=50$〔ns〕$=50×10^{-9}$〔s〕とすると，高域遮断周波数f_c〔Hz〕は，次式で表される．

$$f_c=\frac{1}{2\pi T}=\frac{1}{2\pi×50×10^{-9}}$$

$$=\frac{1}{\pi}×10^7=\frac{10}{\pi}×10^6 \text{〔Hz〕}=\frac{10}{\pi} \text{〔MHz〕}$$

解答 問169➡2　問170➡2　問171➡4

問171　$N=5$とフラクションの設定値$T_{N+1}/(T_N+T_{N+1})=6/10$より，

$$f_O=\left[N+\frac{T_{N+1}}{T_N+T_{N+1}}\right]f_{ref}=\left(5+\frac{6}{10}\right)×10=56 \text{〔MHz〕}$$

次の記述は，図 1 に示す等価回路で表される信号源およびオシロスコープの入力部との間に接続するプローブの周波数特性の補正について述べたものである．☐☐内に入れるべき字句を下の番号から選べ．ただし，オシロスコープの入力部は，抵抗 R_i〔Ω〕および静電容量 C_i〔F〕で構成され，また，プローブは，抵抗 R〔Ω〕，可変静電容量 C_T〔F〕およびケーブルの静電容量 C〔F〕で構成されるものとする．

(1) 図 2 の (a) に示す方形波 e_i〔V〕を入力して，プローブの出力信号 e_o〔V〕の波形が，e_i と相似な方形波になるように C_T を調整する．この時 C_T の値は ☐ ア ☐ の関係を満たしており，原理的に e_o/e_i は，周波数に関係しない一定値 ☐ イ ☐ に等しくなり，e_o/e_i の周波数特性は平坦になる．

(2) 静電容量による分圧比と抵抗による分圧比を比較すると，(1) の状態から，C_T の値を小さくすると，静電容量による分圧比の方が ☐ ウ ☐ なり，周波数特性として高域レベルが ☐ エ ☐ ため，e_o の波形は，図 2 の ☐ オ ☐ のようになる．

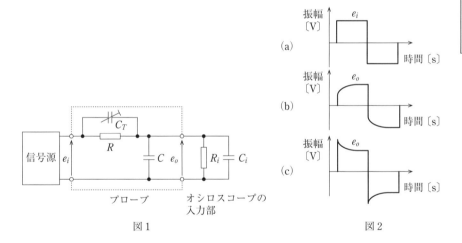

図 1　　　　　　　　　　　　　　　　図 2

1	R_i/R	2	$R_i/(R+R_i)$	3	小さく	4	持ち上がる
5	落ちる	6	$(C+C_i)R=C_T R_i$	7	$(C+C_i)R_i=C_T R$	8	大きく
9	(b)	10	(c)				

問題図1の C_T と R の並列回路のインピーダンスを $\dot{Z}_1$, C_i と R_i で構成されたオシロスコープの入力部の等価回路と C の並列回路を $\dot{Z}_2$ とすると，次式で表される.

$$\dot{Z}_1 = \frac{R \times \dfrac{1}{j\omega C_T}}{R + \dfrac{1}{j\omega C_T}} = \frac{R}{1 + j\omega C_T R}$$

$$\dot{Z}_2 = \frac{R_i \times \dfrac{1}{j\omega(C + C_i)}}{R_i + \dfrac{1}{j\omega(C + C_i)}} = \frac{R_i}{1 + j\omega(C + C_i)R_i}$$

信号源電圧のベクトル値を $\dot{V}_i$ とすると，オシロスコープの入力部の電圧 $\dot{V}_o$ は，

$$\dot{V}_o = \frac{\dot{Z}_2}{\dot{Z}_1 + \dot{Z}_2}\dot{V}_i = \frac{\dfrac{R_i}{1 + j\omega(C + C_i)R_i}}{\dfrac{R}{1 + j\omega C_T R} + \dfrac{R_i}{1 + j\omega(C + C_i)R_i}}\dot{V}_i$$

$$= \frac{R_i}{\dfrac{1 + j\omega(C + C_i)R_i}{1 + j\omega C_T R}R + R_i}\dot{V}_i \qquad\qquad \cdots\cdots(1)$$

式 (1) の分母の第1項において，

$$1 + j\omega(C + C_i)R_i = 1 + j\omega C_T R$$
$$(C + C_i)R_i = C_T R \qquad\qquad\qquad\qquad \cdots\cdots(2)$$

となるように，調整用の可変静電容量（トリマコンデンサ）C_T の値を調整すると，

$$\dot{V}_o = \frac{R_i}{R + R_i}\dot{V}_i \qquad\qquad\qquad\qquad\qquad \cdots\cdots(3)$$

となって，周波数に無関係な値となるので，プローブの出力信号 e_o は e_i と相似な方形波となり波形ひずみは発生しない.

式 (2) の状態から，C_T の値を小さくすると，抵抗による分圧比に比較して，静電容量による分圧比の方が**小さく**なり，周波数特性として高域レベルが**落ちる**積分回路として動作するので，e_o の波形は問題図2 (b) のように波形の立ち上がりが鈍って波形ひずみが発生する. また，C_T の値を大きくすると，微分回路として動作するので，e_o の波形は問題図2 (c) のように波形の立ち上がりが鋭くなる.

解答 問172➡ア-7 イ-2 ウ-3 エ-5 オ-9

問 173 正解 [ ] 完璧 [ ] ✏ 直前CHECK [ ]

　デジタルオシロスコープのサンプリング方式に関する次の記述のうち，誤っているものを下の番号から選べ．

1　実時間サンプリング方式は，単発性のパルスなど周期性のない波形の観測に適している．

2　等価時間サンプリング方式は，繰返し波形の観測に適している．

3　等価時間サンプリング方式の一つであるランダムサンプリング方式は，トリガ時点を基準にして入力信号の波形のサンプリング位置を一定時間ずつ遅らせてサンプリングを行う．

4　等価時間サンプリング方式の一つであるランダムサンプリング方式は，トリガ時点と波形記録データが非同期であるため，トリガ時点以前の入力信号の波形を観測するプリトリガ操作が容易である．

5　実時間サンプリング方式で発生する可能性のあるエイリアシング（折返し）は，等価時間サンプリング方式では発生しない．

問 174 正解 [ ] 完璧 [ ] ✏ 直前CHECK [ ]

　次の記述は，FFTアナライザについて述べたものである．　　　内に入れるべき字句を下の番号から選べ．

(1) 入力信号の各周波数成分ごとの　ア　の情報が得られる．

(2) 解析可能な周波数の上限は，　イ　の標本化周波数f_S〔Hz〕で決まる．

(3) 移動通信で用いられるバースト状の信号など，限られた時間内の信号を解析　ウ　．

(4) 被測定信号を再生して表示するには，　エ　変換を用いる．

(5) エイリアシングによる誤差が生じないようにするには，原理的に入力信号の周波数を標本化周波数f_S〔Hz〕の　オ　制限する必要がある．

1　振幅および位相　　　2　A−D変換器　　　3　できる　　　4　ラプラス

5　2倍以下に　　　　　6　振幅のみ　　　　7　D−A変換器　　　8　できない

9　逆フーリエ　　　　10　1/2倍以下に

次の記述は，図に示す構成例のスーパヘテロダイン方式によるスペクトルアナライザの原理的な動作等について述べたものである．□内に入れるべき字句の正しい組合せを下の番号から選べ．

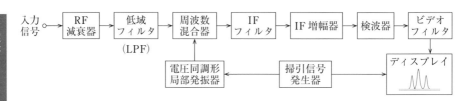

(1) 周波数分解能は，図に示す□A□フィルタの通過帯域幅によって決まる．

(2) 掃引時間は，周波数分解能が高いほど□B□する必要がある．

(3) 雑音の分布が一様分布のとき，ディスプレイ上に表示される雑音のレベルは，周波数分解能が高いほど□C□なる．

(4) 図に示すビデオフィルタは雑音レベルに近い微弱な信号を測定する場合に効果を発揮する．ビデオフィルタはカットオフ周波数可変の□D□であり，雑音電力を平均化して信号を浮き立たせる．

	A	B	C	D
1	IF	短く	高く	高域フィルタ（HPF）
2	IF	長く	低く	低域フィルタ（LPF）
3	IF	長く	高く	帯域フィルタ（BPF）
4	低域	短く	高く	帯域フィルタ（BPF）
5	低域	長く	低く	低域フィルタ（LPF）

解答 問173→3 問174→ア-1 イ-2 ウ-3 エ-9 オ-10

ミニ解説 問173 3 等価時間サンプリング方式の一つである**シーケンシャルサンプリング方式**は，トリガ時点を基準にして入力信号の波形のサンプリング位置を一定時間ずつ遅らせてサンプリングを行う．

問題

問 176　正解 [　]　完璧 [　]　✐ 直前 CHECK [　]

　次の記述は，FFTアナライザ，オシロスコープおよびスーパヘテロダイン方式スペクトルアナライザ（スペクトルアナライザ）の各測定器に，周期性の方形波など，複数の正弦波の和で表される信号を入力したときに測定できる項目について述べたものである．このうち誤っているものを下の番号から選べ．ただし，オシロスコープおよびスペクトルアナライザはアナログ方式とする．

1　FFTアナライザは，入力信号に含まれる個々の正弦波の相対位相を測定することができる．
2　オシロスコープは，入力信号に含まれる個々の正弦波の振幅を測定することができる．
3　スペクトルアナライザは，入力信号の振幅の時間に対する変化を，時間軸上の波形として観測することができない．
4　スペクトルアナライザおよびFFTアナライザは，入力信号に含まれる個々の正弦波の振幅を測定することができる．
5　スペクトルアナライザおよびFFTアナライザは，入力信号に含まれる個々の正弦波の周波数を測定することができる．

　オシロスコープの横軸は時間軸だよ．FFTアナライザやスペクトルアナライザの横軸は周波数軸だよ．ひずみ波はいろいろな周波数の正弦波が合成されているよ．それを分けられるのは周波数軸の測定器だね．

問 177　正解 [　]　完璧 [　]　✐ 直前 CHECK [　]

　次の記述は，回路網の特性を測定するためのベクトルネットワークアナライザの基本的な機能等について述べたものである．このうち正しいものを1，誤っているものを2として解答せよ．

ア　回路網の入力信号，反射信号および伝送信号の振幅と位相をそれぞれ測定し，S パラメータを求める装置である．
イ　回路網の h パラメータ，Z パラメータおよび Y パラメータは，S パラメータから導出して得られる．
ウ　回路網の入力信号の周波数を掃引し，各種パラメータの周波数特性を測定できる．
エ　回路網と測定器を接続するケーブルなどの接続回路による測定誤差は，測定前の校正によっても補正することはできない．
オ　回路網の入力信号と反射信号の分離には，2抵抗型のパワー・スプリッタが用いられる．

問題

次の記述は，法令等に基づく無線局の送信設備の「スプリアス発射の強度」および「不要発射の強度」の測定について，図を基にして述べたものである．□□□内に入れるべき字句を下の番号から選べ．ただし，不要発射とはスプリアス発射および帯域外発射をいう．また，帯域外発射とは，必要周波数帯に近接する周波数の電波の発射で情報の伝送のための変調の過程において生ずるものをいう．なお，同じ記号の□□□内には，同じ字句が入るものとする．

(1) 「□ア□におけるスプリアス発射の強度」の測定は，無変調状態において，□ア□におけるスプリアス発射の強度を測定し，その測定値が許容値内であることを確認する．

(2) 「□イ□における不要発射の強度」の測定は，□ウ□状態において，中心周波数 f_c〔Hz〕から必要周波数帯幅 B_N〔Hz〕の ± 250〔%〕離れた周波数を境界とした□イ□における不要発射の強度を測定し，その測定値が許容値内であることを確認する．

　　この測定では，□ウ□状態において，不要発射が周波数軸上に広がって出てくる可能性が□エ□ことから，許容値を規定するための参照帯域幅の範囲内に含まれる不要発射の□オ□値を測定することとされている．

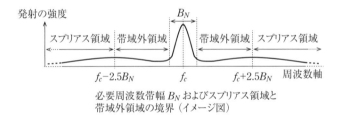

必要周波数帯幅 B_N およびスプリアス領域と
帯域外領域の境界（イメージ図）

1 帯域外領域	2 スプリアス領域	3 変調	4 無変調
5 中で電力が最大の	6 B_N	7 f_c	8 ない
9 ある	10 電力を積分した		

解答 問175→2　問176→2　問177→ア−1　イ−1　ウ−1　エ−2　オ−2

ミニ解説

問176　2　オシロスコープは，入力信号に含まれる個々の正弦波の振幅を**測定することができない**．

問177　エ　回路網と測定器を接続するケーブルなどの接続回路による測定誤差は，測定前の校正によって**補正することができる**．

　　　　オ　回路網の入力信号と反射信号の分離には，**方向性結合器**が用いられる．

問 179　　　　　　　　　　　　　　正解 ☐　完璧 ☐　✎ 直前CHECK ☐

次の記述は，図1に示す雑音電界強度測定器 (妨害波測定器) について述べたものである．◻内に入れるべき字句の正しい組合せを下の番号から選べ．なお，同じ記号の◻内には，同じ字句が入るものとする．

(1) 人工雑音などの高周波雑音の多くはパルス性雑音であり，高調波を多く含むため，同じ雑音でも測定器の ◻A◻ ，直線性，検波回路の時定数等によって出力の雑音の波形が変化し，出力指示計の指示値が異なる．このため，雑音電界強度を測定するときの規格が定められている．

(2) 準尖頭値は，規定の ◻B◻ を持つ直線検波器で測定された見掛け上の尖頭値であり，パルス性雑音を検波したときの出力指示計の指示値と無線通信に対する妨害度とを対応させるために用いる．

(3) パルス性雑音の尖頭値は，出力指示計の指示値に比べて大きいことが多いので，測定器入力端子から直線検波器までの回路の直線動作範囲を十分広くする必要がある．このため，図2において，直線検波器の検波出力電圧が直線性から ◻C◻ 〔dB〕離れるときのパルス入力電圧と，出力指示計を最大目盛りまで振らせるときのパルス入力電圧の比で過負荷係数が定義され，その値が規定されている．

無線工学A　測定

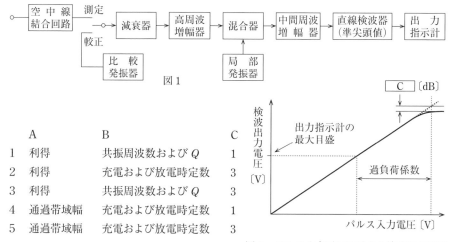

	A	B	C
1	利得	共振周波数および Q	1
2	利得	充電および放電時定数	3
3	利得	共振周波数および Q	3
4	通過帯域幅	充電および放電時定数	1
5	通過帯域幅	充電および放電時定数	3

図1

図2　パルス入力電圧に対する検波出力電圧

問 180 正解 □ 完璧 □ 直前CHECK □

次の記述は，スペクトルアナライザを用いたAM（A3E）送信機の変調度測定の一例について述べたものである．□□内に入れるべき字句の正しい組合せを下の番号から選べ．ただし，搬送波振幅をA〔V〕，搬送波周波数をf_c〔Hz〕，変調信号周波数をf_m〔Hz〕，変調度を$m_a \times 100$〔％〕および$\log_{10}2 = 0.3$とする．

(1) 正弦波の変調信号で振幅変調された電波の周波数スペクトルは，原理的に図1に示すように周波数軸上に搬送波と上側帯波および下側帯波の周波数成分となる．この振幅変調された電波E_{AM}〔V〕は，次式で示される．

$$E_{AM} = A\cos(2\pi f_c t) + (m_a A/2)\cos\{2\pi(f_c+f_m)t\} + (m_a A/2)\cos\{2\pi(f_c-f_m)t\} \text{〔V〕}$$

(2) 上下側帯波の振幅$m_a A/2$〔V〕をS〔V〕とするとm_aは，次式で示される．

$m_a = \boxed{\text{A}}$

(3) よって，例えば，図2の測定例の画面上の搬送波と上下側帯波の振幅の差が，26〔dB〕の時の変調度は，$\boxed{\text{B}}$〔％〕となる．

(4) 測定誤差要因として注意することは，変調信号に大きなひずみがある場合，上下側帯波の振幅が$\boxed{\text{C}}$すること，また，周波数変調が重複していると，上下側帯波振幅に差が生ずることなどである．

	A	B	C
1	S/A	50	減少
2	S/A	10	増加
3	S/A	50	増加
4	$2S/A$	10	減少
5	$2S/A$	50	減少

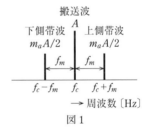

図1

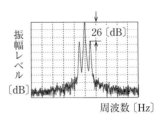

図2

解答 問178→ア-1 イ-2 ウ-3 エ-9 オ-10 問179→4

問 181　　　　　　　　　　　正解 ☐ 完璧 ☐ ✎ 直前 CHECK ☐

次の記述は，図に示す構成例を用いた SSB（J3E）送信機の搬送波電力（本来抑圧される
べきもの）の測定において，SSB（J3E）送信機の変調条件および測定器の条件などについ
て述べたものである．このうち正しいものを 1，誤っているものを 2 として解答せよ．ただ
し，搬送波電力は，法令等に基づく送信装置の条件として「一の変調周波数によって飽和レ
ベルで変調したときの平均電力より，40〔dB〕以上低い値」であることが定められているも
のとする．また，割当周波数は，搬送波周波数から 1,400〔Hz〕高い周波数であることおよ
び測定手順としては，スペクトルアナライザの画面に上側波帯と搬送波を表示して，それ
ぞれの電力（dBm）を測定するものとする．

ア　SSB（J3E）送信機の変調条件の一つとして，変調周波数は規定の周波数の正弦波とする．
イ　スペクトルアナライザの中心周波数は，変調周波数+700〔Hz〕に設定する．
ウ　スペクトルアナライザの分解能帯域幅（RBW）は，3〔KHz〕程度に設定する．
エ　スペクトルアナライザの掃引周波数（周波数SPAN）は，約 30〔Hz〕に設定する．
オ　測定結果として，測定した上側波帯電力と搬送波電力の差を求め，その差が 40〔dB〕
　　以上あることを確認する．

　スペクトルアナライザの中心周波数は，送信電波の搬送波周波数のあたりだね．掃
引周波数は画面の端から端までの周波数だよ．分解能帯域幅は電波を分離する幅だ
から掃引周波数より広いのはおかしいね．

次の記述は，図に示す構成例を用いた FM（F3E）送信機の占有周波数帯幅の測定法について述べたものである．_____内に入れるべき字句の正しい組合せを下の番号から選べ．なお，同じ記号の_____内には，同じ字句が入るものとする．

(1) 送信機の占有周波数帯幅は，全幅射電力の____A____〔％〕が含まれる周波数帯幅で表される．擬似音声発生器から規定のスペクトルを持つ擬似音声信号を送信機に加え，規定の変調度に変調された周波数変調波を擬似負荷に出力する．

(2) スペクトルアナライザを規定の動作条件とし，規定の占有周波数帯幅の $2 \sim 3.5$ 倍程度の帯域を，スペクトルアナライザの狭帯域フィルタで掃引しながらサンプリングし，測定したすべての電力値をコンピュータに取り込む．これらの値の総和から全電力が求まる．取り込んだデータを，下側の周波数から積算し，その値が全電力の____B____〔％〕となる周波数 f_1〔Hz〕を求める．同様に上側の周波数から積算し，その値が全電力の____B____〔％〕となる周波数 f_2〔Hz〕を求める．このときの占有周波数帯幅は，____C____〔Hz〕となる．

	A	B	C
1	90	10.0	(f_2-f_1)
2	90	5.0	$(f_2+f_1)/2$
3	99	0.5	$(f_2+f_1)/2$
4	99	0.5	(f_2-f_1)
5	99	1.0	(f_2-f_1)

```
        ┌──────────┐                              ┌──────────┐
        │ 電 子    │                              │コンピュータ│
        │ 電圧計   │                              └──────────┘
        └──────────┘                                   ↑
             ↑                                    ┌──────────┐
┌────────┐ ┌──────────┐ ┌────────┐ │スペクトル │
│擬似音声│→│ FM（F3E）│→│擬似負荷│→│アナライザ │
│発生器  │ │ 送信機   │ └────────┘ └──────────┘
└────────┘ └──────────┘
```

問180　26〔dB〕の電圧比の真数は20となるので，$A/S=20$ とすると，

$$m_a = \frac{2S}{A} = \frac{2}{20} = 0.1 = 10 \text{〔％〕}$$

問181　イ　スペクトルアナライザの中心周波数は，**搬送波周波数**＋700〔Hz〕に設定する．

ウ　スペクトルアナライザの分解能帯域幅（RBW）は，**30〔Hz〕**程度に設定する．

エ　スペクトルアナライザの掃引周波数（周波数SPAN）は，約 **5〔KHz〕** に設定する．

問題

　次の記述は，搬送波零位法による周波数変調（FM）波の周波数偏移の測定方法について述べたものである．　☐☐☐内に入れるべき字句の正しい組合せを下の番号から選べ．なお，同じ記号の☐☐☐内には，同じ字句が入るものとする．

(1) FM波の搬送波および各側帯波の振幅は，変調指数m_fを変数（偏角）とするベッセル関数を用いて表され，このうち搬送波の振幅は，零次のベッセル関数$J_0(m_f)$の大きさに比例する．$J_0(m_f)$は，m_fに対して図1に示すような特性を持つ．

(2) 図2に示す構成例において，周波数f_m〔Hz〕の単一正弦波で周波数変調したFM（F3E）送信機の出力の一部をスペクトルアナライザに入力し，FM波のスペクトルを表示する．単一正弦波の振幅を零から次第に大きくしていくと，搬送波および各側帯波のスペクトル振幅がそれぞれ消長を繰り返しながら，徐々にFM波の占有周波数帯幅は☐ A ☐なる．

(3) 搬送波の振幅が☐ B ☐になる度に，m_fの値に対するレベル計の値（入力信号電圧）を測定する．周波数偏移f_dは，m_fおよびf_mの値を用いて，$f_d =$☐ C ☐であるので，測定値から入力信号電圧対周波数偏移の特性を求めることができ，搬送波の振幅が☐ B ☐となるときだけでなく，途中の振幅でも周波数偏移を知ることができる．

無線工学A　測定

	A	B	C
1	狭く	極大	f_m/m_f
2	狭く	零	$m_f\,f_m$
3	狭く	極大	$m_f\,f_m$
4	広く	零	$m_f\,f_m$
5	広く	極大	f_m/m_f

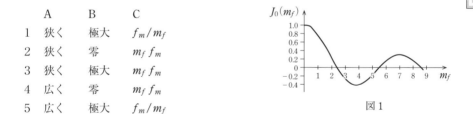

図1

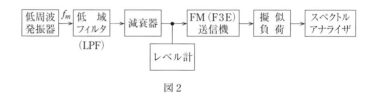

図2

問 184

正解 ☐ 完璧 ☐ ✎ 直前CHECK ☐

次の記述は，図に示す構成例を用いた FM（F3E）受信機の雑音抑圧感度の測定について述べたものである．　☐☐内に入れるべき字句を下の番号から選べ．ただし，雑音抑圧感度は，入力のないときの受信機の復調出力（雑音）を，20〔dB〕だけ抑圧するのに必要な入力レベルで表すものとする．

(1) 受信機のスケルチを　ア　，標準信号発生器（SG）を試験周波数に設定し，1,000〔Hz〕の正弦波により最大周波数偏移の許容値の 70〔%〕の変調状態で，受信機に 20〔dBμV〕以上の受信機入力電圧を加え，受信機の復調出力が定格出力の 1/2 となるように　イ　出力レベルを調整する．

(2) SG を断（OFF）にし，受信機の復調出力（雑音）レベルを測定する．

(3) SG を接（ON）にし，その周波数を変えずに　ウ　で，その出力を受信機に加え，SG の出力レベルを調整して受信機の復調出力（雑音）レベルが (2) で求めた値より 20〔dB〕　エ　とする．このときの SG の出力レベルから受信機入力電圧を求める．この値が求める雑音抑圧感度である．なお，受信機入力電圧は，信号源の開放端電圧で規定されているため，SG の出力が終端電圧表示となっている場合には，測定値が　オ　〔dB〕異なる．

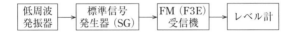

| 低周波発振器 | → | 標準信号発生器（SG） | → | FM（F3E）受信機 | → | レベル計 |

1　断（OFF）　　2　受信機　　　　3　無変調　　　4　高い値　　5　3

6　接（ON）　　7　低周波発振器　　8　変調状態　　9　低い値　　10　6

問 182　占有周波数帯幅は，その上限の周波数を超えて輻射され，およびその下限の周波数未満において輻射される平均電力が，それぞれ与えられた発射によって輻射される全平均電力の 0.5〔%〕に等しい上限および下限の周波数帯幅と定められている．

ミニ解説　**問 183**　問題図1において，$J_0(m_f)$ が搬送波の振幅の値を表す．図1より m_f を変化させて最初に $J_0(m_f)=0$ となるのは，$m_f=2.4$ のときである．この値と f_m を用いて，$f_d=m_f f_m$ の式より周波数偏移を求めることができる．

次の記述は，図に示す測定系統図を用いた SINAD 法による FM（F3E）受信機の基準感度の測定手順について，その概要を述べたものである． ☐ 内に入れるべき字句の正しい組合せを下の番号から選べ．

(1) 標準信号発生器（SG）を試験周波数に設定し規定の変調入力を加えた状態とする．この状態で SG から受信機に 60〔dBμV〕以上の受信機入力電圧を加え，受信機の規定の復調出力（定格出力の 1/2）が得られるように受信機の ☐ A ☐ を調整する．

(2) (1) の状態で SG の出力を調整し，受信機の復調信号の SINAD 即ち $10 \log_{10}$ ☐ B ☐ が 12〔dB〕となる SG の出力レベルから受信機入力電圧を求める．この値を基準感度という．ここで，S は信号，N は雑音，D は ☐ C ☐ とする．

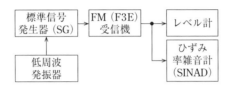

	A	B	C
1	スケルチレベル	$\{(S+N+D)/(S+N)\}$	ひずみ成分
2	スケルチレベル	$\{(S+N+D)/(N+D)\}$	低調波成分
3	出力レベル	$\{(S+N+D)/(S+N)\}$	低調波成分
4	出力レベル	$\{(S+N+D)/(S+N)\}$	ひずみ成分
5	出力レベル	$\{(S+N+D)/(N+D)\}$	ひずみ成分

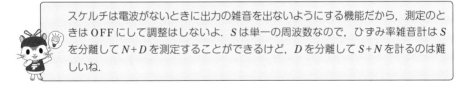

スケルチは電波がないときに出力の雑音を出ないようにする機能だから，測定のときは OFF にして調整はしないよ．S は単一の周波数なので，ひずみ率雑音計は S を分離して $N+D$ を測定することができるけど，D を分離して $S+N$ を計るのは難しいね．

問題

次の記述は，図の測定系統による WiMAX（直交周波数分割多元接続方式広帯域移動無線アクセスシステム）基地局無線設備（試験機器）の「空中線電力の偏差」の測定について述べたものである．☐内に入れるべき字句を下の番号から選べ．ただし，試験機器の空中線端子の数は1とする．また，「送信バースト繰り返し周期」を T〔s〕，「送信バースト長（電波を発射している時間）」を B〔s〕とする．なお，同じ記号の☐内には，同じ字句が入るものとする．

(1) 電力計の条件として，型式は，熱電対若しくはサーミスタによる熱電変換型またはこれらと同等の性能を有するものとする．

(2) 試験機器は，試験周波数に設定し，バースト送信状態とする．ただし，送信バーストが可変する場合は，送信バースト時間が ☐ア☐ になるように試験機器を設定すること．また，電力が ☐イ☐ なる電力制御の設定を行い，☐イ☐ なる変調状態とする．

(3) 測定操作手順は，電力計の零点調整を行い，試験機器を送信状態にする．次に，「繰り返しバースト波電力」P_B〔W〕を十分長い時間にわたり，電力計で測定し，次式により「バースト区間内の ☐ウ☐ 電力」である P〔W〕を算出する．

$$P=P_B\times(\boxed{\ \ エ\ \ })\ 〔W〕$$

　　P〔W〕を算出することができるのは，送信バーストのデューティ比が一定で，あらかじめ分かっており，電力計のセンサまたは指示部の時定数が送信バースト繰り返し周期 T〔s〕に対して十分 ☐オ☐ ので，送信バーストのデューティ比に比例した P_B〔W〕が得られることによるものである．

(4) 測定結果として，空中線電力の絶対値を〔W〕単位で，工事設計書に記載される空中線電力に対する偏差を〔%〕単位で＋または－の符号を付けて記載する．

測定系統

1　最も長い時間　　2　最も短い時間　　3　平均　　4　せん頭　　5　T/B
6　最小出力と　　　7　最大出力と　　　8　小さい　9　大きい　10　B/T

問184 SG の出力が終端電圧表示となっている場合は，出力電圧は開放電圧の1/2となるので，$20\log_{10}2\fallingdotseq 6$〔dB〕異なる．

問題

問 187　　　　　　　　　正解 ☐　完璧 ☐　✎ 直前CHECK ☐

次の記述は，我が国の地上系デジタル放送の標準方式（ISDB-T）において，親局や放送波中継局またはフィールド等での伝送信号に含まれる雑音，歪み等の影響を評価する指標の一つである MER（Modulation Error Ratio：変調誤差比）の原理等について述べたものである．　☐ 内に入れるべき字句を下の番号から選べ．なお，同じ記号の ☐ 内には，同じ字句が入るものとする．

(1) デジタル放送では，CNR（C/N）がある値よりも ☐ア☐ なると全く受信できなくなる，いわゆる ☐イ☐ 現象があるため，親局や放送波中継局等の各段の CNR 劣化量を適切に把握する必要があり，その回線品質を管理する手法において MER が利用されている．

(2) MER は，デジタル変調信号を復調して，$I-Q$ 平面に展開した際，各理想シンボル点のベクトル量の絶対値を 2 乗した合計を，そこからの誤差ベクトル量の絶対値を 2 乗した合計で除算し，☐ウ☐ 比で表すことができる．

(3) 図は，理想シンボル点に対する計測シンボル点とその誤差ベクトルとの関係を QPSK の信号空間ダイアグラムを用いて例示したものである．

(4) j をシンボル番号，N をシンボル数とすると，MER は，☐ウ☐ 比として次式で表すことができる．

$$\mathrm{MER} = 10\log_{10}\boxed{} \;\text{(dB)}$$

(5) 測定信号の CNR の劣化要因が加法性白色ガウス雑音のみで，復調法等それ以外の要因が MER の測定に影響がない場合，理論的に MER は CNR と等価になる．MER を利用すれば ☐オ☐ CNR の信号でも精度よく測定できるため，高品質な親局装置出力等の監視に有効である．

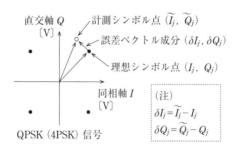

QPSK（4PSK）信号

計測シンボル点 $(\widetilde{I_j}, \widetilde{Q_j})$
誤差ベクトル成分 $(\delta I_j, \delta Q_j)$
理想シンボル点 (I_j, Q_j)

直交軸 Q〔V〕　同相軸 I〔V〕

(注)
$\delta I_j = \widetilde{I_j} - I_j$
$\delta Q_j = \widetilde{Q_j} - Q_j$

1　小さく	2　電圧	3　$\left\{\dfrac{\sum_{j=1}^{N}(\sqrt{I_j{}^2+Q_j{}^2})}{\sum_{j=1}^{N}(\sqrt{\delta I_j{}^2+\delta Q_j{}^2})}\right\}$	4　低い　　5　クリフエフェクト（cliff effect）
6　大きく	7　電力	8　$\left\{\dfrac{\sum_{j=1}^{N}(I_j{}^2+Q_j{}^2)}{\sum_{j=1}^{N}(\delta I_j{}^2+\delta Q_j{}^2)}\right\}$	9　高い　　10　ゴースト（ghost）

(side tab) 無線工学A　測定

問 188　　　　　　　　　　　　　　正解 ☐　完璧 ☐　✎ 直前 CHECK ☐

　次の記述は，図に示すデジタル無線回線のビット誤り率測定の構成例において，被測定系の変調器と復調器とが伝送路を介して離れている場合の測定法について述べたものである．☐☐内に入れるべき字句の正しい組合せを下の番号から選べ．

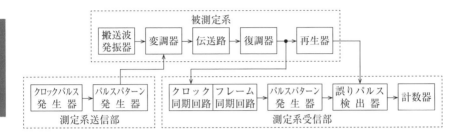

(1) 測定系送信部は，クロックパルス発生器からのパルスにより制御されたパルスパターン発生器出力を，被測定系の変調器に加える．測定に用いるパルスパターンとしては，実際の符号伝送を近似し，伝送路および伝送装置のあらゆる応答を測定するため，伝送周波数帯全域で測定でき，かつ，遠隔測定でも再現できるように ☐A☐ パターンを用いる．

(2) 測定系受信部は，測定系送信部と ☐B☐ パルスパターン発生器を持ち，被測定系の復調器出力の ☐C☐ から抽出したクロックパルスおよびフレームパルスと同期したパルス列を出力する．誤りパルス検出器は，このパルス列と被測定系の再生器出力のパルス列とを比較し，各パルスの極性の一致または不一致を検出して計数器に送り，ビット誤り率を測定する．

	A	B	C
1	ランダム	異なる	受信パルス列
2	ランダム	同一の	副搬送波
3	擬似ランダム	同一の	受信パルス列
4	擬似ランダム	異なる	副搬送波
5	擬似ランダム	異なる	受信パルス列

解答　問186→ア-1　イ-7　ウ-3　エ-5　オ-9
　　　問187→ア-1　イ-5　ウ-7　エ-8　オ-9

　次の記述は，図に例示するデジタル信号が伝送路などで受ける波形劣化を観測するためのアイパターンの原理について述べたものである．このうち正しいものを 1，誤っているものを 2 として解答せよ．

ア　アイパターンは，パルス列の繰り返し周波数（クロック周波数）に同期させて，識別器直前のパルス波形を重ねて，オシロスコープ上に描かせたものである．

イ　アイパターンには，雑音や波形ひずみ等により影響を受けたパルス波形が重ね合わされている．

ウ　アイパターンを観測することにより符号化率を知ることができる．

エ　アイパターンにおけるアイの横の開き具合は，信号のレベルが減少したり伝送路の周波数特性が変化することによる符号間干渉に対する余裕の度合いを表している．

オ　アイパターンにおけるアイの縦の開き具合は，クロック信号の統計的なゆらぎ（ジッタ）等によるタイミング劣化に対する余裕の度合いを表している．

無線工学A　測定

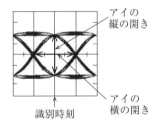

アイの縦の開き

アイの横の開き

識別時刻

　オシロスコープの横軸は時間で，縦軸は振幅だよ．アイの縦の開きが小さくなるのは，信号のレベルが変化しているときだよ．横の開きが小さくなるのは，信号のタイミングが変化しているときだよ．

問 190 📖 解説あり！　　　　　正解 □　完璧 □　✏ 直前CHECK □

解答

次の記述は，マクスウェルの方程式から波動方程式を導出する過程について述べたものである．□内に入れるべき字句の正しい組合せを下の番号から選べ．ただし，媒質は等方性，非分散性，線形，均質として，誘電率をε〔F/m〕，透磁率をμ〔H/m〕および導電率をσ〔S/m〕とする．なお，同じ記号の□内には，同じ字句が入るものとする．

(1) 電界E〔V/m〕と磁界H〔A/m〕が共に角周波数ω〔rad/s〕で正弦的に変化しているとき，両者の間には以下のマクスウェルの方程式が成立しているものとする．

$$\nabla \times E = -j\omega\mu H \qquad \cdots\cdots①$$
$$\nabla \times H = (\sigma + j\omega\varepsilon)E \qquad \cdots\cdots②$$

(2) 式①の両辺の　A　をとると，次式が得られる．

$$\boxed{B}\ \nabla \times E = -j\omega\mu \boxed{B}\ H \qquad \cdots\cdots③$$

(3) 式③の左辺は，ベクトルの公式により，以下のように表される．

$$\boxed{B}\ \nabla \times E = \nabla \nabla \cdot E - \nabla^2 E \qquad \cdots\cdots④$$

(4) 通常の媒質中では，電子やイオンは存在しないので，

$$\nabla \cdot E = 0 \qquad \cdots\cdots⑤$$

(5) 式②～⑤から，Hを消去して，Eに関する以下の波動方程式が得られる．

$$\boxed{C}\ E + \gamma^2 E = 0$$

ここで，$\gamma^2 = \boxed{D}$であり，γは伝搬定数と呼ばれている．

(6) また，Hに関する波動方程式は以下のようになる．

$$\boxed{C}\ H + \gamma^2 H = 0$$

	A	B	C	D
1	回転	$\nabla \times$	∇^2	$-j\omega\mu\,(\sigma + j\omega\varepsilon)$
2	回転	$\nabla \times$	$\nabla \cdot$	$j\omega\mu\,(\sigma + j\omega\varepsilon)$
3	回転	$\nabla \cdot$	$\nabla \cdot$	$j\omega\mu\,(\sigma + j\omega\varepsilon)$
4	発散	$\nabla \times$	$\nabla \cdot$	$-j\omega\mu\,(\sigma + j\omega\varepsilon)$
5	発散	$\nabla \cdot$	∇^2	$j\omega\mu\,(\sigma + j\omega\varepsilon)$

解答　問188→3　問189→ア-1　イ-1　ウ-2　エ-2　オ-2

問189　ウ　アイパターンを観測することにより**受信信号の雑音に対する余裕（マージン）**を知ることができる．
　　　　エ　アイパターンにおけるアイの縦の開き具合は，信号のレベルが減少したり伝送路の周波数特性が変化することによる符号間干渉に対する余裕の度合いを表している．
　　　　オ　アイパターンにおけるアイの**横**の開き具合は，クロック信号の統計的なゆらぎ（ジッタ）等によるタイミング劣化に対する余裕の度合いを表している．

次の記述は，自由空間内の平面波を波動方程式から導出する過程について述べたものである．　☐内に入れるべき字句の正しい組合せを下の番号から選べ．ただし，自由空間の誘電率をε_0〔F/m〕，透磁率をμ_0〔H/m〕として，電界E〔V/m〕が角周波数ω〔rad/s〕で正弦的に変化しているものとする．

(1) Eについては，以下の波動方程式が成立する．ここで，$k^2 = \omega^2 \mu_0 \varepsilon_0$とする．

$$\nabla^2 E + k^2 E = 0 \qquad \cdots\cdots ①$$

(2) 直角座標系(x, y, z)で，Eがyだけの関数とすると，式①より，以下の式が得られる．

$$\boxed{\text{ A }} + k^2 E_z = 0 \qquad \cdots\cdots ②$$

(3) 式②の解は，M，Nを境界条件によって定まる定数とすると，次式で表される．

$$E_z = Me^{-jky} + Ne^{+jky} \qquad \cdots\cdots ③$$

(4) 以下，式③の右辺の第1項で表される$\boxed{\text{ B }}$のみを考える．kyが2πの値をとるごとに同一の変化が繰り返されるから，$ky = 2\pi$を満たすyが波長λとなる．すなわち，周波数をf〔Hz〕とすると，$\lambda = \boxed{\text{ C }}$〔m〕となる．

(5) 式③の右辺の第1項に時間項$e^{j\omega t}$を掛けると，E_zは，次式で表される．

$$E_z = Me^{j(\omega t - ky)} \qquad \cdots\cdots ④$$

(6) 式④より，E_zの等位相面を表す式は，定数をKとおくと，次式で与えられる．

$$\omega t - ky = K \qquad \cdots\cdots ⑤$$

(7) 式⑤の両辺を時間tについて微分すると，等位相面の進む速度，すなわち，電波の速度cが以下のように求まる．

$$c = \frac{dy}{dt} = \boxed{\text{ D }} = \frac{1}{\sqrt{\mu_0 \varepsilon_0}} \text{〔m/s〕}$$

	A	B	C	D
1	$\dfrac{dE_z}{dy}$	前進波	$\dfrac{1}{f\sqrt{\mu_0 \varepsilon_0}}$	$\dfrac{\omega}{k}$
2	$\dfrac{dE_z}{dy}$	後退波	$\dfrac{\sqrt{\mu_0 \varepsilon_0}}{f}$	$\dfrac{k}{\omega}$
3	$\dfrac{d^2E_z}{dy^2}$	後退波	$\dfrac{\sqrt{\mu_0 \varepsilon_0}}{f}$	$\dfrac{k}{\omega}$
4	$\dfrac{d^2E_z}{dy^2}$	前進波	$\dfrac{1}{f\sqrt{\mu_0 \varepsilon_0}}$	$\dfrac{\omega}{k}$
5	$\dfrac{d^2E_z}{dy^2}$	前進波	$\dfrac{1}{f\sqrt{\mu_0 \varepsilon_0}}$	$\dfrac{k}{\omega}$

x, y, z座標軸の単位ベクトルを$\boldsymbol{i}$, $\boldsymbol{j}$, $\boldsymbol{k}$とすると，ナブラ演算子∇は，次式で表される．

$$\nabla = \boldsymbol{i}\frac{\partial}{\partial x} + \boldsymbol{j}\frac{\partial}{\partial y} + \boldsymbol{k}\frac{\partial}{\partial z} \qquad\qquad \cdots\cdots(1)$$

問題の式②は，次式で表される．

$$\nabla \times \boldsymbol{H} = (\sigma + j\omega\varepsilon)\boldsymbol{E} \qquad\qquad \cdots\cdots(2)$$

×は，クロスと呼び，ベクトルの外積を表す．問題の式③は，次式で表される．

$$\nabla \times \nabla \times \boldsymbol{E} = -j\omega\mu\nabla \times \boldsymbol{H} \qquad\qquad \cdots\cdots(3)$$

式 (2) を式 (3) に代入すると，次式で表される．

$$\nabla \times \nabla \times \boldsymbol{E} = -j\omega\mu(\sigma + j\omega\varepsilon)\boldsymbol{E} \qquad\qquad \cdots\cdots(4)$$

問題の式④，⑤より，次式で表される．

$$\nabla \times \nabla \times \boldsymbol{E} = -\nabla^2\boldsymbol{E} \qquad\qquad \cdots\cdots(5)$$

式 (4), (5) より，次式で表される．

$$-\nabla^2\boldsymbol{E} = -j\omega\mu(\sigma + j\omega\varepsilon)\boldsymbol{E}$$

よって，次式が成り立つ．

$$\nabla^2\boldsymbol{E} - j\omega\mu(\sigma + j\omega\varepsilon)\boldsymbol{E} = \nabla^2\boldsymbol{E} + \gamma^2\boldsymbol{E} = 0$$

また，$\nabla\times$は，ローテーションと呼ぶ rot の記号で表されることもある．

x, y, z座標軸の単位ベクトルを$\boldsymbol{i}$, $\boldsymbol{j}$, $\boldsymbol{k}$とすると，ナブラ演算子∇は，次式で表される．

$$\nabla = \boldsymbol{i}\frac{\partial}{\partial x} + \boldsymbol{j}\frac{\partial}{\partial y} + \boldsymbol{k}\frac{\partial}{\partial z} \qquad\qquad \cdots\cdots(1)$$

$\nabla^2 = \nabla\cdot\nabla$はラプラシアンと呼び，$\nabla$の内積なので，次式で表される．

$$\nabla^2 = \frac{\partial^2}{\partial x^2} + \frac{\partial^2}{\partial y^2} + \frac{\partial^2}{\partial z^2} \qquad\qquad \cdots\cdots(2)$$

問題の式⑤の両辺を時間tについて微分すると，次式で表される．

$$\frac{d}{dt}\omega t - \frac{d}{dt}ky = \frac{d}{dt}K$$

Kは定数なので，微分すると 0 になるから，

$$\omega - k\frac{dy}{dt} = 0$$

よって，$\dfrac{dy}{dt} = \dfrac{\omega}{k}$ となる．

解答 問190➡1　問191➡4

次の記述は，図に示すような線状アンテナの指向性について述べたものである． □
内に入れるべき字句の正しい組合せを下の番号から選べ．ただし，電界強度の指向性関数
を $D(\theta)$ とする．

(1) 十分遠方における電界強度の指向性は，$D(\theta)$ に比例し，距離に $\boxed{\text{A}}$．

(2) 微小ダイポールの $D(\theta)$ は，$\boxed{\text{B}}$ と表され，また，半波長ダイポールアンテナの
　　$D(\theta)$ は，近似的に $\boxed{\text{C}}$ と表される．

	A	B	C
1	関係しない	$\sin\theta$	$\dfrac{\cos\left(\dfrac{\pi}{2}\cos\theta\right)}{\sin\theta}$
2	関係しない	$\sin^2\theta$	$\dfrac{\cos\left(\dfrac{\pi}{2}\sin\theta\right)}{\sin\theta}$
3	反比例する	$\cos^2\theta$	$\dfrac{\cos\left(\dfrac{\pi}{2}\cos\theta\right)}{\sin\theta}$
4	反比例する	$\sin^2\theta$	$\dfrac{\cos\left(\dfrac{\pi}{2}\sin\theta\right)}{\sin\theta}$
5	反比例する	$\sin\theta$	$\dfrac{\cos\left(\dfrac{\pi}{2}\sin\theta\right)}{\sin\theta}$

線状アンテナ

θ：角度〔rad〕

無線工学B　アンテナ理論

微小ダイポールと半波長ダイポールアンテナの指向性は，どちらも8の字形だよ．
微小ダイポールの指向性は丸の形が円で，半波長ダイポールアンテナは少しつぶれ
た形だね．どちらも $\theta=0$ では $D(\theta)=0$，$\theta=\pi/2$ では $D(\theta)=1$ だよ．選択肢C
の（　）内が sin 関数の式に $\pi/2$ を代入して $\sin(\pi/2)=1$ とすると，$\cos(\pi/2)=0$
になるので $D(\theta)=0$ となって間違いだね．この問題は，選択肢AとBが分かれば
答えが分かるけど，選択肢が変わることがあるからCの正しい式も覚えてね．

次の記述は，自由空間に置かれた微小ダイポールを正弦波電流で励振した場合に発生する電界について述べたものである．☐☐☐内に入れるべき字句の正しい組合せを下の番号から選べ．

(1) 微小ダイポールの長さを l〔m〕，微小ダイポールを流れる電流を I〔A〕，角周波数をω〔rad／s〕，波長を λ〔m〕．微小ダイポールの電流が流れる方向と微小ダイポールの中心から距離 r〔m〕の任意の点Pを見た方向とがなす角度を θ〔rad〕とすると，放射電界，誘導電界および静電界の三つの成分からなる点Pにおける微小ダイポールによる電界強度 E_θ は，次式で表される．

$$E_\theta = \frac{j60\pi Il\sin\theta}{\lambda}\left(\frac{1}{r} - \frac{j\lambda}{2\pi r^2} - \frac{\lambda^2}{4\pi^2 r^3}\right)e^{j(\omega t - 2\pi r/\lambda)} \quad \text{〔V/m〕} \qquad \cdots\cdots①$$

(2) E_θ の放射電界の大きさを $|E_1|$〔V／m〕，E_θ の誘導電界の大きさを $|E_2|$〔V／m〕，E_θ の静電界の大きさを $|E_3|$〔V／m〕とすると，$|E_1|$，$|E_2|$，$|E_3|$ は，式①より微小ダイポールの中心からの距離 r が ☐ A ☐〔m〕のとき等しくなる．

(3) 微小ダイポールの中心からの距離 $r = 5\lambda$〔m〕のとき，$|E_1|$，$|E_2|$，$|E_3|$ の比は，式①より $|E_1| : |E_2| : |E_3| = $ ☐ B ☐ となる．

	A	B
1	λ/π	$0.0039 : 0.063 : 1$
2	λ/π	$1 : 0.032 : 0.001$
3	$\lambda/(2\pi)$	$1 : 0.159 : 0.025$
4	$\lambda/(2\pi)$	$0.0039 : 0.063 : 1$
5	$\lambda/(2\pi)$	$1 : 0.032 : 0.001$

式①の（　）内の各項が三つの成分に比例する項だから，それらの r に 5λ を代入して，比を求めてね．絶対値は（−）を取って計算してね．$1/\pi \fallingdotseq 0.318 \fallingdotseq 0.32$，$1/(2\pi) \fallingdotseq 0.159$，$\pi^2 \fallingdotseq 10$ を覚えると計算が楽だね．λ はギリシャ文字で「ラムダ」と読むよ．

問題

問 194 📖 解説あり！ 正解 ☐ 完璧 ☐ ✏️ 直前 CHECK ☐

　電界面内の電力半値幅が 2.0 度，磁界面内の電力半値幅が 2.5 度のビームを持つアンテナの指向性利得 G_d〔dB〕の値として，最も近いものを下の番号から選べ．ただし，アンテナからの全電力は，電界面内および磁界面内の電力半値幅 θ_E〔rad〕および θ_H〔rad〕内に一様に放射されているものとし，指向性利得 G_d（真数）は，次式で与えられるものとする．ただし，$\log_{10}2 = 0.3$ とする．

$$G_d \fallingdotseq \frac{4\pi}{\theta_E \theta_H}$$

1　29〔dB〕

2　34〔dB〕

3　39〔dB〕

4　43〔dB〕

5　48〔dB〕

度の単位を〔rad〕の単位に換算してから計算してね．180度が π〔rad〕だよ．

問 195 📖 解説あり！ 正解 ☐ 完璧 ☐ ✏️ 直前 CHECK ☐

　実効長 3〔cm〕の直線状アンテナを周波数 1,000〔MHz〕で用いたとき，このアンテナの放射抵抗の値として，最も近いものを下の番号から選べ．ただし，微小ダイポールの放射電力 P は，ダイポールの長さを l〔m〕，波長を λ〔m〕および流れる電流を I〔A〕とすれば，次式で表されるものとする．

$$P = 80 \left(\frac{\pi I l}{\lambda} \right)^2 \text{〔W〕}$$

1　8〔Ω〕　　　2　16〔Ω〕　　　　3　23〔Ω〕　　　4　30〔Ω〕　　　5　37〔Ω〕

放射抵抗 R_r を求めるときは，$P = I^2 R_r$ だから $R_r = P/I^2$ に問題の式を代入すればいいね．選択肢の数値は 8 の倍数があやしいよ．

無線工学B　アンテナ理論

📖 解説 ➡ 問193

問題の式①の（ ）内の各項がそれぞれ放射電界，誘導電界，静電界を表すので，$r=5\lambda$ を代入して $|E_1| : |E_2| : |E_3|$ を求めると，次式で表される．

$$|E_1| : |E_2| : |E_3| = \frac{1}{r} : \frac{\lambda}{2\pi r^2} : \frac{\lambda^2}{4\pi^2 r^3}$$

$$= \frac{1}{5\lambda} : \frac{\lambda}{2\pi \times 25\lambda^2} : \frac{\lambda^2}{4\pi^2 \times 125\lambda^3}$$

$$= \frac{1}{5} : \frac{1}{2\pi \times 25} : \frac{1}{4\pi^2 \times 125} = 1 : \frac{1}{10\pi} : \frac{1}{100\pi^2}$$

ここで，$1/\pi \fallingdotseq 0.32$，$\pi^2 \fallingdotseq 10$ として計算すれば，$1 : 0.032 : 0.001$　となる．

📖 解説 ➡ 問194

θ_E，θ_H の単位を〔rad〕に変換すると，指向性利得 G_d は，次式で表される．

$$G_d \fallingdotseq \frac{4\pi}{\theta_E \theta_H} = \frac{4\pi}{2 \times \frac{\pi}{180} \times 2.5 \times \frac{\pi}{180}} \fallingdotseq \frac{0.8 \times 180 \times 180}{3.14} = 0.8 \times \frac{32,400}{3.14} \fallingdotseq 8 \times 10^3$$

よって，dB 値 G_{ddB}〔dB〕は，

$$G_{ddB} = 10\log_{10} G_d = 10\log_{10} 2^3 + 10\log_{10} 10^3 = 3 \times 3 + 30 = 39 \,〔\text{dB}〕$$

📖 解説 ➡ 問195

周波数 $f = 1,000$〔MHz〕$= 10^9$〔Hz〕の電波の波長 λ〔m〕は，次式で表される．

$$\lambda \fallingdotseq \frac{3 \times 10^8}{f} = \frac{3 \times 10^8}{10^9} = 3 \times 10^{-1}\,〔\text{m}〕$$

放射抵抗を R_r〔Ω〕とすると，放射電力 P〔W〕は，次式で表される．

$$P = I^2 R_r$$

問題で与えられた P の式より，放射抵抗 R_r〔Ω〕は，次式で表される．

$$R_r = 80\pi^2 \left(\frac{l}{\lambda}\right)^2$$

$$\fallingdotseq 80 \times 10 \times \left(\frac{3 \times 10^{-2}}{3 \times 10^{-1}}\right)^2 = 8\,〔Ω〕$$

ただし，$\pi^2 \fallingdotseq 10$ として計算する．

解答 問193➡5　問194➡3　問195➡1

問 196 📖 解説あり！ 正解 ☐ 完璧 ☐ ✎ 直前CHECK ☐

自由空間において，放射電力が等しい微小ダイポールと半波長ダイポールアンテナによって最大放射方向の同じ距離の点に生ずるそれぞれの電界強度E_1およびE_2〔V/m〕の比 E_1/E_2の値として，最も近いものを下の番号から選べ．ただし，$\sqrt{5}=2.24$とする．

1 0.65

2 0.76

3 0.84

4 0.96

5 1.04

放射電力P，距離dのとき，微小ダイポールの電界強度は$E_1 = \dfrac{\sqrt{45P}}{d}$〔V/m〕，半波長ダイポールアンテナは$E_2 = \dfrac{7\sqrt{P}}{d}$〔V/m〕 だよ．

問 197 📖 解説あり！ 正解 ☐ 完璧 ☐ ✎ 直前CHECK ☐

周波数が100〔MHz〕の電波を，素子の太さが等しい2線式折返し半波長ダイポールアンテナで受信した場合の最大受信機入力電圧が3〔mV〕であった．このときの受信電界強度の値として，最も近いものを下の番号から選べ．ただし，アンテナ回路（給電線を含む）と受信機の入力回路は整合しており，アンテナの最大感度の方向は到来電波の方向と一致しているものとする．

1 1.5〔mV/m〕

2 2.2〔mV/m〕

3 3.1〔mV/m〕

4 4.5〔mV/m〕

5 5.5〔mV/m〕

2線式折返し半波長ダイポールアンテナの実効長は，半波長ダイポールアンテナの実効長の2倍だから，$2×\lambda/\pi$だよ．半波長ダイポールアンテナの実効長は，半波長（$\lambda/2$）よりも少し短いよ．

無線工学B　アンテナ理論

📖 解説 → 問196

放射電力をP〔W〕とすると，最大放射方向に距離d〔m〕離れた点に生じる微小ダイポールおよび半波長ダイポールアンテナの電界強度E_1, E_2〔V/m〕は，次式で表される．

$$E_1 = \frac{\sqrt{45P}}{d} \text{〔V/m〕} \qquad \qquad \cdots\cdots(1)$$

$$E_2 = \frac{7\sqrt{P}}{d} \text{〔V/m〕} \qquad \qquad \cdots\cdots(2)$$

式(1)，(2)より，E_1/E_2を求めると，次式で表される．

$$\frac{E_1}{E_2} = \frac{\sqrt{45}}{7} = \frac{3\sqrt{5}}{7} = \frac{3 \times 2.24}{7} = 3 \times 0.32 = 0.96$$

📖 解説 → 問197

2線式折返し半波長ダイポールアンテナの実効長l_e〔m〕は，半波長ダイポールアンテナの実効長の2倍となるので，次式で表される．

$$l_e = \frac{2\lambda}{\pi} \text{〔m〕} \qquad \qquad \cdots\cdots(1)$$

電界強度がE〔V/m〕のとき，実効長l_eのアンテナに誘起する電圧V〔V〕は，

$$V = El_e \text{〔V〕} \qquad \qquad \cdots\cdots(2)$$

アンテナ回路と受信機の入力回路が整合しているときは，最大受信機入力電圧V_R〔V〕となる．そのとき式(2)の電圧の1/2となるので，次式で表される．

$$V_R = \frac{V}{2} = \frac{El_e}{2} = \frac{E\lambda}{\pi} \text{〔V〕} \qquad \qquad \cdots\cdots(3)$$

式(3)より，周波数100〔MHz〕の電波の波長を$\lambda = 3$〔m〕として，電界強度E〔V/m〕を求めると，次式で表される．

$$E = \frac{V_R \pi}{\lambda} = \frac{3 \times 10^{-3} \times 3.14}{3}$$

$$= 3.14 \times 10^{-3} \text{〔V/m〕} \fallingdotseq 3.1 \text{〔mV/m〕}$$

解答 問196→4　　問197→3

解答

200

問題

問 198 📖 解説あり！　　　　　正解 □　完璧 □　✏ 直前CHECK □

電波の波長を λ 〔m〕としたとき，図に示す水平部の長さが $\lambda/12$ 〔m〕，垂直部の長さが $\lambda/6$ 〔m〕の逆L形アンテナの実効高 h を表す式として，正しいものを下の番号から選べ．ただし，大地は完全導体とし，アンテナ上の電流は，給電点で最大の正弦状分布とする．

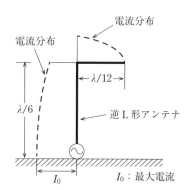

電流分布

電流分布

$\lambda/12$

逆L形アンテナ

$\lambda/6$

I_0　　　　I_0：最大電流

1　$h = \dfrac{\lambda}{\sqrt{2}\,\pi}$ 〔m〕

2　$h = \dfrac{\sqrt{3}\,\lambda}{4\pi}$ 〔m〕

3　$h = \dfrac{\lambda}{2\pi}$ 〔m〕

4　$h = \dfrac{\lambda}{2\sqrt{2}\,\pi}$ 〔m〕

5　$h = \dfrac{\sqrt{3}\,\lambda}{2\sqrt{2}\,\pi}$ 〔m〕

 逆L形アンテナの実効高は垂直部のみから求めるよ．$\lambda/6 + \lambda/12$ は $\lambda/4$ になるので，垂直接地アンテナと同じ電流分布となって，先端から sin 関数で表されるよ．

問 199 📖 解説あり！　　　　　正解 □　完璧 □　✏ 直前CHECK □

自由空間において，周波数 150 〔MHz〕で半波長ダイポールアンテナに対する相対利得 10 〔dB〕のアンテナを用いるとき，このアンテナの実効面積の値として，最も近いものを下の番号から選べ．

1　1.9 〔m²〕　　2　2.6 〔m²〕　　3　3.9 〔m²〕　　4　4.5 〔m²〕　　5　5.2 〔m²〕

 周波数 f 〔MHz〕の電波の波長 λ 〔m〕は，次の式で求めるのが簡単だよ．

$$\lambda \fallingdotseq \frac{300}{f\,\text{〔MHz〕}}\,\text{〔m〕}$$

300 〔MHz〕は 1 〔m〕，150 〔MHz〕は 2 〔m〕だね．

逆L形アンテナは垂直部のみが放射に関係するので，逆L形アンテナの実効高は，垂直部の長さから求めることができる．アンテナの全長 l 〔m〕は，

$$l=\frac{\lambda}{6}+\frac{\lambda}{12}=\frac{3\lambda}{12}=\frac{\lambda}{4}\ \text{〔m〕}$$

となるので，アンテナの電流分布が先端から給電点で最大になる sin 関数で分布しているものとして，先端から $x=\lambda/12$ から $\lambda/4$ の位置の電流を積分して給電点の電流 I_0〔A〕で割れば，実効高 h〔m〕を求めることができる．位相定数を $\beta=2\pi/\lambda$ とすると，次式で表される．

$$h=\frac{1}{I_0}\int_{\lambda/12}^{\lambda/4}I_0\sin\beta x\,dx=-\frac{1}{\beta}\left|\cos\beta x\right|_{\lambda/12}^{\lambda/4}$$

$$=-\frac{\lambda}{2\pi}\left\{\cos\left(\frac{2\pi}{\lambda}\times\frac{\lambda}{4}\right)-\cos\left(\frac{2\pi}{\lambda}\times\frac{\lambda}{12}\right)\right\}$$

$$=-\frac{\lambda}{2\pi}\left(\cos\frac{\pi}{2}-\cos\frac{\pi}{6}\right)=-\frac{\lambda}{2\pi}\left(0-\frac{\sqrt{3}}{2}\right)=\frac{\sqrt{3}\,\lambda}{4\pi}\ \text{〔m〕}$$

数学の公式（積分定数は省略）

$$\frac{d}{dx}\cos ax=-a\sin ax$$

$$\int\sin ax\,dx=-\frac{1}{a}\cos ax$$

周波数 $f=150$〔MHz〕の電波の波長 λ〔m〕は，次式で表される．

$$\lambda\fallingdotseq\frac{300}{f\,\text{〔MHz〕}}=\frac{300}{150}=2\ \text{〔m〕}$$

相対利得（真数）を G_D，その dB 値を G_{DdB} とすると，次式が成り立つ．

$$10\log_{10}G_D=G_{DdB}=10\ \text{〔dB〕}$$

よって，$G_D=10$

半波長ダイポールアンテナの実効面積が $0.13\lambda^2$ なので，相対利得 G_D のアンテナの実効面積 A_e〔m²〕は，次式で表される．

$$A_e\fallingdotseq0.13\lambda^2 G_D=0.13\times2^2\times10=5.2\ \text{〔m}^2\text{〕}$$

解答 問198➡2　問199➡5

　図に示す半波長ダイポールアンテナを周波数 30〔MHz〕で使用するとき，アンテナの入力インピーダンスを純抵抗とするためのアンテナ素子の長さ l〔m〕の値として，最も近いものを下の番号から選べ．ただし，アンテナ素子の直径を 5〔mm〕とし，碍子等による浮遊容量は無視するものとする．

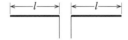

1　2.02〔m〕　　　2　2.21〔m〕　　　3　2.30〔m〕　　　4　2.42〔m〕　　　5　2.58〔m〕

　長さ l_0，直径 d の素子の特性インピーダンス Z_0 は，次の式で表されるよ．

$$Z_0 = 138 \log_{10} \frac{2l_0}{d} \ 〔\Omega〕$$

　短縮率 Δ（真数）は，次の式で表されるよ．

$$\Delta = \frac{42.55}{\pi Z_0}$$

　42.55 は半波長ダイポールアンテナのリアクタンスの値だよ．

　アンテナ導線（素子）の特性インピーダンスが 471〔Ω〕で，長さ 25〔m〕の垂直接地アンテナを周波数 1.5〔MHz〕に共振させて用いるとき，アンテナの基部に挿入すべき延長コイルのインダクタンスの値として，最も近いものを下の番号から選べ．ただし，大地は完全導体とする．

1　50〔μH〕　　　2　73〔μH〕　　　3　93〔μH〕　　　4　105〔μH〕　　　5　120〔μH〕

　特性インピーダンス Z_0，長さ l の開放線路のインピーダンス $\dot{Z}_F$ は，

$$\dot{Z}_F = -jZ_0 \cot \beta l$$

　の式で求めるよ．$\cot \theta = 1/\tan \theta$ だよ．

無線工学B　アンテナ理論

周波数 $f = 30$〔MHz〕の電波の波長 λ〔m〕は，次式で表される．

$$\lambda = \frac{300}{f\,\text{〔MHz〕}} = \frac{300}{30} = 10\,\text{〔m〕}$$

短縮率を考慮しないアンテナ素子の長さ l_0〔m〕は $\frac{\lambda}{4}$ だから，$l_0 = 2.5$〔m〕である．直径を $d = 5$〔mm〕$= 5 \times 10^{-3}$〔m〕とすると，アンテナ素子の特性インピーダンス Z_0〔Ω〕は，次式で表される．

$$Z_0 = 138 \log_{10} \frac{2l_0}{d} = 138 \log_{10} \frac{2 \times 2.5}{5 \times 10^{-3}}$$

$$= 138 \log_{10} 10^3 = 138 \times 3 = 414\,\text{〔Ω〕}$$

短縮率 Δ（真数）は，次式で表される．

$$\Delta = \frac{42.55}{\pi Z_0} \fallingdotseq \frac{42.55}{3.14 \times 414} \fallingdotseq \frac{42.55}{1{,}300} \fallingdotseq 0.033$$

短縮率を考慮したアンテナ素子の長さ l〔m〕は，次式で表される．

$$l = \frac{\lambda}{4}(1 - \Delta) \fallingdotseq 2.5 \times (1 - 0.033) = 2.5 \times 0.967 \fallingdotseq 2.42\,\text{〔m〕}$$

垂直接地アンテナを特性インピーダンス Z_0〔Ω〕，長さ l〔m〕の終端が開放された線路として，インピーダンス $\dot{Z}_F$〔Ω〕を求めると，次式で表される．

$$\dot{Z}_F = -jZ_0 \cot\beta l = -jZ_0 \frac{1}{\tan\beta l}\,\text{〔Ω〕} \qquad \cdots\cdots(1)$$

ただし，$\beta = 2\pi/\lambda$ は位相定数とする．周波数 1.5〔MHz〕の電波の波長を $\lambda = 200$〔m〕として，式 (1) の tan の値を求めると，

$$\tan\beta l = \tan\frac{2\pi}{\lambda}l = \tan\frac{2\pi}{200} \times 25 = \tan\frac{\pi}{4} = 1 \qquad \cdots\cdots(2)$$

式 (2) を式 (1) に代入して問題で与えられた値より，次式が成り立つ．

$$\dot{Z}_F = -jZ_0 = -j471\,\text{〔Ω〕}$$

アンテナを共振させるために用いられる延長コイル L〔H〕の誘導性リアクタンス X_L の値は，次式で表される

$$X_L = 2\pi f L = Z_0$$

L を求めると，次式で表される．

$$L = \frac{Z_0}{2\pi f} \fallingdotseq \frac{471}{2 \times 3.14 \times 1.5 \times 10^6} = \frac{471}{9.42} \times 10^{-6} = 50 \times 10^{-6}\,\text{〔H〕} = 50\,\text{〔}\mu\text{H〕}$$

解答 問200→4　　問201→1

問 202　正解 ☐ 完璧 ☐ 🖊 直前CHECK ☐

次の記述は，アンテナの利得と指向性および受信電力について述べたものである．このうち誤っているものを下の番号から選べ．

1　受信アンテナの利得や指向性は，可逆の定理により，送信アンテナとして用いた場合と同じである．

2　自由空間中で送信アンテナに受信アンテナを対向させて電波を受信するときの受信電力は，フリスの伝達公式により求めることができる．

3　微小ダイポールの絶対利得は，等方性アンテナの約1.76倍であり，約1.5〔dB〕である．

4　半波長ダイポールアンテナの絶対利得は，等方性アンテナの約1.64倍であり，約2.15〔dB〕である．

5　一般に同じアンテナを複数個並べたアンテナの指向性は，アンテナ単体の指向性に配列指向係数を掛けたものに等しい．

問 203　正解 ☐ 完璧 ☐ 🖊 直前CHECK ☐

次の記述は，絶対利得が G（真数）のアンテナの実効面積を表す式を求める過程について述べたものである．　☐ 内に入れるべき字句の正しい組合せを下の番号から選べ．

(1) 微小ダイポールの実効面積 S_s は，波長を λ〔m〕とすると，次式で表される．
$$S_s = \boxed{\text{A}} \text{〔m}^2\text{〕}$$

(2) 一方，実効面積が S〔m²〕のアンテナの絶対利得 G（真数）は，等方性アンテナの実効面積を S_i〔m²〕とすると，次式で定義されている．
$$G = S / S_i$$

(3) また，微小ダイポールの絶対利得 G_s（真数）は，次式で与えられる．
$$G_s = \boxed{\text{B}}$$

(4) したがって，絶対利得が G（真数）のアンテナの実効面積 S は，次式で与えられる．
$$S = \boxed{\text{C}} \text{〔m}^2\text{〕}$$

	A	B	C
1	$3\lambda^2/(4\pi)$	$3/2$	$G\lambda^2/(2\pi)$
2	$3\lambda^2/(4\pi)$	$1/2$	$G\lambda^2/(4\pi)$
3	$3\lambda^2/(8\pi)$	$3/2$	$G\lambda^2/(2\pi)$
4	$3\lambda^2/(8\pi)$	$3/2$	$G\lambda^2/(4\pi)$
5	$3\lambda^2/(8\pi)$	$1/2$	$G\lambda^2/(2\pi)$

問題

問 204

正解 □ 完璧 □ ✎ 直前 CHECK □

次の記述は，パラボラアンテナの開口面から放射される電波が平面波となる理由について述べたものである．□内に入れるべき字句を下の番号から選べ．

(1) 図に示すように，回転放物面の焦点を F，中心を O，回転放物面上の任意の点を P とすれば，F から P までの距離 $\overline{FP}$ と P から準線 g に下ろした垂線の足 Q との距離 $\overline{PQ}$ との間には，次式の関係がある．

$$\overline{PQ} = \boxed{} \qquad \cdots\cdots ①$$

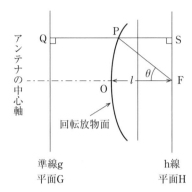

(2) F を通り g に平行な直線を h 線とし，P から h に下ろした垂線の足を S とすれば，F から P を通って S に至る距離 $\overline{FP}+\overline{PS}$ は，式①の関係から，次式で表される．

$$\overline{FP}+\overline{PS} = \boxed{}$$

(3) 焦点 F に置かれた等方性波源より放射され，回転放物面で反射されたすべての電波は，アンテナの中心軸に垂直で g を含む平面 G を見掛け上の □ウ□ として，アンテナの中心軸に平行に，G に平行で h を含む平面 H へ □エ□ の平面波として到達する．

(4) F から放射され回転放物面で反射されて H に至る電波通路の長さはすべて等しいから，放射角度 $\theta=0$ のときの電波通路の長さと $\theta \neq 0$ のときの電波通路の長さも等しく，$\overline{FP}+\overline{PS}$ を焦点距離 l で表すと，次式が成り立つ．

$$\overline{FP}+\overline{PS} = \boxed{} \times l$$

1	$\overline{FP}$	2	$2\overline{PQ}$	3	反射点	4	同位相	5	4
6	$2\overline{FP}$	7	$\overline{QS}$	8	波源	9	逆位相	10	2

解答 問202→3 問203→4

問 202 3 微小ダイポールの絶対利得は，等方性アンテナの約 **1.5 倍**であり，約 **1.76〔dB〕**である．

ミニ解説

問 203 微小ダイポールアンテナの絶対利得 $G_s = 3/2$ だから，$S_i = S_s \times (2/3)$ となるので，絶対利得 G のアンテナの実効面積 S〔m²〕は，

$$S = GS_i = GS_s \times \frac{2}{3} = \frac{G \times 3\lambda^2 \times 2}{8\pi \times 3} = \frac{G\lambda^2}{4\pi} \ \text{〔m}^2\text{〕}$$

 **問 205** 📖 解説あり！　　　正解 ☐　完璧 ☐　✏️ 直前CHECK ☐

図に示す円形パラボラアンテナの断面図の開口角 2θ〔rad〕と開口面の直径 $2r$〔m〕および焦点距離 f〔m〕との関係を表す式として，正しいものを下の番号から選べ．ただし，θについて，次式が成り立つ．

$$\tan\frac{\theta}{2} = (1+\cot^2\theta)^{1/2} - \cot\theta$$

1　$\tan\dfrac{\theta}{2} = \dfrac{r}{f}$

2　$\tan\dfrac{\theta}{2} = \dfrac{f}{r}$

3　$\tan\dfrac{\theta}{2} = \dfrac{r}{f-r}$

4　$\tan\dfrac{\theta}{2} = \dfrac{r}{2f}$

5　$\tan\dfrac{\theta}{2} = \dfrac{2r}{f}$

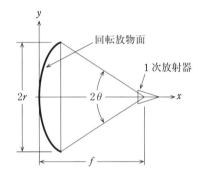

 **問 206** 📖 解説あり！　　　正解 ☐　完璧 ☐　✏️ 直前CHECK ☐

開口径が 2〔m〕の円形パラボラアンテナを周波数 15〔GHz〕で使用するときの絶対利得の値として，最も近いものを下の番号から選べ．ただし，開口効率を 0.6 とし，$\log_{10}\pi = 0.5$，$\log_{10}6 = 0.78$ とする．

1　26〔dB〕　　　2　33〔dB〕　　　3　38〔dB〕　　　4　43〔dB〕　　　5　48〔dB〕

開口面積 A，開口径 D，開口効率 η のアンテナの絶対利得 G_I は，次の式で表されるよ．

$$G_I = \eta\,\frac{4\pi A}{\lambda^2} = \eta\,\frac{4\pi}{\lambda^2} \times \pi\left(\frac{D}{2}\right)^2 = \eta\left(\frac{\pi D}{\lambda}\right)^2$$

無線工学B　アンテナ理論

解説図において，x軸，放射器から放物面反射鏡までの直線，y軸と平行な直線で作られた三角形から，次式が成り立つ．

$$\tan \theta_1 = \frac{y_1}{f - x_1} \qquad \cdots\cdots(1)$$

反射鏡は放物面で構成されているので，次式の関係がある．

$$y^2 = 4fx \qquad \cdots\cdots(2)$$

式 (1) の $\theta_1 = \theta$，$x_1 = x$，$y_1 = r$ として，式 (2) を代入すると，次式が成り立つ．

$$\tan \theta = \frac{r}{f - \dfrac{r^2}{4f}} = \frac{4fr}{4f^2 - r^2} \qquad \cdots\cdots(3)$$

$\cot \theta$ は式 (3) の逆数なので，これを問題で与えられた式に代入すると，次式で表される．

$$
\begin{aligned}
\tan \frac{\theta}{2} &= (1 + \cot^2 \theta)^{1/2} - \cot \theta \\
&= \left\{ 1 + \left(\frac{4f^2 - r^2}{4fr} \right)^2 \right\}^{1/2} - \frac{4f^2 - r^2}{4fr} \\
&= \left\{ \frac{(4fr)^2 + (4f^2 - r^2)^2}{(4fr)^2} \right\}^{1/2} - \frac{4f^2 - r^2}{4fr} \\
&= \left\{ \frac{16f^2r^2 + (4f^2)^2 - 8f^2r^2 + r^4}{(4fr)^2} \right\}^{1/2} - \frac{4f^2 - r^2}{4fr} \\
&= \left\{ \frac{(4f^2 + r^2)^2}{(4fr)^2} \right\}^{1/2} - \frac{4f^2 - r^2}{4fr} = \frac{2r^2}{4fr} = \frac{r}{2f}
\end{aligned}
$$

周波数 $f = 15 \, \text{[GHz]} = 15 \times 10^9 \, \text{[Hz]}$ の電波の波長 $\lambda \, \text{[m]}$ は，次式で表される．

$$\lambda \fallingdotseq \frac{3 \times 10^8}{f} = \frac{3 \times 10^8}{15 \times 10^9} = 2 \times 10^{-2} \, \text{[m]}$$

開口径を $D \, \text{[m]}$，開口効率を η とすると，絶対利得 $G_I \, \text{[dB]}$ は，次式で表される．

$$
\begin{aligned}
G_I &= 10 \log_{10} \eta \left(\frac{\pi D}{\lambda} \right)^2 = 10 \log_{10} \left\{ 0.6 \times \left(\frac{\pi \times 2}{2 \times 10^{-2}} \right)^2 \right\} \\
&= 10 \log_{10}(6 \times \pi^2 \times 10^3) = 10 \log_{10} 6 + 20 \log_{10} \pi + 10 \log_{10} 10^3 \\
&= 7.8 + 10 + 30 \fallingdotseq 48 \, \text{[dB]}
\end{aligned}
$$

解答 問204➡ア−1　イ−7　ウ−8　エ−4　オ−10　問205➡4　問206➡5

問 207 　　　　　　　　　　　　正解 □　完璧 □　✎ 直前 CHECK □

次の記述は，散乱断面積について述べたものである． □□□内に入れるべき字句を下の番号から選べ．

(1) 均質な媒質中に置かれた媒質定数の異なる物体に平面波が入射すると，その物体が導体の場合には導電電流が生じ，また，誘電体の場合には □ ア □ が生じ，これらの電流が2次的な波源になり，電磁波が再放射される．

(2) 図に示すように，自由空間中の物体へ入射する平面波の電力束密度が p_i〔W/m²〕で，物体から距離 d〔m〕の受信点 R における散乱波の電力束密度が p_s〔W/m²〕であったとき，物体の散乱断面積 σ は，次式で定義される．

$$\sigma = \lim_{d \to \infty} \left| 4\pi d^2 \left(\boxed{\ \ \ \ イ\ \ \ \ } \right) \right| 〔\text{m}^2〕$$

上式は，受信点における散乱電力が，入射平面波の到来方向に垂直な断面積 σ 内に含まれる入射電力を □ ウ □ で散乱する仮想的な等方性散乱体の散乱電力に等しいことを意味している．

(3) 散乱方向が入射波の方向と一致するときの σ をレーダー断面積または □ エ □ 散乱断面積という．金属球のレーダー断面積 σ は，球の半径 r が波長に比べて十分大きい場合，□ オ □ にほぼ等しい．

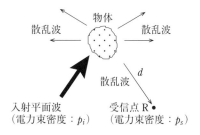

散乱波　　物体　　散乱波

d

散乱波

入射平面波　　　　　受信点 R
（電力束密度：p_i）　（電力束密度：p_s）

1　分極　　　2　p_i/p_s　　　3　受信点方向に対して単一指向性　　　4　後方　　　5　$4\pi r^2$
6　磁化　　　7　p_s/p_i　　　8　全方向に無指向性　　　　　　　　　　9　前方　　　10　πr^2

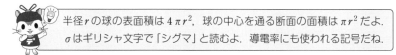

半径 r の球の表面積は $4\pi r^2$，球の中心を通る断面の面積は πr^2 だよ．
σ はギリシャ文字で「シグマ」と読むよ．導電率にも使われる記号だね．

問 208 📖 解説あり！ 　　正解 □ 完璧 □ 📝 直前 CHECK □

自由空間に置かれた直径 2〔m〕のパラボラアンテナの最大放射方向の距離 12〔km〕の地点の電界強度の値として，最も近いものを下の番号から選べ．ただし，周波数を 3〔GHz〕，送信電力を 10〔W〕，アンテナの開口効率を 0.6 とし，$\sqrt{7.2}=2.7$ とする．

1 57〔mV/m〕　　　　2 71〔mV/m〕　　　3 93〔mV/m〕

4 107〔mV/m〕　　　5 120〔mV/m〕

開口面積 A，開口径 D，開口効率 η のアンテナの絶対利得 G_I は，次の式で表されるよ．

$$G_I = \eta \frac{4\pi A}{\lambda^2} = \eta \frac{4\pi}{\lambda^2} \times \pi \left(\frac{D}{2}\right)^2 = \eta \left(\frac{\pi D}{\lambda}\right)^2$$

放射電力 P，距離 d の電界強度 E は，次の式だよ．

$$E = \frac{\sqrt{30 G_I P}}{d} \ \text{〔V/m〕}$$

問 209 　　　　　　　　　　　　正解 □ 完璧 □ 📝 直前 CHECK □

次の記述は，開口面アンテナによる放射電磁界の空間的分布とその性質について述べたものである．□内に入れるべき字句の正しい組合せを下の番号から選べ．ただし，開口面の直径は波長に比べて十分大きいものとする．

(1) アンテナからの放射角度に対する電界分布のパターンは，フレネル領域では距離によって □ A □，フラウンホーファ領域では距離によって □ B □．

(2) アンテナからフレネル領域とフラウンホーファ領域の境界までの距離は，開口面の実効的な最大寸法を D〔m〕および波長を λ〔m〕とすると，ほぼ □ C □〔m〕で与えられる．

	A	B	C
1	変化し	ほとんど変化しない	$2D^2/\lambda$
2	変化し	ほとんど変化しない	D^2/λ
3	変化し	ほとんど変化しない	$3D^2/\lambda$
4	ほとんど変化せず	変化する	D^2/λ
5	ほとんど変化せず	変化する	$3D^2/\lambda$

解答 問207→ ア－1　イ－7　ウ－8　エ－4　オ－10

問題

特性インピーダンスが $50\,\text{[}\Omega\text{]}$ の無損失給電線の終端に，$25-j75\,\text{[}\Omega\text{]}$ の負荷インピーダンスを接続したとき，終端における反射係数と給電線上に生ずる電圧定在波比の値の組合せとして，正しいものを下の番号から選べ．

　　　反射係数　　　電圧定在波比

1　$1+j$　　　$\dfrac{1-\sqrt{2}}{1+\sqrt{2}}$

2　$\dfrac{1}{3}(1-j2)$　　　$\dfrac{5+\sqrt{3}}{5-\sqrt{3}}$

3　$\dfrac{1}{3}(1-j2)$　　　$\dfrac{3+\sqrt{5}}{3-\sqrt{5}}$

4　$\dfrac{1}{3}(1+j2)$　　　$\dfrac{5+\sqrt{3}}{5-\sqrt{3}}$

5　$\dfrac{1}{3}(1+j2)$　　　$\dfrac{3+\sqrt{5}}{3-\sqrt{5}}$

次の記述は，図に示すように，無損失の平行2線式給電線の終端から $l\,\text{[m]}$ の距離にある入力端から負荷側を見たインピーダンス $Z\,\text{[}\Omega\text{]}$ について述べたものである．このうち正しいものを1，誤っているものを2として解答せよ．ただし，終端における電圧を $V_r\,\text{[V]}$，電流を $I_r\,\text{[A]}$，負荷インピーダンスを $Z_r\,\text{[}\Omega\text{]}$ とし，無損失の平行2線式給電線の特性インピーダンスを $Z_0\,\text{[}\Omega\text{]}$，位相定数を $\beta\,\text{[rad/m]}$，波長を $\lambda\,\text{[m]}$ とすれば，入力端における電圧 V と電流 I は，次式で表されるものとする．

$$V = V_r\cos\beta l + jZ_0 I_r \sin\beta l \quad\text{[V]}$$
$$I = I_r\cos\beta l + j(V_r/Z_0)\sin\beta l \quad\text{[A]}$$

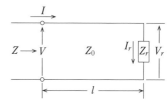

ア　$l=\lambda/4$ のとき，Z は $Z_0{}^2/Z_r$ と等しい．

イ　$l=\lambda/2$ のとき，Z は Z_r と等しい．

ウ　周波数が $30\,\text{[MHz]}$ で $l=40\,\text{[m]}$ のとき，Z は Z_r と等しい．

エ　$Z_r=\infty$（終端開放）のとき，Z は $jZ_0\tan\beta l$ と表される．

オ　$Z_r=0$（終端短絡）のとき，Z は $-jZ_0\cot\beta l$ と表される．

📖 解説→問208

周波数 3〔GHz〕の電波の波長を $\lambda = 10^{-1}$〔m〕，パラボラアンテナの開口効率を η，開口面の直径を D〔m〕とすると，絶対利得 G_I（真数）は，次式で表される．

$$G_I = \eta\left(\frac{\pi D}{\lambda}\right)^2 = 0.6 \times \frac{\pi^2 \times 2^2}{(10^{-1})^2} = 240 \times \pi^2$$

放射電力を P〔W〕，距離を d〔m〕とすると，電界強度 E〔V/m〕は，次式で表される．

$$E = \frac{\sqrt{30 G_I P}}{d} = \frac{\sqrt{30 \times 240 \times \pi^2 \times 10}}{12 \times 10^3} = \frac{\sqrt{7.2 \times \pi^2 \times 10^4}}{12} \times 10^{-3} = \frac{2.7 \times 3.14 \times 10^2}{12} \times 10^{-3}$$

$$\fallingdotseq 71 \times 10^{-3}\,\text{〔V/m〕} = 71\,\text{〔mV/m〕}$$

📖 解説→問210

給電線の特性インピーダンスを Z_0〔Ω〕，負荷インピーダンスを $\dot{Z}_R$〔Ω〕とすると，電圧反射係数 Γ は，次式で表される．

$$\Gamma = \frac{\dot{Z}_R - Z_0}{\dot{Z}_R + Z_0} = \frac{25 - j75 - 50}{25 - j75 + 50} = \frac{-25 - j75}{75 - j75} = \frac{25 \times (-1 - j3)}{25 \times 3 \times (1 - j)} = \frac{1}{3} \times \frac{(-1 - j3) \times (1 + j)}{(1 - j) \times (1 + j)}$$

$$= \frac{1}{3} \times \frac{-1 - j - j3 - j^2 3}{1 - j^2} = \frac{1}{3} \times \frac{2 - j4}{2} = \frac{1}{3}(1 - j2)$$

Γ の絶対値を求めると，次式で表される．

$$|\Gamma| = \frac{1}{3} \times \sqrt{1^2 + 2^2} = \frac{\sqrt{5}}{3}$$

電圧定在波比を S とすると，次式で表される．

$$S = \frac{1 + |\Gamma|}{1 - |\Gamma|} = \frac{1 + \dfrac{\sqrt{5}}{3}}{1 - \dfrac{\sqrt{5}}{3}} = \frac{3 + \sqrt{5}}{3 - \sqrt{5}}$$

📖 解説→問211

誤っている選択肢は，正しくは次のようになる．

エ　$Z_r = \infty$（終端開放）のとき，Z は $-jZ_0 \cot\beta l$ と表される．

オ　$Z_r = 0$（終端短絡）のとき，Z は $jZ_0 \tan\beta l$ と表される．

解答　問208→2　問209→1　問210→3
問211→ア−1　イ−1　ウ−1　エ−2　オ−2

特性インピーダンスが 50〔Ω〕，電波の伝搬速度が自由空間内の伝搬速度の 0.7 倍である無損失の同軸ケーブルの単位長さ当りの静電容量 C の値として，最も近いものを下の番号から選べ．

1　　95〔pF/m〕

2　116〔pF/m〕

3　133〔pF/m〕

4　166〔pF/m〕

5　190〔pF/m〕

特性インピーダンス Z_0，単位長さ当たりのインダクタンス L，静電容量 C のとき，次の式が成り立つよ．

$$Z_0 = \sqrt{\frac{L}{C}}\ 〔\Omega〕$$

自由空間の速度 $c = 3 \times 10^8$〔m/s〕，ケーブルの速度 v のとき，次の式が成り立つよ．

$$v = \frac{1}{\sqrt{LC}} = 0.7c\ 〔\text{m/s}〕$$

特性インピーダンスが 50〔Ω〕の無損失給電線の受端に接続された負荷への入射波電圧が 80〔V〕，反射波電圧が 20〔V〕であるとき，電圧波節から負荷側を見たインピーダンスの大きさとして，最も近いものを下の番号から選べ．

1　10〔Ω〕

2　20〔Ω〕

3　30〔Ω〕

4　40〔Ω〕

5　50〔Ω〕

無線工学B　給電線

入射波電圧 $|\dot{V}_f|$，反射波電圧 $|\dot{V}_r|$ のとき，電圧定在波比 S は，次の式で表されるよ．

$$S = \frac{|\dot{V}_f| + |\dot{V}_r|}{|\dot{V}_f| - |\dot{V}_r|}$$

特性インピーダンス Z_0 のとき，電圧が小さい電圧波節点のインピーダンス Z は，次の式で表されるよ．

$$Z = \frac{Z_0}{S}〔\Omega〕$$

📖 解説 ➡ 問212

同軸ケーブルの特性インピーダンスを Z_0〔Ω〕, 単位長さ当たりのインダクタンスを L〔H/m〕, 静電容量を C〔F/m〕とすると, 次式が成り立つ.

$$Z_0 = \sqrt{\frac{L}{C}} \text{〔Ω〕} \qquad \cdots\cdots(1)$$

同軸ケーブルの電波の伝搬速度を v〔m/s〕とすると, 次式で表される.

$$v = \frac{1}{\sqrt{LC}} = 0.7c \text{〔m/s〕} \qquad \cdots\cdots(2)$$

式 (1)×式 (2) より, 次式が成り立つ.

$$Z_0 v = \sqrt{\frac{L}{C}} \times \frac{1}{\sqrt{LC}} = \frac{1}{C} \qquad \cdots\cdots(3)$$

自由空間内の伝搬速度を $c = 3 \times 10^8$〔m/s〕とすると, $v = 0.7c$ を式 (3) に代入して静電容量 C を求めると, 次式で表される.

$$C = \frac{1}{Z_0 v} = \frac{1}{Z_0 \times 0.7c} = \frac{1}{50 \times 0.7 \times 3 \times 10^8} = \frac{10^4}{105} \times 10^{-12}$$

$$\fallingdotseq 95 \times 10^{-12} \text{〔F〕} = 95 \text{〔pF〕}$$

📖 解説 ➡ 問213

入射波電圧を $|\dot{V}_f|$, 反射波電圧を $|\dot{V}_r|$ とすると, 電圧定在波比 S は, 次式で表される.

$$S = \frac{V_{max}}{V_{min}} = \frac{|\dot{V}_f| + |\dot{V}_r|}{|\dot{V}_f| - |\dot{V}_r|} = \frac{80+20}{80-20} = \frac{5}{3} \qquad \cdots\cdots(1)$$

電圧波節点は, 受端が特性インピーダンス Z_0〔Ω〕よりも小さい抵抗 R〔Ω〕のときと同じ状態となるので, 次式が成り立つ.

$$S = \frac{Z_0}{R} \qquad \cdots\cdots(2)$$

電圧波節点から負荷側を見たインピーダンス Z〔Ω〕は R と等しくなるので, 式 (2) に式 (1) の数値を代入すると, 次式で表される.

$$Z = \frac{Z_0}{S} = 50 \times \frac{3}{5} = 30 \text{〔Ω〕}$$

解答 問212 ➡ 1　　問213 ➡ 3

問題

問 214 📖 解説あり！　正解 ☐ 完璧 ☐ ✏️ 直前CHECK ☐

　特性インピーダンスが 75〔Ω〕の無損失給電線に，$25+j50$〔Ω〕の負荷インピーダンスを接続したときの電圧透過係数の値として，最も近いものを下の番号から選べ．

1　$0.85-j0.35$　　　2　$0.20-j0.35$　　　3　$0.50-j0.50$

4　$0.25+j0.30$　　　5　$0.80+j0.60$

問 215　正解 ☐ 完璧 ☐ ✏️ 直前CHECK ☐

　次の記述は，図に示すマイクロストリップ線路について述べたものである．　☐内に入れるべき字句を下の番号から選べ．

(1) 接地導体基板の上に☐ ア ☐やフッ素樹脂などの厚さの薄い誘電体基板を密着させ，その上に幅が狭く厚さの薄いストリップ導体を密着させて線路を構成したものである．

(2) 本線路は，開放線路の一種であり，外部雑音の影響や放射損がある．放射損を少なくするために，比誘電率☐ イ ☐誘電体基板を用いる．

(3) 伝送モードは，通常，ほぼ☐ ウ ☐モードとして扱うことができる．

(4) 特性インピーダンスは，ストリップ導体の幅を w，誘電体基板の厚さを d，誘電体基板の比誘電率を ε_r とすると，☐ エ ☐が大きいほど，また ε_r が☐ オ ☐，小さくなる．

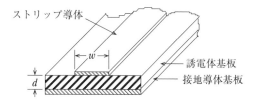

ストリップ導体　誘電体基板　接地導体基板　w　d

1　アルミナ　　　2　の小さい　　　3　TE_{11}　　　4　w/d　　　5　小さいほど

6　フェライト　　7　の大きい　　　8　TEM　　　9　d/w　　　10　大きいほど

問 216 📖 解説あり！　正解 ☐ 完璧 ☐ ✏️ 直前CHECK ☐

　内部導体の外径が 2〔mm〕，外部導体の内径が 16〔mm〕の同軸線路の特性インピーダンスが 75〔Ω〕であった．この同軸線路の外部導体の内径を 1/2 倍にしたときの特性インピーダンスの値として，最も近いものを下の番号から選べ．ただし，内部導体と外部導体の間には，同一の誘電体が充填されているものとする．

1　25〔Ω〕　　　2　35〔Ω〕　　　3　50〔Ω〕　　　4　75〔Ω〕　　　5　100〔Ω〕

無線工学B　給電線

215

📖 解説→問214

給電線の特性インピーダンスを Z_0〔Ω〕，負荷インピーダンスを $\dot{Z}_R$〔Ω〕，電圧反射係数を Γ とすると，電圧透過係数 T は，次式で表される．

$$T = 1 + \Gamma = 1 + \frac{\dot{Z}_R - Z_0}{\dot{Z}_R + Z_0} = \frac{2\dot{Z}_R}{\dot{Z}_R + Z_0} = \frac{2 \times (25 + j50)}{25 + j50 + 75}$$

$$= \frac{1 + j2}{2 + j1} = \frac{1 + j2}{2 + j1} \times \frac{2 - j1}{2 - j1} = \frac{2 + j4 - j1 + 2}{2^2 + 1^2} = \frac{4 + j3}{5} = 0.8 + j0.6$$

📖 解説→問216

内部導体の外径 $d = 2$〔mm〕$= 2 \times 10^{-3}$〔m〕，外部導体の内径 $D = 16$〔mm〕$= 16 \times 10^{-3}$〔m〕，誘電体の比誘電率 ε_r の同軸線路の特性インピーダンス Z_0〔Ω〕は，

$$Z_0 = \frac{138}{\sqrt{\varepsilon_r}} \log_{10} \frac{D}{d} = \frac{138}{\sqrt{\varepsilon_r}} \log_{10} \frac{16 \times 10^{-3}}{2 \times 10^{-3}}$$

$$= \frac{138}{\sqrt{\varepsilon_r}} \log_{10} 8 = 75 〔Ω〕$$

よって，次式が成り立つ．

$$\frac{138}{\sqrt{\varepsilon_r}} = \frac{75}{\log_{10} 8} \qquad\qquad \cdots\cdots(1)$$

外部導体の内径 D が $D/2$ になったときの特性インピーダンス Z_x〔Ω〕は，

$$Z_x = \frac{138}{\sqrt{\varepsilon_r}} \log_{10} \frac{D}{2d} = \frac{138}{\sqrt{\varepsilon_r}} \log_{10} \frac{D}{d} + \frac{138}{\sqrt{\varepsilon_r}} \log_{10} 2^{-1}$$

$$= \frac{138}{\sqrt{\varepsilon_r}} \log_{10} 8 + \frac{138}{\sqrt{\varepsilon_r}} \log_{10} 2^{-1} 〔Ω〕 \qquad\qquad \cdots\cdots(2)$$

式 (1) を式 (2) に代入して Z_x を求めると，次式で表される．

$$Z_x = \frac{75}{\log_{10} 8} \log_{10} 8 + \frac{75}{\log_{10} 8} \times (-1) \log_{10} 2$$

$$= 75 - \frac{75}{3 \times \log_{10} 2} \log_{10} 2 = 75 - 25 = 50 〔Ω〕$$

ただし，$\log_{10} 8 = \log_{10} 2^3 = 3 \times \log_{10} 2$ である．

解答 問214→5　問215→ア－1　イ－7　ウ－8　エ－4　オ－10　問216→3

216

問 217 📖 **解説あり！**   正解 ☐   完璧 ☐   ✏️ 直前CHECK ☐

次の記述は，同軸線路の特性について述べたものである．このうち誤っているものを下の番号から選べ．

1　通常，直流からTEM波のみが伝搬する周波数帯まで用いられる．

2　抵抗損は周波数の平方根に比例して増加し，誘電体損は周波数に比例して増加する．

3　比誘電率がε_sの誘電体が充填されているときの特性インピーダンスは，比誘電率が1の誘電体が充填されているときの特性インピーダンスの$1/\sqrt{\varepsilon_s}$倍となる．

4　比誘電率がε_sの誘電体が充填されているときの位相定数は，比誘電率が1の誘電体が充填されているときの位相定数のε_s倍となる．

5　通常，最も遮断波長が長いTE_{11}波が発生する周波数より高い周波数領域では用いられない．

問 218 📖 **解説あり！**   正解 ☐   完璧 ☐   ✏️ 直前CHECK ☐

図1は同軸線路の断面図であり，図2は平行平板線路の断面図である．これら二つの線路の特性インピーダンスが等しく，同軸線路の外部導体の内径b〔m〕と内部導体の外径a〔m〕との比(b/a)の値が4であるときの平行平板線路の誘電体の厚さd〔m〕と導体の幅W〔m〕との比(d/W)の値として，最も近いものを下の番号から選べ．ただし，両線路とも無損失であり，誘電体は同一とする．また，誘電体の比誘電率をε_rとし，自由空間の固有インピーダンスをZ_0〔Ω〕とすると，平行平板線路の特性インピーダンスZ_p〔Ω〕は，$Z_p=(Z_0/\sqrt{\varepsilon_r})\times(d/W)$で表され，$\log_{10}2=0.3$とする．

1　0.22
2　0.26
3　0.30
4　0.34
5　0.38

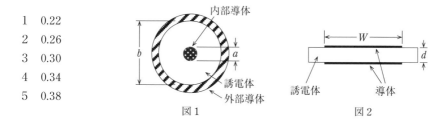

内部導体
b
a
誘電体
外部導体
図1

W
d
誘電体
導体
図2

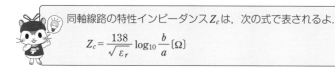

同軸線路の特性インピーダンスZ_cは，次の式で表されるよ．

$$Z_c=\frac{138}{\sqrt{\varepsilon_r}}\log_{10}\frac{b}{a}\ 〔Ω〕$$

📖 **解説➡問217**

誤っている選択肢は，正しくは次のようになる.

4　比誘電率がε_sの誘電体が充填されているときの位相定数は，比誘電率が1の誘電体が充填されているときの位相定数の$\sqrt{\varepsilon_s}$倍となる.

📖 **解説➡問218**

問題図1で示される内部導体の外径がa〔m〕，外部導体の内径がb〔m〕の同軸線路の特性インピーダンスZ_c〔Ω〕は，次式で表される.

$$Z_c = \frac{138}{\sqrt{\varepsilon_r}} \log_{10} \frac{b}{a} \,〔Ω〕 \qquad \cdots\cdots(1)$$

問題で与えられた条件$\dfrac{b}{a}=4$を代入すると，

$$Z_c = \frac{138}{\sqrt{\varepsilon_r}} \log_{10} 4$$

$$= \frac{138}{\sqrt{\varepsilon_r}} \log_{10} 2^2 = \frac{138}{\sqrt{\varepsilon_r}} \times 2 \times 0.3 = \frac{82.8}{\sqrt{\varepsilon_r}} \,〔Ω〕 \qquad \cdots\cdots(2)$$

平行平板線路の特性インピーダンスZ_p〔Ω〕は，問題で与えられた式より，

$$Z_p = \frac{Z_0}{\sqrt{\varepsilon_r}} \times \frac{d}{W} \,〔Ω〕 \qquad \cdots\cdots(3)$$

条件より，式(2)＝式(3)として，誘電体の厚さd〔m〕と導体の幅W〔m〕との比を求めると，

$$\frac{d}{W} = \frac{82.8}{\sqrt{\varepsilon_r}} \times \frac{\sqrt{\varepsilon_r}}{Z_0} = \frac{82.8}{377} \fallingdotseq 0.22$$

ただし，自由空間の固有インピーダンスは，$Z_0 = 120\pi \fallingdotseq 377$〔Ω〕である.

国家試験問題では，比誘電率の記号がε_rとε_sが使われるけど，同じものだよ. 自由空間の固有インピーダンスZ_0は，真空の誘電率$\varepsilon_0 \fallingdotseq (1/36\pi) \times 10^{-9}$と真空の透磁率$\mu_0 = 4\pi \times 10^{-7}$から，$Z_0 = \sqrt{\mu_0/\varepsilon_0} \fallingdotseq 120\pi \fallingdotseq 377$〔Ω〕となるよ.

解答 問217➡4　　問218➡1

問題

図に示す整合回路を用いて，特性インピーダンス Z_0 が 730〔Ω〕の無損失の平行 2 線式給電線と入力インピーダンス Z が 73〔Ω〕の半波長ダイポールアンテナとを整合させるために必要な静電容量 C の値として，最も近いものを下の番号から選べ．ただし，周波数を $40/\pi$〔MHz〕とする．

1　　37〔pF〕
2　　51〔pF〕
3　　68〔pF〕
4　　94〔pF〕
5　　102〔pF〕

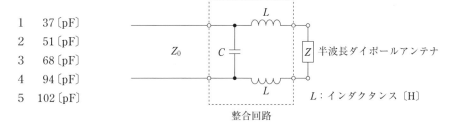

整合回路

L：インダクタンス〔H〕

アドミタンスはインピーダンスの逆数だよ．アドミタンスで計算した方が計算しやすいよ．未知数が L と C の二つあるから，連立方程式を解くために式が二つ必要だよ．実数部と虚数部はそれぞれ等しいから，それで二つの式ができるよ．

図に示すように，特性インピーダンス Z_0 が 75〔Ω〕の無損失給電線と入力抵抗 R が 108〔Ω〕のアンテナを集中定数回路を用いて整合させたとき，リアクタンス X の大きさの値として，最も近いものを下の番号から選べ．

1　　55〔Ω〕
2　　90〔Ω〕
3　　100〔Ω〕
4　　126〔Ω〕
5　　156〔Ω〕

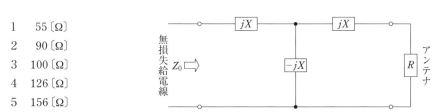

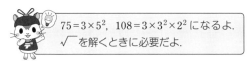

$75 = 3 \times 5^2$，$108 = 3 \times 3^2 \times 2^2$ になるよ．
$\sqrt{}$ を解くときに必要だよ．

無線工学 B　給電線

219

　給電線と整合回路の接続点において，左右を見たインピーダンスが等しくなければならないので，アドミタンスが等しいとすると，次式が成り立つ.

$$\frac{1}{Z_0}=j\omega C+\frac{1}{Z+j2\omega L}$$

$$\frac{Z+j2\omega L}{Z_0}=j\omega C(Z+j2\omega L)+1$$

$$Z+j2\omega L=j\omega CZZ_0-2\omega^2 LCZ_0+Z_0 \qquad \cdots\cdots(1)$$

式 (1) の実数部と虚数部は，それぞれ等しくなければならないので，

$$Z=Z_0-2\omega^2 LCZ_0 \qquad \cdots\cdots(2)$$

$$2L=CZZ_0 \qquad \cdots\cdots(3)$$

C だけの式とするために式 (3) を式 (2) に代入すると，

$$Z=Z_0-\omega^2 C^2 Z_0^2 Z$$

よって，

$$C=\frac{1}{\omega Z_0}\sqrt{\frac{Z_0-Z}{Z}}=\frac{1}{2\times\pi\times\dfrac{40}{\pi}\times10^6\times730}\times\sqrt{\frac{730-73}{73}}$$

$$=\frac{1}{5.84\times10^{10}}\times\sqrt{9}=\frac{300}{5.84}\times10^{-12}\,[\mathrm{F}]\fallingdotseq51\,[\mathrm{pF}]$$

ただし，角周波数を $\omega=2\pi f\,[\mathrm{rad/s}]$，周波数を $f=\dfrac{40}{\pi}\times10^6\,[\mathrm{Hz}]$ とする.

　無損失給電線と整合回路の接続点において，左右を見たインピーダンスが等しくなればならないので，次式が成り立つ.

$$Z_0=jX+\frac{-jX\times(R+jX)}{-jX+(R+jX)}=jX+\frac{-jXR+X^2}{R}=\frac{X^2}{R}$$

よって，リアクタンス $X\,[\Omega]$ を求めると，次式で表される.

$$X=\sqrt{Z_0 R}=\sqrt{75\times108}=\sqrt{8,100}$$

$$=\sqrt{9\times9\times10\times10}=90\,[\Omega]$$

解答 問219→2　問220→2

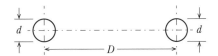 **問 221** 📖 解説あり！ 　　正解 ☐ 完璧 ☐ ✐ 直前CHECK ☐

　図に示す無損失の平行2線式給電線と289〔Ω〕の純負荷抵抗を1/4波長整合回路で整合させるとき，この整合回路の特性インピーダンスの値として，最も近いものを下の番号から選べ．ただし，平行2線式給電線の導線の直径 d を2〔mm〕，2本の導線間の間隔 D を10〔cm〕とする．

1　400〔Ω〕
2　450〔Ω〕
3　500〔Ω〕
4　550〔Ω〕
5　600〔Ω〕

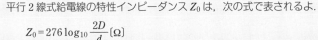

> 平行2線式給電線の特性インピーダンス Z_0 は，次の式で表されるよ．
>
> $$Z_0 = 276 \log_{10} \frac{2D}{d} \, 〔Ω〕$$
>
> 抵抗負荷 R の1/4波長整合回路の特性インピーダンス Z_Q は，次の式で表されるよ．
>
> $$Z_Q = \sqrt{R Z_0} \, 〔Ω〕$$

 **問 222** 📖 解説あり！ 　　正解 ☐ 完璧 ☐ ✐ 直前CHECK ☐

　次の記述は，平面波が有限な導電率の導体中へ浸透する深さを表す表皮厚さ（深さ）について述べたものである．　　内に入れるべき字句の正しい組合せを下の番号から選べ．ただし，平面波はマイクロ波とし，e を自然対数の底とする．

(1) 表皮厚さは，導体表面の電磁界強度が　A　に減衰するときの導体表面からの距離をいう．
(2) 表皮厚さは，導体の導電率が　B　なるほど薄くなる．
(3) 表皮厚さが　C　なるほど，減衰定数は小さくなる．

	A	B	C
1	$1/(2e)$	小さく	薄く
2	$1/(2e)$	小さく	厚く
3	$1/(2e)$	大きく	薄く
4	$1/e$	大きく	厚く
5	$1/e$	小さく	薄く

無線工学B　給電線

解説 → 問221

平行2線式給電線の導線の直径を $d = 2$ 〔mm〕$= 2 \times 10^{-3}$ 〔m〕，導線間の距離を $D = 10$ 〔cm〕$= 10^{-1}$ 〔m〕とすると，特性インピーダンス Z_0 〔Ω〕は，次式で表される.

$$Z_0 \fallingdotseq 276 \log_{10} \frac{2D}{d}$$

$$= 276 \log_{10} \frac{2 \times 10^{-1}}{2 \times 10^{-3}} = 276 \log_{10} 10^2$$

$$= 276 \times 2 = 552 \text{〔Ω〕}$$

負荷インピーダンスを R 〔Ω〕，$\frac{1}{4}$ 波長整合回路の特性インピーダンスを Z_Q 〔Ω〕とすると，整合がとれているときは，次式が成り立つ.

$$Z_Q = \sqrt{RZ_0} = \sqrt{289 \times 552}$$

$$= \sqrt{159,528} \fallingdotseq \sqrt{16 \times 10^4} = 400 \text{〔Ω〕}$$

注意

同軸給電線の特性インピーダンス Z_0 は，次の式で表されるよ.

$$Z_0 = \frac{138}{\sqrt{\varepsilon_r}} \log_{10} \frac{D}{d} \text{〔Ω〕}$$

平行2線式給電線と式の違いに注意して，両方の式を覚えてね.

解説 → 問222

導体の表面から x 方向の深さに進行する電磁波の電磁界強度は，

$$e^{-\alpha x} = e^{-x/\delta}$$

の式で表され，$x = \delta$ の深さのとき，$e^{-1} = 1/e$ に減衰する.

導体の導電率を σ，透磁率を μ，誘電率を ε，電波の角周波数を ω とすると，減衰定数 α および表皮厚さ（深さ）δ は，次式で表される.

$$\alpha = \frac{1}{\delta}$$

$$\delta = \sqrt{\frac{2}{\omega \mu \sigma}}$$

表皮厚さ δ は，導体の導電率 σ が**大きく**なるほど薄くなる.

表皮厚さ δ が**厚く**なるほど，減衰定数 α は小さくなる.

解答 問221 → 1　問222 → 4

問題

　次の記述は，図に示す帯域フィルタ（BPF）を用いた送信アンテナ共用装置について述べたものである．　□□□内に入れるべき字句の正しい組合せを下の番号から選べ．なお，同じ記号の□□□内には，同じ字句が入るものとする．

(1) 移動通信などの一つの基地局に多数の無線チャネルが用いられ多数の送信アンテナが設置される場合，送信電波の　A　変調を防止するため，送信アンテナ相互間で所要の　B　を得る必要がある．この　B　は，アンテナを垂直または水平に，一定の間隔をおいて配置することにより得られるが，送信アンテナの数が多くなると広い場所が必要になるため，送信アンテナ共用装置が用いられることが多い．

(2) 一つの送信機出力は，サーキュレータとその送信周波数の帯域フィルタを通ってアンテナに向かう．他の送信機に対しては，分岐結合回路の分岐点から各帯域フィルタまでの線路の長さを送信波長の 1/4 の　C　とし，先端を短絡した 1/4 波長の　C　の長さの給電線と同じ働きになるようにして，分岐点から見たインピーダンスが無限大になるようにしている．

(3) しかし，一般に分岐点から見たインピーダンスが無限大になることはないので，他の三つの送信周波数のそれぞれの帯域フィルタのみでは十分な　B　が得られない．このため，さらにサーキュレータの吸収抵抗で消費させ，他の送信機への回り込みによる再放射を防いでいる．

	A	B	C
1	相互	結合減衰量	奇数倍
2	相互	結合減衰量	偶数倍
3	相互	耐電力	偶数倍
4	過	耐電力	奇数倍
5	過	結合減衰量	偶数倍

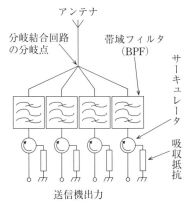

送信機出力

長さ l，位相定数 $\beta = 2\pi/\lambda$，特性インピーダンス Z_0 の先端を短絡した線路のインピーダンス $\dot{Z}$ は，$\dot{Z} = j \tan\beta l$〔Ω〕の式で表されるよ．tan の値は βl が $\pi/2$ の奇数倍のときに無限大になるよ．

次の記述は，図1，図2および図3に示すTE₁₀波が伝搬している方形導波管の管内に挿入されたリアクタンス素子について述べたものである．☐☐☐内に入れるべき字句の正しい組合せを下の番号から選べ．ただし，導波管の内壁の短辺と長辺の比は1対2とし，管内波長をλ_g〔m〕とする．

(1) 導波管の管内に挿入された薄い金属片または金属棒は，平行2線式給電線にリアクタンス素子を　A　に接続したときのリアクタンス素子と等価な働きをするので，整合をとるときに用いられる．

(2) 図1に示すように，導波管内壁の長辺の上下両側または片側に管軸と直角に挿入された薄い金属片は，　B　の働きをする．

(3) 図2に示すように，導波管内壁の短辺の左右両側または片側に管軸と直角に挿入された薄い金属片は，　C　の働きをする．

(4) 図3に示すように，導波管に細い金属棒（ねじ）が電界と平行に挿入されたとき，金属棒の挿入長l〔m〕が　D　〔m〕より長いとインダクタンスとして働き，短いとキャパシタンスとして働く．

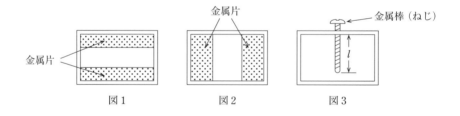

図1　　　　　　　　　図2　　　　　　　　　図3

	A	B	C	D
1	直列	インダクタンス	キャパシタンス	$\lambda_g/4$
2	直列	キャパシタンス	インダクタンス	$\lambda_g/2$
3	並列	インダクタンス	キャパシタンス	$\lambda_g/2$
4	並列	キャパシタンス	インダクタンス	$\lambda_g/4$
5	並列	インダクタンス	キャパシタンス	$\lambda_g/4$

解答 問223 → 1

問223 線路長lの受端短絡線路のインピーダンス$\dot{Z}$は，位相定数を$\beta=2\pi/\lambda$とすると，$\dot{Z}=jZ_0\tan\beta l$によって表される．$\tan\beta l=\infty$となるのは，$\beta l=\pi/2$，$3\pi/2$，$\cdots$，$l=\lambda/4$，$3\lambda/4$，$\cdots$の$\lambda/4$の奇数倍である．

次の記述は，図に示す方形導波管について述べたものである．□内に入れるべき字句を下の番号から選べ．ただし，自由空間における電波の波長を λ〔m〕，速度を c〔m/s〕とする．

(1) TE_{mn} モードの遮断波長は，□ ア □〔m〕である．

(2) TE_{10} モードにおける遮断波長は，□ イ □〔m〕，管内波長は，□ ウ □〔m〕である．導波管内を伝搬する電波の群速度 v_g〔m/s〕は，位相速度 v_p〔m/s〕より□ エ □，v_p と v_g の間には□ オ □の関係がある．

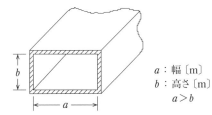

a：幅〔m〕
b：高さ〔m〕
$a > b$

1　$2b$

2　$\dfrac{2}{\sqrt{\left(\dfrac{m}{a}\right)^2 + \left(\dfrac{n}{b}\right)^2}}$

3　$\dfrac{\lambda}{\sqrt{1 - \left(\dfrac{\lambda}{2a}\right)^2}}$

4　速く

5　$\dfrac{\lambda}{\sqrt{1 - \left(\dfrac{\lambda}{2b}\right)^2}}$

6　$\dfrac{1}{\sqrt{\left(\dfrac{n}{2a}\right)^2 + \left(\dfrac{m}{b}\right)^2}}$

7　$v_p v_g = \sqrt{2}\, c^2$

8　$2a$

9　遅く

10　$v_p v_g = c^2$

次の記述は，TEM波について述べたものである．このうち正しいものを1，誤っているものを2として解答せよ．

ア　電磁波の伝搬方向に電界および磁界成分が存在しない横波である．

イ　電磁波の伝搬方向に直角な平面内では，電界と磁界が常に同相で振動する．

ウ　導波管中を伝搬できる．

エ　平行2線式給電線を伝搬できない．

オ　真空の固有インピーダンスは，約 120〔Ω〕である．

📖 解説➡問225

TE_{mn} モードの遮断波長 λ_C 〔m〕は，次式で表される.

$$\lambda_C = \frac{2}{\sqrt{\left(\dfrac{m}{a}\right)^2 + \left(\dfrac{n}{b}\right)^2}} = \frac{1}{\sqrt{\left(\dfrac{m}{2a}\right)^2 + \left(\dfrac{n}{2b}\right)^2}} \text{〔m〕}$$

TE_{10} モードの群速度 v_g 〔m／s〕および位相速度 v_p 〔m／s〕は，次式で表される.

$$v_g = c\sqrt{1 - \left(\frac{\lambda}{2a}\right)^2} \text{〔m／s〕} \qquad\qquad \cdots\cdots(1)$$

$$v_p = \frac{c}{\sqrt{1 - \left(\dfrac{\lambda}{2a}\right)^2}} \text{〔m／s〕} \qquad\qquad \cdots\cdots(2)$$

式 (1)，(2) より，次式が成り立つ.

$$v_p v_g = c^2$$

 $\lambda = 2a$ となる遮断波長よりも短い波長の電磁波しか伝搬しないので，$\lambda／(2a)$ の値は 1 より小さくなるよ. だから，v_g は c より小さい値で，v_p は c より大きい値だよ.

📖 解説➡問226

誤っている選択肢は，正しくは次のようになる.

ウ　導波管中を**伝搬できない**.

エ　平行2線式給電線を**伝搬できる**.

オ　真空の固有インピーダンスは，**約377**〔Ω〕である.

解答

問題

次の記述は，図に示す導波管で構成されたラットレース回路について述べたものである．□□内に入れるべき字句の正しい組合せを下の番号から選べ．ただし，管内波長をλ_g〔m〕とする．なお，同じ記号の□□内には，同じ字句が入るものとする．

(1) 導波管の□A□面を環状にして，全長を$6\lambda_g / 4$〔m〕とし，間隔を$\lambda_g / 4$〔m〕および$3\lambda_g / 4$〔m〕として，4本の□A□分岐を設けた構造である．

(2) 分岐①からの入力は，左右に分離して進むとき，分岐②では左右からの行路差がλ_g〔m〕になるために同相となり，分岐④でも左右からの行路差がλ_g〔m〕になるために同相となる．したがって，分岐②と④には出力が得られる．しかし，分岐③では左右からの行路差が□B□〔m〕になるために，出力は得られない．同様に，分岐②からの入力は，分岐□C□に出力が得られる．

(3) この回路を用い，分岐□D□に接続した受信機を分岐①に接続した送信機の大送信出力から保護し，かつ，分岐②に接続した一つのアンテナを送受共用にすることができる．

	A	B	C	D
1	H	$\lambda_g / 4$	③と④	③
2	H	$\lambda_g / 2$	①と③	④
3	E	$\lambda_g / 4$	③と④	④
4	E	$\lambda_g / 4$	①と③	③
5	E	$\lambda_g / 2$	①と③	③

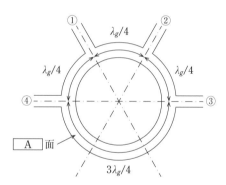

 左右の経路を通ってくる二つの電磁波の位相が，同相のとき出力が得られて，逆相のとき出力が得られないよ．行路差がλ_gのとき同相，$\lambda_g / 2$のとき逆相だよ．

無線工学B　給電線

問題

問 228

正解 □　完璧 □　✎ 直前CHECK □

次の記述は，図に示す主導波管と副導波管を交差角θを持たせて重ね合わせて結合孔を設けたベーテ孔方向性結合器について述べたものである．このうち誤っているものを下の番号から選べ．ただし，導波管内の伝送モードは，TE_{10}とし，θは90度より小さいものとする．

1　主導波管と副導波管は，H面を重ね合わせる．

2　磁界結合した電磁波が副導波管内を対称に両方向に進み，また，電界結合した電磁波が副導波管を一方向に進む性質を利用する．

3　θをある一定値にすることで，電界結合して左右に進む一方の電磁波を磁界結合した電磁波で打ち消すと同時に他方向の電磁波に相加わるようにする．

4　磁界結合した電磁波の大きさは，$\cos\theta$にほぼ比例して変わる．

5　電界結合した電磁波の大きさは，θに無関係である．

副導波管

結合孔　主導波管

問 229　📖 解説あり！

正解 □　完璧 □　✎ 直前CHECK □

次の記述は，図に示すマジックTの基本的な動作について述べたものである．このうち誤っているものを下の番号から選べ．ただし，マジックTの各開口は，整合がとれているものとし，また，導波管内の伝送モードは，TE_{10}とする．

1　マジックTは，E分岐とH分岐を組み合わせた構造になっている．

2　開口1からの入力は，開口3と4へ出力され，このときの開口3と4の出力は同相である．

3　開口1からの入力は，開口2には出力されない．

4　開口2からの入力は，開口3と4へ出力され，このときの開口3と4の出力は同相である．

5　開口2からの入力は，開口1には出力されない．

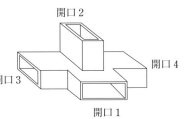

開口2

開口4

開口3

開口1

解答　問227 ➡ 5

ミニ解説

問227　分岐①から入力が分岐③へ向かうとき，左方向から向かう時計回りの行路が$\lambda_g/4 + \lambda_g/4 = \lambda_g/2$となり，右方向から向かう反時計回りの行路は，$\lambda_g/4 + 3\lambda_g/4 = \lambda_g$となる．これらの行路差は$\lambda_g/2$になるため互いに逆位相となり，分岐③へ出力は得られない．

問題

問 230 📖 **解説あり!** 正解 ☐ 完璧 ☐ ✏️ 直前CHECK ☐

　図に示す3線式折返し半波長ダイポールアンテナを用いて300〔MHz〕の電波を受信したときの実効長の値として，最も近いものを下の番号から選べ．ただし，3本のアンテナ素子はそれぞれ平行で，かつ，極めて近接して配置されており，その素材や寸法は同じものとし，波長をλ〔m〕とする．また，アンテナの損失はないものとする．

1　　96〔cm〕
2　　109〔cm〕
3　　116〔cm〕
4　　125〔cm〕
5　　134〔cm〕

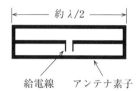

約 $\lambda/2$

給電線　　アンテナ素子

問 231 📖 **解説あり!** 正解 ☐ 完璧 ☐ ✏️ 直前CHECK ☐

　次の記述は，図に示す対数周期ダイポールアレーアンテナについて述べたものである．このうち誤っているものを下の番号から選べ．

1　隣り合う素子の長さの比l_{n+1}/l_nと隣り合う素子の頂点Oからの距離の比x_{n+1}/x_nは等しい．
2　使用可能な周波数範囲は，最も長い素子と最も短い素子によって決まる．
3　主放射の方向は矢印アの方向である．
4　素子にはダイポールアンテナが用いられ，隣接するダイポールアンテナごとに逆位相で給電する．
5　航空機の航行援助用施設であるILS（計器着陸装置）のローカライザのアンテナとして用いられる．

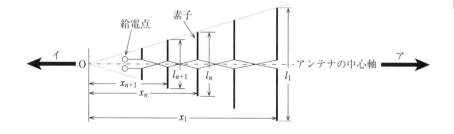

給電点　　　素子

イ　　O　　　　　　　　　　　　　　　　　　　　アンテナの中心軸　　　ア

l_{n+1}　l_n　　　　　l_1

x_{n+1}

x_n

x_1

📖 解説 ➡ 問229

誤っている選択肢は，正しくは次のようになる．

4　開口2からの入力は，開口3と4へ出力され，このときの開口3と4の出力は**逆相**である．

基本伝送モードのTE_{10}波は，電界が導波管の長辺に垂直である．開口2から開口3と4へ向かうときに，それぞれの電界の向きが逆になるので，逆相で出力される．開口1から開口2へ向かうときは，電界と垂直方向の辺の長さが短くなるので，遮断波長が短くなって出力されない．

📖 解説 ➡ 問230

周波数$f = 300$〔MHz〕の電波の波長λ〔m〕は，次式で表される．

$$\lambda \fallingdotseq \frac{300}{f〔MHz〕} = \frac{300}{300} = 1〔m〕$$

3線式折返し半波長ダイポールアンテナの実効長l_eは半波長ダイポールアンテナの3倍となるので，次式で表される．

$$l_e = 3 \times \frac{\lambda}{\pi}$$

$$\fallingdotseq 3 \times 0.32 \times 1 = 0.96〔m〕= 96〔cm〕$$

ただし，$1/\pi \fallingdotseq 0.32$として計算する．

📖 解説 ➡ 問231

誤っている選択肢は，正しくは次のようになる．

3　主放射の方向は矢印**イ**の方向である．

対数周期ダイポールアレーアンテナに給電すると，使用周波数に共振するアンテナ素子に最大電流が流れて電波を放射するが，隣接する素子は逆位相で給電するため，電波放射に関係しない．共振素子より長い素子は反射素子として動作するので，イの方向に単一指向性を持つ．

解答　問228➡2　　問229➡4　　問230➡1　　問231➡3

問228　2　電界結合した電磁波が副導波管内を対称に両方向に進み，また，**磁界結合した電磁波が副導波管を一方向に進む**性質を利用する．

230

問題

　次の記述は，図に示すように移動体通信に用いられる携帯機のきょう体の上に外付けされたモノポールアンテナ（ユニポールアンテナ）について述べたものである．このうち誤っているものを下の番号から選べ．

1　携帯機のきょう体の上に外付けされたモノポールアンテナは，一般にその長さ h によってアンテナの特性が変化する．
2　長さ h が1/2波長のモノポールアンテナは，1/4波長のモノポールアンテナと比較したとき，携帯機のきょう体に流れる高周波電流が小さい．
3　長さ h が1/2波長のモノポールアンテナは，1/4波長のモノポールアンテナと比較したとき，放射パターンがきょう体の大きさやきょう体に近接する手などの影響を受けにくい．
4　長さ h が1/2波長のモノポールアンテナは，1/4波長のモノポールアンテナと比較したとき，給電点インピーダンスが低い．
5　長さ h が3/8波長のモノポールアンテナは，1/2波長のモノポールアンテナと比較したとき，50〔Ω〕系の給電線と整合が取りやすい．

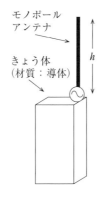

モノポール
アンテナ

h

きょう体
（材質：導体）

　半波長ダイポールアンテナの給電点インピーダンスは，$73.13 + j42.55$〔Ω〕だよ．
1/4波長垂直接地アンテナの給電点インピーダンスは，その1/2なので低い値だね．
これらのアンテナの電流分布は給電点で最大となるよ．1/4波長モノポールアンテナのインピーダンスや電流分布は，1/4波長垂直接地アンテナとほぼ同じだね．
1/2波長モノポールアンテナの電流分布は，給電点で最小となって，電圧分布が最大となるので，給電点インピーダンスはかなり高くなるよ．

問題

次の記述は，図に示す携帯電話等の携帯機に用いられる逆L形アンテナ，逆F形アンテナ
および板状逆F形アンテナの原理的構成例について述べたものである．　☐☐☐内に入れる
べき字句の正しい組合せを下の番号から選べ．

(1) 逆L形アンテナは，図1に示すように1/4波長モノポールアンテナの途中を直角に折り
曲げたアンテナであり，そのインピーダンスの抵抗分の値は，1/4波長モノポールアン
テナに比べて ☐ A ☐，また，リアクタンス分の値は，☐ B ☐で大きいため，通常の同軸線
路などとのインピーダンス整合が取りにくい．

(2) 逆F形アンテナは，図2に示すように逆L形アンテナの給電点近くのアンテナ素子と地
板（グランドプレーン）の間に短絡部を設け，アンテナの入力インピーダンスを調整しや
すくし，逆L形アンテナに比べてインピーダンス整合が取りやすくしたものである．

(3) 板状逆F形アンテナは，図3に示すように逆F形アンテナのアンテナ素子を板状にし，
短絡板と給電点を設けたものであり，逆F形アンテナに比べて周波数帯域幅が ☐ C ☐．

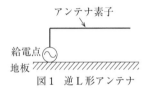

図1　逆L形アンテナ

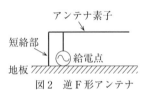

図2　逆F形アンテナ

	A	B	C
1	大きく	容量性	狭い
2	大きく	誘導性	広い
3	小さく	容量性	広い
4	小さく	誘導性	広い
5	小さく	誘導性	狭い

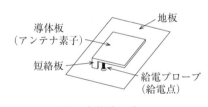

図3　板状逆F形アンテナ

解答 問232→4

ミニ解説

問232　4　長さ h が1/2波長のモノポールアンテナは，1/4波長のモノポール
アンテナと比較したとき，給電点インピーダンスが高い．

次の記述は，図に示す方形のマイクロストリップアンテナについて述べたものである． _____内に入れるべき字句を下の番号から選べ．ただし，給電は，同軸給電とする．

(1) 図1に示すように，地板上に波長に比べて十分に薄い誘電体を置き，その上に放射板を平行に密着して置いた構造であり，放射板の中央から少しずらした位置で放射板と \boxed{ア} の間に給電する．

(2) 放射板と地板間にある誘電体に生ずる電界は，電波の放射には寄与しないが，放射板の周縁部に生ずる漏れ電界は電波の放射に寄与する．放射板の長さ l 〔m〕を誘電体内での電波の波長 λ_e 〔m〕の \boxed{イ} にすると共振する．

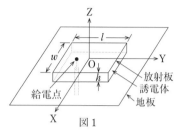

図1

　図2に示すように磁流 $M_1 \sim M_6$ 〔V〕で表すと，磁流 \boxed{ウ} は相加されて放射に寄与するが，他は互いに相殺されて放射には寄与しない．

　アンテナの指向性は，放射板から \boxed{エ} 軸の正の方向に最大放射方向がある単一指向性である．

(3) アンテナの入力インピーダンスは，放射板上の給電点の位置により変化する．また，その周波数特性は，厚さ h 〔m〕が厚いほど，幅 w 〔m〕が広いほど \boxed{オ} となる．

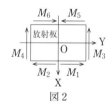

図2

1	誘電体	2	1/2	3	M_3 と M_4	4	X	5	広帯域
6	地板	7	1/3	8	M_1 と M_5	9	Z	10	狭帯域

次の記述は，図に示す反射板付きの水平偏波用双ループアンテナについて述べたものである．□□□内に入れるべき字句の正しい組合せを下の番号から選べ．ただし，二つのループアンテナの間隔は約 0.5 波長で，反射板とアンテナ素子の間隔は約 0.25 波長とする．

(1) 二つのループアンテナの円周の長さは，それぞれ約　 A 　波長である．

(2) 指向性は，　 B 　と等価であり，垂直面内で　 C 　となる．

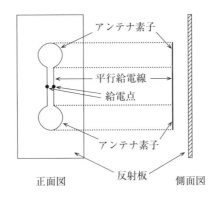

正面図　　　　　　　側面図

	A	B	C
1	0.5	反射板付き4ダイポールアンテナ	8字特性
2	0.5	反射板付き4ダイポールアンテナ	単一指向性
3	0.5	スーパターンスタイルアンテナ	単一指向性
4	1	反射板付き4ダイポールアンテナ	単一指向性
5	1	スーパターンスタイルアンテナ	8字特性

水平に設置された半波長ダイポールアンテナの水平面内指向性は8字特性，垂直面内指向性は全方向性だよ．このアンテナは反射板が付いているので，側面図の左側にしか放射しないから，垂直面内指向性は単一指向性だよ．

解答 問233→3　問234→ア-6　イ-2　ウ-3　エ-9　オ-5

問 236 　　　　　　　　　　　　　正解 □ 完璧 □ 　直前CHECK □

次の記述は，図に示すヘリカルアンテナについて述べたものである．□□□内に入れるべき字句を下の番号から選べ．ただし，ヘリックスのピッチpは，数分の1波長程度とする．

(1) ヘリックスの1巻きの長さが1波長に近くなると，電流はヘリックスの軸に沿った ┌ ア ┐ となる．

(2) ヘリックスの1巻きの長さが1波長に近くなると，ヘリックスの ┌ イ ┐ に主ビームが放射される．

(3) ヘリックスの1巻きの長さが1波長に近くなると，偏波は，┌ ウ ┐ 偏波になる．

(4) ヘリックスの巻数を少なくすると，主ビームの半値角が ┌ エ ┐ なる．

(5) ヘリックスの全長を2.5波長以上にすると，入力インピーダンスがほぼ一定になるため，使用周波数帯域が ┌ オ ┐ ．

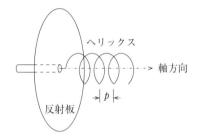

ヘリックス
軸方向
反射板
p

1　定在波　　　2　軸方向　　　　　3　直線　　　4　大きく　　　5　狭くなる

6　進行波　　　7　軸と直角の方向　　8　円　　　　9　小さく　　　10　広くなる

アンテナを流れる進行波電流が，ヘリックスに沿って回転しながら電波を放射するので，放射電界の向きが回転する円偏波が放射されるよ．一般に，進行波アンテナは広帯域，定在波アンテナは狭帯域だよ．

無線工学B　アンテナの実際

次の記述は，図に示すコーナレフレクタアンテナについて述べたものである．　☐内に入れるべき字句の正しい組合せを下の番号から選べ．ただし，波長を λ〔m〕とし，平面反射板または金属すだれは，電波を理想的に反射する大きさであるものとする．

(1) 半波長ダイポールアンテナに平面反射板または金属すだれを組み合わせた構造であり，金属すだれは半波長ダイポールアンテナ素子に平行に導体棒を並べたもので，導体棒の間隔は平面反射板と等価な反射特性を得るために約　A　以下にする必要がある．

(2) 開き角は，90度，60度などがあり，半波長ダイポールアンテナとその影像の合計数は，90度では4個，60度では6個であり，開き角が小さくなると影像の数が増え，例えば，45度では　B　となる．これらの複数のアンテナの効果により，半波長ダイポールアンテナ単体の場合よりも鋭い指向性と大きな利得が得られる．

(3) アンテナパターンは，2つ折りにした平面反射板または金属すだれの折り目から半波長ダイポールアンテナ素子までの距離 d〔m〕によって大きく変わる．理論的には，開き角が90度のとき，$d=$　C　では指向性が二つに割れて正面方向では零になり，$d=$　D　では主ビームは鋭くなるがサイドローブを生ずる．一般に，単一指向性となるように d を $\lambda/4 \sim 3\lambda/4$ の範囲で調整する．

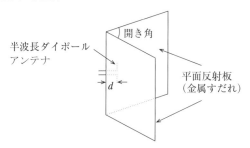

半波長ダイポール
アンテナ

開き角

平面反射板
（金属すだれ）

d

	A	B	C	D
1	$\lambda/5$	10個	$3\lambda/2$	$\lambda/2$
2	$\lambda/5$	9個	λ	$3\lambda/2$
3	$\lambda/10$	9個	$3\lambda/2$	λ
4	$\lambda/10$	8個	λ	$3\lambda/2$
5	$\lambda/10$	8個	$3\lambda/2$	λ

解答　問235→4　問236→アー6　イー2　ウー8　エー4　オー10

問 238

正解 ☐ 完璧 ☐ ✎ 直前CHECK ☐

次の記述は，パラボラアンテナのサイドローブの影響の軽減について述べたものである．このうち誤っているものを下の番号から選べ．

1 反射鏡面の鏡面精度を向上させる．
2 1次放射器の特性を改善して，ビーム効率を高くする．
3 反射鏡面への電波の照度分布を変えて，開口周辺部の照射レベルを高くする．
4 電波吸収体を1次放射器外周部やその支持柱に取り付ける．
5 オフセットパラボラアンテナにして1次放射器のブロッキングをなくす．

問 239

正解 ☐ 完璧 ☐ ✎ 直前CHECK ☐

次の記述は，図に示すオフセットパラボラアンテナについて述べたものである．このうち誤っているものを下の番号から選べ．

1 オフセットパラボラアンテナは，回転放物面反射鏡の一部分だけを反射鏡に使うように構成したものであり，1次放射器は，回転放物面の焦点に置かれ，反射鏡に向けられている．
2 反射鏡の前面に1次放射器や給電線路がないため，これらにより電波の通路がブロッキングを受けず，円形パラボラアンテナに比べると，サイドローブが少ない．
3 1次放射器が開口面の正面にないため，反射鏡面からの反射波は，ほとんど1次放射器に戻らないので，放射器の指向性を良くすれば，開口効率はほとんど低下しない．
4 鏡面が軸対称な構造でないため，直線偏波では原理的に交差偏波が発生しにくい．
5 アンテナ特性の向上のため，複反射鏡形式が用いられることがある．

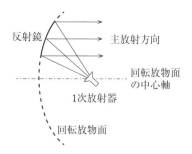

無線工学B アンテナの実際

　次の記述は，グレゴリアンアンテナについて述べたものである．☐☐☐内に入れるべき字句の正しい組合せを下の番号から選べ．

(1) 主反射鏡に回転放物面，副反射鏡に☐A☐の凹面側を用い，副反射鏡の一方の焦点を主反射鏡の焦点と一致させ，他方の焦点を1次放射器の☐B☐中心と一致させた構造である．

(2) また，☐C☐によるブロッキングをなくして，サイドローブ特性を良好にするために，オフセット型が用いられる．

	A	B	C
1	回転双曲面	位相	1次放射器
2	回転双曲面	開口端	1次放射器
3	回転双曲面	位相	副反射鏡
4	回転楕円面	位相	副反射鏡
5	回転楕円面	開口端	1次放射器

副反射鏡の反射面が凸面の回転双曲面はカセグレンアンテナ，
凹面の回転楕円面はグレゴリアンアンテナだよ．

解答 問237→4　問238→3　問239→4

問237　開き角が45度では，360/45＝8に区切られた位置に放射アンテナおよび影像アンテナが生じる．開き角が90度で$d＝\lambda$のとき，影像アンテナのうち2本は，放射アンテナと逆位相，1本は同位相の電流が流れる．正面方向の遠方から見ると放射アンテナと距離差がλの位置に逆位相の電流が流れる影像アンテナが2本，2λの位置に同位相の電流が流れる影像アンテナが1本発生するので，正面方向では放射アンテナと影像アンテナからの電界が打ち消されて，指向性が割れる．

問238　3　反射鏡面への電波の照度分布を変えて，開口周辺部の照射レベルを低くする．

問239　4　鏡面が軸対称な構造でないため，直線偏波では原理的に交差偏波が発生しやすい．

問題

次の記述は，カセグレンアンテナについて述べたものである．このうち誤っているものを下の番号から選べ．

1　副反射鏡の二つの焦点のうち，一方の焦点と主反射鏡（回転放物面反射鏡）の焦点が一致し，他方の焦点と1次放射器の励振点が一致している．
2　1次放射器から放射された平面波は，副反射鏡により反射され，さらに主反射鏡により反射されて，球面波となる．
3　1次放射器を主反射鏡の頂点（中心）付近に置くことができるので，給電路を短くでき，その伝送損を少なくできる．
4　主反射鏡の正面に副反射鏡やその支持柱などがあり，放射特性の乱れは，オフセットカセグレンアンテナより大きい．
5　主および副反射鏡の鏡面を本来の形状から多少変形して，高利得でサイドローブが少なく，かつ小さい特性を得ることができる．

次の記述は，ASR（空港監視レーダー）のアンテナについて述べたものである．□□□内に入れるべき字句の正しい組合せを下の番号から選べ．

(1) 垂直面内の指向性は，□ A □特性である．
(2) 航空機が等高度で飛行していれば，航空機からの反射波の強度は，航空機までの距離に□ B □．
(3) 水平面内のビーム幅は，非常に□ C □．

	A	B	C
1	コセカント2乗	無関係にほぼ一定となる	狭い
2	コセカント2乗	反比例する	広い
3	コセカント2乗	反比例する	狭い
4	コサイン	反比例する	狭い
5	コサイン	無関係にほぼ一定となる	広い

無線工学B　アンテナの実際

239

問 243　📖 解説あり！　　　　　正解 ☐　完璧 ☐　🖍 直前 CHECK ☐

次の記述は，角錐ホーンアンテナについて述べたものである．￣￣内に入れるべき字句を下の番号から選べ．

(1) 方形導波管の終端を角錐状に広げて，導波管と自由空間の固有インピーダンスの整合をとり，￣ア￣を少なくして，導波管で伝送されてきた電磁波を自由空間に効率よく放射する．

(2) 導波管の電磁界分布がそのまま拡大されて開口面上に現れるためには，ホーンの長さが十分長く開口面上で電磁界の￣イ￣が一様であることが必要である．この条件がほぼ満たされたときの正面方向の利得 G （真数）は，波長を λ 〔m〕，開口面積を A 〔m²〕とすると，次式で与えられる．

$$G = \boxed{\text{ウ}}$$

(3) ホーンの￣エ￣を大きくし過ぎると利得が上がらない理由は，開口面の中心部の位相が，周辺部より￣オ￣ためである．位相を揃えて利得を上げるために，パラボラ形反射鏡と組み合わせて用いる．

1　屈折　　2　位相　　3　$\dfrac{32A}{\pi\lambda^2}$　　4　長さ　　5　遅れる

6　反射　　7　振幅　　8　$\dfrac{32\lambda^2}{\pi A}$　　9　開き角　　10　進む

開口面アンテナは，開口面積 A が大きい方が利得が大きい，
周波数が低くて波長 λ が長い方が利得が小さいよ．

解答　問240→4　問241→2　問242→1

ミニ解説　　問 241　2　1次放射器から放射された**球面波**は，副反射鏡により反射され，さらに主反射鏡により反射されて，**平面波**となる．

問 244　解説あり！　正解☐　完璧☐　直前CHECK☐

開口面の縦および横の長さがそれぞれ 14〔cm〕および 24〔cm〕の角錐ホーンアンテナを，周波数 6〔GHz〕で使用したときの絶対利得の値として，最も近いものを下の番号から選べ．ただし，電界（E）面および磁界（H）面の開口効率を，それぞれ 0.75 および 0.80 とする．

1　10〔dB〕　　　2　20〔dB〕　　　3　30〔dB〕　　　4　40〔dB〕　　　5　50〔dB〕

> 開口面の縦と横の長さ a，b，開口効率 η_E，η_H の角錐ホーンアンテナの絶対利得 G_I は，
>
> $$G_I = \frac{4\pi ab}{\lambda^2}\,\eta_E\eta_H$$
>
> の式で表されるよ．$a \times b$ が開口面積なので，パラボラアンテナと同じ式だね．
> 10〔dB〕は 10 倍，20〔dB〕は 100 倍，30〔dB〕は 1,000 倍だよ．

問 245　解説あり！　正解☐　完璧☐　直前CHECK☐

次の記述は，マイクロ波中継回線などで用いられる無給電アンテナの一種である平面反射板について述べたものである．このうち誤っているものを下の番号から選べ．

1　平面反射板と入射波の波源となる励振アンテナとの距離がフラウンホーファ領域にあるものを近接形平面反射板という．
2　平面反射板は，給電線を用いないので給電線で生ずる損失がなく，ひずみの発生なども少ない．
3　平面反射板により電波通路を変えて通信回線を構成する場合，熱雑音の増加，偏波面の調整，他回線への干渉などに注意する必要がある．
4　励振アンテナに近接して平面反射板を設けて電波通路を変える場合，この複合アンテナ系の利得は，励振アンテナと平面反射板との距離，平面反射板の面積と励振アンテナの開口面積との比などで決まる．
5　遠隔形平面反射板の受信利得は，電波の入射方向より見た平面反射板の有効開口面積と使用波長で決まる．

📖 解説→問243

ホーンの開口面積を A〔m^2〕，開口効率の理論値を$\eta = 0.8$，$\pi^2 \fallingdotseq 10$ とすると，絶対利得Gは，次式で表される．

$$G = \frac{4\pi A}{\lambda^2}\eta = \frac{4\pi^2 A}{\pi \lambda^2} \times 0.8 \fallingdotseq \frac{32A}{\pi \lambda^2}$$

📖 解説→問244

周波数$f = 6$〔GHz〕$= 6 \times 10^9$〔Hz〕の電波の波長λ〔m〕は，次式で表される．

$$\lambda \fallingdotseq \frac{3 \times 10^8}{f} = \frac{3 \times 10^8}{6 \times 10^9} = 5 \times 10^{-2}\text{〔m〕}$$

開口面の縦および横の長さを $a = 14$〔cm〕$= 14 \times 10^{-2}$〔m〕，$b = 24$〔cm〕$= 24 \times 10^{-2}$〔m〕，開口効率を$\eta_E = 0.75$，$\eta_H = 0.8$ とすると，絶対利得G_Iは，

$$G_I = \frac{4\pi ab}{\lambda^2}\eta_E\eta_H = \frac{4 \times 3.14 \times 14 \times 10^{-2} \times 24 \times 10^{-2}}{(5 \times 10^{-2})^2} \times 0.75 \times 0.8$$

$$= \frac{4 \times 3.14 \times 14 \times 24 \times 0.75 \times 0.8}{5 \times 5} \fallingdotseq 100$$

よって，dB値G_{IdB}は，

$$G_{IdB} = 10\log_{10}100 = 10\log_{10}10^2 = 20\text{〔dB〕}$$

📖 解説→問245

誤っている選択肢は，正しくは次のようになる．

1　平面反射板と入射波の波源となる励振アンテナとの距離が**フレネル領域**にあるものを近接形平面反射板という．

　アンテナからフレネル領域とフラウンホーファ領域の境界までの距離は，開口面の実効的な最大寸法を D〔m〕，波長を λ〔m〕とすると，ほぼ$2D^2/\lambda$〔m〕で与えられる．遠隔形平面反射板は，励振アンテナのフラウンホーファ領域にあるものをいう．

解答　問243→ア−6　イ−2　ウ−3　エ−9　オ−10　　問244→2　　問245→1

問 246　　　　　　　　　正解 ☐　完璧 ☐　直前 CHECK ☐

　次の記述は，図に示すスロットアレーアンテナから放射される電波の偏波について述べたものである．　☐　内に入れるべき字句を下の番号から選べ．ただし，スロットアレーアンテナは xy 面に平行な面を大地に平行に置かれ，管内には TE_{10} モードの電磁波が伝搬しているものとする．なお，同じ記号の　☐　内には，同じ字句が入るものとする．

(1) yz 面に平行な管壁には z 軸に　ア　な電流が流れており，スロットはこの電流の流れを妨げるので，電波を放射する．

(2) 管内における y 軸方向の電界分布は，管内波長の　イ　の間隔で反転しているので，管壁に流れる電流の方向も同じ間隔で反転している．一定の間隔 l 〔m〕で，交互に傾斜角の方向が変わるように開けられた各スロットから放射される電波の　ウ　の方向は，各スロットに垂直な方向となる．

(3) 隣り合う二つのスロットから放射された電波の電界をそれぞれ y 成分と z 成分に分解すると，　エ　は互いに逆向きであるが，もう一方の成分は同じ向きになる．このため，　エ　が打ち消され，もう一方の成分は加え合わされるので，偏波は　オ　．

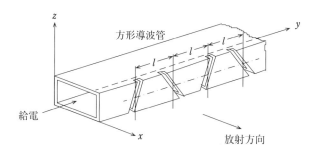

| 1 | 平行 | 2 | 1/2 | 3 | 磁界 | 4 | y 成分 | 5 | 垂直偏波となる |
| 6 | 垂直 | 7 | 1/4 | 8 | 電界 | 9 | z 成分 | 10 | 水平偏波となる |

問 247

正解 [ ]　完璧 [ ]　直前CHECK [ ]

次の記述は，各種アンテナの特徴などについて述べたものである．このうち誤っているものを下の番号から選べ．

1　素子の太さが同じ2線式折返し半波長ダイポールアンテナの受信開放電圧は，同じ太さの半波長ダイポールアンテナの受信開放電圧の約2倍である．

2　半波長ダイポールアンテナを垂直方向の一直線上に等間隔に多段接続した構造のコーリニアアレーアンテナは，隣り合う各放射素子を互いに同振幅，同位相で励振する．

3　スリーブアンテナのスリーブの長さは，約1/2波長である．

4　対数周期ダイポールアレーアンテナは，隣り合うアンテナ素子の長さの比および各アンテナ素子の先端を結ぶ2本の直線の交点（頂点）から隣り合うアンテナ素子までの距離の比を一定とし，隣り合うアンテナ素子ごとに逆位相で給電する広帯域アンテナである．

5　ブラウンアンテナの放射素子と地線の長さは共に約1/4波長であり，地線は同軸給電線の外部導体と接続されている．

問 248

正解 [ ]　完璧 [ ]　直前CHECK [ ]

次の記述は，各種アンテナの特徴について述べたものである．このうち誤っているものを下の番号から選べ．

1　半波長ダイポールアンテナの絶対利得は，約2.15〔dB〕である．

2　スリーブアンテナの利得は，半波長ダイポールアンテナとほぼ同じである．

3　素子の太さの等しい2線式折返し半波長ダイポールアンテナの入力インピーダンスは，半波長ダイポールアンテナの約4倍である．

4　カセグレンアンテナは，副反射鏡の二つの焦点の一方と主反射鏡の焦点を一致させ，他方の焦点と1次放射器の励振点とを一致させてある．

5　グレゴリアンアンテナの副反射鏡は，回転双曲面である．

解答　問246 → ア−1　イ−2　ウ−8　エ−9　オ−10

ミニ解説

問246　導波管内をTE$_{10}$モードで伝搬する電磁波は，電界が導波管の長辺に垂直方向なので，管壁の電流はz軸に平行な方向に流れる．各スロットの間隔lは，管内波長の1/2だから，隣り合う二つのスロットではz軸方向の電流は互いに逆向きとなり，スロットから放射される電界のうち，z軸方向の垂直成分は互いに打ち消される．スロットの傾斜する向きが互いに異なるので，電界のy軸方向の水平成分は加え合わされ，偏波は水平偏波となる．

問題

問 249　　　　　　　　　　　　　正解☐　完璧☐　🖊直前CHECK☐

　次の記述は，図に示す位相走査のフェーズドアレーアンテナについて述べたものである．_____内に入れるべき字句の正しい組合せを下の番号から選べ．

(1) 平面上に複数の放射素子を並べて固定し，それぞれにデジタル移相器を設けて給電電流の位相を変化させて電波を放射し，放射された電波を合成した主ビームが空間のある範囲内の任意の方向に向くように制御されたアンテナである．デジタル移相器は，0から 2π までの位相角を 2^n ($n=1,\ 2,\ \cdots$) 分の1に等分割しているので，最小設定可能な位相角は $2\pi/2^n$ 〔rad〕となり，励振位相は，最大 [A] 〔rad〕の量子化位相誤差を生ずることになる．

(2) この量子化位相誤差がアンテナの開口分布に周期的に生ずると，比較的高いレベルの [B] が生じ，これを低減するには，デジタル移相器のビット数をできるだけ [C] する．

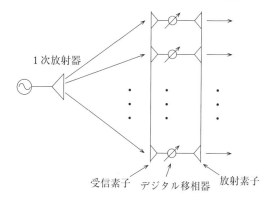

1次放射器　受信素子　デジタル移相器　放射素子

	A	B	C
1	$\pi/2^{n+1}$	サイドローブ	多く
2	$\pi/2^{n+1}$	バックローブ	少なく
3	$\pi/2^{n+1}$	バックローブ	多く
4	$\pi/2^n$	サイドローブ	多く
5	$\pi/2^n$	バックローブ	少なく

無線工学B　アンテナの実際

245

問題

次の記述は，各種アンテナの特徴について述べたものである．このうち誤っているものを下の番号から選べ．

1 頂角が90度のコーナレフレクタアンテナの指向特性は，励振素子と2枚の反射板による2個の影像アンテナから放射される3波の合成波として求められる．

2 ブラウンアンテナの1/4波長の導線からなる地線は，同軸ケーブルの外部導体に漏れ電流が流れ出すのを防ぐ働きをする．

3 ディスコーンアンテナは，スリーブアンテナに比べて広帯域なアンテナである．

4 円形パラボラアンテナの半値幅は，波長に比例し，開口径に反比例する．

5 カセグレンアンテナの副反射鏡は，回転双曲面である．

周波数12〔GHz〕の電波の自由空間基本伝送損が120〔dB〕となる送受信点間の距離の値として，最も近いものを下の番号から選べ．

1 0.5〔km〕　　2 2.0〔km〕　　3 4.0〔km〕　　4 10.5〔km〕　　5 19.5〔km〕

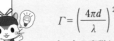

波長λ，距離dの自由空間基本伝送損（真数）Γは，次の式で表されるよ．

$$\Gamma = \left(\frac{4\pi d}{\lambda} \right)^2$$

120〔dB〕の真数は10^{12}だから，（ ）内の値が10^6になるよ．

解答 問247→3　問248→5　問249→4

ミニ解説 問247　3　スリーブアンテナのスリーブの長さは，**約1/4波長**である．
問248　5　グレゴリアンアンテナの副反射鏡は，**回転楕円面**である．

　周波数 7.5〔GHz〕，送信電力 10〔W〕，送信アンテナの絶対利得 30〔dB〕，送受信点間距離 20〔km〕，および受信入力レベル -35〔dBm〕の固定マイクロ波の見通し回線がある．このときの自由空間基本伝送損 L〔dB〕および受信アンテナの絶対利得 G_r〔dB〕の最も近い値の組合せを下の番号から選べ．ただし，伝搬路は自由空間とし，給電回路の損失および整合損失は無視できるものとする．また，1〔mW〕を 0〔dBm〕，$\log_{10}2 = 0.3$，$\log_{10}\pi = 0.5$ とする．

	L	G_r
1	136	20
2	136	31
3	136	38
4	140	20
5	140	31

　次の記述は，平面大地における電波の反射について述べたものである．☐内に入れるべき字句の正しい組合せを下の番号から選べ．なお，同じ記号の☐内には，同じ字句が入るものとする．

(1) 平面大地の反射係数は，0 度または 90 度以外の入射角において，水平偏波と垂直偏波とではその値が異なり，☐ A ☐の方の値が大きいが，入射角が 90 度に近いときには，いずれも 1 に近い値となる．

(2) 垂直偏波では，反射係数が最小となる入射角があり，この角度を☐ B ☐と呼ぶ．

(3) 垂直偏波では，☐ B ☐以下の入射角のとき，反射波の位相が☐ C ☐に対して逆位相であるため，円偏波を入射すると反射波は，逆回りの円偏波となる．

	A	B	C
1	水平偏波	ブルースター角	水平偏波
2	水平偏波	最小入射角	垂直偏波
3	垂直偏波	最小入射角	水平偏波
4	垂直偏波	最小入射角	垂直偏波
5	垂直偏波	ブルースター角	水平偏波

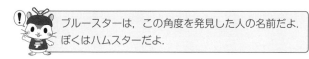

ブルースターは，この角度を発見した人の名前だよ．
ぼくはハムスターだよ．

無線工学 B　アンテナの実際・電波伝搬

📖 解説➡問250

誤っている選択肢は，正しくは次のようになる.

1　頂角が90度のコーナレフレクタアンテナの指向特性は，励振素子と2枚の反射板による**3個**の影像アンテナから放射される**4波**の合成波として求められる.

📖 解説➡問251

自由空間基本伝送損（真数）をΓ，そのdB値をΓ_{dB}とすると，次式が成り立つ.

$$10 \log_{10} \Gamma = \Gamma_{\mathrm{dB}} = 120 \,〔\mathrm{dB}〕 \qquad よって，\quad \Gamma = 10^{12}$$

距離をd〔m〕とすると，Γは次式で表される.

$$\Gamma = \left(\frac{4\pi d}{\lambda}\right)^2 = 10^{12}$$

両辺の$\sqrt{\ }$をとって，周波数$12〔\mathrm{GHz}〕=12\times10^9〔\mathrm{Hz}〕$の電波の波長$\lambda=2.5\times10^{-2}〔\mathrm{m}〕$，$1/\pi \fallingdotseq 0.32$として，$d$を求めると，次式で表される.

$$d = \frac{\lambda}{4\pi} \times 10^6 \fallingdotseq \frac{0.32 \times 2.5 \times 10^{-2}}{4} \times 10^6 = 0.2 \times 10^4 〔\mathrm{m}〕 = 2 〔\mathrm{km}〕$$

📖 解説➡問252

周波数$7.5〔\mathrm{GHz}〕$の電波の波長を$\lambda=4\times10^{-2}〔\mathrm{m}〕$，距離を$d$〔m〕とすると，自由空間基本伝送損$L$は，次式で表される.

$$L = \left(\frac{4\pi d}{\lambda}\right)^2 = \left(\frac{4 \times \pi \times 20 \times 10^3}{4 \times 10^{-2}}\right)^2 = \left(\frac{4 \times 2}{4}\right)^2 \times \pi^2 \times 10^{12} = 2^2 \times \pi^2 \times 10^{12}$$

よって，dB値$L_{\mathrm{dB}}〔\mathrm{dB}〕$は，

$$L_{\mathrm{dB}} = 10 \log_{10} L = 10 \log_{10} 2^2 + 10 \log_{10} \pi^2 + 10 \log_{10} 10^{12}$$
$$= 20 \times 0.3 + 20 \times 0.5 + 120 = 6 + 10 + 120 = 136 〔\mathrm{dB}〕$$

送信電力をP_t〔dBm〕，送信，受信アンテナの絶対利得をG_t，G_r〔dB〕，受信入力レベルをP_r〔dBm〕とすると，次式が成り立つ.

$$P_r = P_t + G_t - L_{\mathrm{dB}} + G_r$$

受信アンテナの絶対利得を求めると，

$$G_r = P_r + L_{\mathrm{dB}} - P_t - G_t = -35 + 136 - 40 - 30 = 31 〔\mathrm{dB}〕$$

ただし，$P_t = 10 〔\mathrm{W}〕 = 10^4 〔\mathrm{mW}〕$を〔dBm〕に変換すると，$P_t = 40 〔\mathrm{dBm}〕$である.

解答 問250➡1　問251➡2　問252➡2　問253➡1

　周波数 10 [GHz] の電波を用いて地球局から 300 [W] の出力で，静止衛星の人工衛星局へ送信したとき，絶対利得が 30 [dB] のアンテナを用いた人工衛星局の受信機入力が -90 [dBW] であった．このときの地球局のアンテナの絶対利得の値として，最も近いものを下の番号から選べ．ただし，給電系の損失および大気による損失は無視するものとし，静止衛星と地球局との距離を 36,000 [km] とする．また，1 [W] = 0 [dBW]，$\log_{10} 2 = 0.3$ および $\log_{10} 3 = 0.5$ とする．

1　60 [dB]　　　2　70 [dB]　　　3　80 [dB]　　　4　90 [dB]　　　5　100 [dB]

　地上高 50 [m] の送信アンテナから電波を放射したとき，最大放射方向の 15 [km] 離れた，地上高 10 [m] の受信点における電界強度の値として，最も近いものを下の番号から選べ．ただし，送信アンテナに供給する電力を 100 [W]，周波数を 150 [MHz]，送信アンテナの半波長ダイポールアンテナに対する相対利得を 6 [dB] とし，大地は完全導体平面でその反射係数を -1 とする．また，アンテナの損失はないものとする．

1　0.2 [mV/m]　　　2　0.5 [mV/m]　　　3　1.1 [mV/m]
4　1.5 [mV/m]　　　5　2.0 [mV/m]

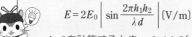

　距離 d，相対利得 (真数) G，送信電力 P_t の電界強度 E_0 は，次の式で表されるよ．

$$E_0 = \frac{7\sqrt{GP_t}}{d} \ [\text{V/m}]$$

　送信，受信アンテナの高さ h_1，h_2，波長 λ の電界強度 E は，次の式で表されるよ．

$$E = 2E_0 \left| \sin \frac{2\pi h_1 h_2}{\lambda d} \right| [\text{V/m}]$$

$\sin\theta$ を計算するとき，$\theta < 0.5$ [rad] のときは $\sin\theta \fallingdotseq \theta$ として計算できるよ．

無線工学 B　電波伝搬

249

📖 解説➜問254

周波数 10〔GHz〕の電波の波長を $\lambda = 3 \times 10^{-2}$〔m〕とすると，人工衛星局と地球局との距離 $d = 36{,}000$〔km〕$= 36 \times 10^6$〔m〕による自由空間基本伝送損 Γ〔dB〕は，次式で表される．

$$\Gamma = 10 \log_{10} \left(\frac{4\pi d}{\lambda} \right)^2 = 2 \times 10 \log_{10} \left(\frac{4 \times \pi \times 36 \times 10^6}{3 \times 10^{-2}} \right)$$

$$\doteqdot 20 \log_{10} (15 \times 10^9) = 20 \log_{10} \left(\frac{3 \times 10}{2} \times 10^9 \right)$$

$$= 20 \log_{10} 3 + 20 \log_{10} 10 - 20 \log_{10} 2 + 20 \log_{10} 10^9 \doteqdot 10 + 20 - 6 + 180 = 204 \,〔\mathrm{dB}〕$$

地球局および人工衛星局のアンテナの絶対利得を，それぞれ G_T〔dB〕，G_R〔dB〕，人工衛星局の受信機入力を P_R〔dBW〕，地球局の送信機出力電力を P_T〔dBW〕とすると，次式が成り立つ．

$$P_R = P_T + G_T + G_R - \Gamma \,〔\mathrm{dBW}〕$$

したがって，G_T を求めると，

$$G_T = P_R - P_T - G_R + \Gamma = -90 - 25 - 30 + 204 = 59 \doteqdot 60 \,〔\mathrm{dB}〕$$

ただし，送信機出力電力 300〔W〕を dBW で表すと，P_T〔dBW〕は，

$$P_T = 10 \log_{10} (3 \times 10^2) = 10 \log_{10} 3 + 10 \log_{10} 10^2 = 5 + 20 = 25 \,〔\mathrm{dBW}〕$$

📖 解説➜問255

送受信点間の距離を d〔m〕，送信，受信アンテナの高さを h_1, h_2〔m〕，自由空間電界強度を E_0〔V/m〕とすると，受信点の電界強度 E〔V/m〕は，次式で表される．

$$E = 2E_0 \left| \sin \frac{2\pi h_1 h_2}{\lambda d} \right| 〔\mathrm{V/m}〕 \qquad\qquad \cdots\cdots (1)$$

周波数 150〔MHz〕の電波の波長を $\lambda = 2$〔m〕として，式 (1) において sin 関数の値を求めると，次式で表される．

$$\sin \frac{2\pi h_1 h_2}{\lambda d} = \sin \frac{2 \times 3.14 \times 50 \times 10}{2 \times 15 \times 10^3} \doteqdot \sin(10.5 \times 10^{-2}) \quad \cdots\cdots (2)$$

$\theta < 0.5$〔rad〕のとき，$\sin\theta \doteqdot \theta$ なので，式 (1)，(2) より電界強度 E は，送信電力を P_t〔W〕，相対利得 6〔dB〕の真数を $G \doteqdot 4$ とすると，次式で表される．

$$E = 2E_0 \frac{2\pi h_1 h_2}{\lambda d} = 2 \times \frac{7\sqrt{GP_t}}{d} \times \frac{2\pi h_1 h_2}{\lambda d} = 2 \times \frac{7\sqrt{4 \times 100}}{15 \times 10^3} \times 10.5 \times 10^{-2}$$

$$= \frac{2{,}940}{15} \times 10^{-5} = 196 \times 10^{-5} \doteqdot 2 \times 10^{-3} 〔\mathrm{V/m}〕 = 2 \,〔\mathrm{mV/m}〕$$

解答 問254➜1　問255➜5

250

問 256 📖 解説あり！　　　　　　　正解 ☐　完璧 ☐　✐ 直前CHECK ☐

次の記述は，図に示す第1フレネルゾーンについて述べたものである．☐内に入れるべき字句の正しい組合せを下の番号から選べ．

(1) 送信点Tから受信点R方向に測った距離 d 〔m〕の地点における第1フレネルゾーンの回転楕円体の断面の半径 r 〔m〕は，送受信点間の距離を D 〔m〕，波長を λ 〔m〕とすれば，次式で与えられる．

$$r = \boxed{\text{A}} \ \text{〔m〕}$$

(2) 周波数が 7.5〔GHz〕，D が 15〔km〕であるとき，d が 6〔km〕の地点での r は，約 $\boxed{\text{B}}$ 〔m〕である．

	A	B
1	$\sqrt{\lambda d\left(\dfrac{D}{d}-1\right)}$	30
2	$\sqrt{\lambda d\left(\dfrac{D}{d}-1\right)}$	25
3	$\sqrt{\lambda d\left(1-\dfrac{d}{D}\right)}$	30
4	$\sqrt{\lambda d\left(1-\dfrac{d}{D}\right)}$	20
5	$\sqrt{\lambda d\left(1-\dfrac{d}{D}\right)}$	12

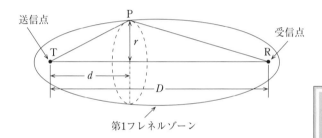

送信点　　P　　受信点

r

T　　d　　D　　R

第1フレネルゾーン

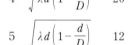

周波数 f 〔Hz〕の電波の波長 λ 〔m〕は，次の式で表されるよ．

$$\lambda \fallingdotseq \frac{3 \times 10^8}{f} \ \text{〔m〕}$$

選択肢1と2のAの式に数値を代入すると約19になるので，Bの数値と合わないからこの式は間違いだね．いつも誤った式と数値が合わないとは限らないので，正しい式を覚えてね．

問題図において，第1フレネルゾーンは，$\overline{\text{TP}}+\overline{\text{PR}}$ の距離と D との通路差が $\lambda/2$ となるときだから，次式が成り立つ.

$$\overline{\text{TP}}+\overline{\text{PR}}-D=\sqrt{d^2+r^2}+\sqrt{(D-d)^2+r^2}-D=\frac{\lambda}{2} \quad \cdots\cdots(1)$$

ここで，$d \gg r$，$D \gg r$ とすれば，2項定理より，次式が得られる.

$$\sqrt{d^2+r^2}=d\left(1+\frac{r^2}{d^2}\right)^{1/2} \fallingdotseq d\left(1+\frac{1}{2}\times\frac{r^2}{d^2}\right)=d+\frac{1}{2}\times\frac{r^2}{d} \quad \cdots\cdots(2)$$

$$\sqrt{(D-d)^2+r^2}=(D-d)\left\{1+\frac{r^2}{(D-d)^2}\right\}^{1/2}$$

$$\fallingdotseq (D-d)\left\{1+\frac{1}{2}\times\frac{r^2}{(D-d)^2}\right\}$$

$$=(D-d)+\frac{1}{2}\times\frac{r^2}{(D-d)} \quad \cdots\cdots(3)$$

式 (1) に式 (2)，(3) を代入すると，次式で表される.

$$d+\frac{1}{2}\times\frac{r^2}{d}+(D-d)+\frac{1}{2}\times\frac{r^2}{(D-d)}-D=\frac{1}{2}\times\frac{r^2}{d}+\frac{1}{2}\times\frac{r^2}{D-d}$$

$$=\frac{r^2}{2}\left(\frac{1}{d}+\frac{1}{D-d}\right)=\frac{r^2}{2}\left\{\frac{D}{d(D-d)}\right\}=\frac{\lambda}{2}$$

r を求めると，次式で表される.

$$r^2=\frac{\lambda d(D-d)}{D}=\lambda d\left(1-\frac{d}{D}\right)$$

よって，

$$r=\sqrt{\lambda d\left(1-\frac{d}{D}\right)} \text{ [m]} \quad \cdots\cdots(4)$$

式 (4) に数値を代入すると，次式で表される.

$$r=\sqrt{4\times10^{-2}\times6\times10^3\times\left(1-\frac{6\times10^3}{15\times10^3}\right)}$$

$$=\sqrt{4\times6\times0.6\times10^{-2+3}}=\sqrt{2^2\times6^2}=2\times6=12 \text{ [m]}$$

ただし，周波数 7.5 [GHz] の電波の波長は $\lambda=4\times10^{-2}$ [m] である.

解答 問256 → 5

問 257　📖 解説あり!　　　　正解 ▢　完璧 ▢　　✐ 直前CHECK ▢

　図に示すように,周波数 100〔MHz〕,送信アンテナの絶対利得 10〔dB〕,水平偏波で放射電力 10〔kW〕,送信アンテナの高さ 100〔m〕,受信アンテナの高さ 5〔m〕,送受信点間の距離 60〔km〕で,送信点から 40〔km〕離れた地点に高さ 150〔m〕のナイフエッジがあるときの受信点における電界強度の値として,最も近いものを下の番号から選べ.ただし,回折係数は 0.1 とし,アンテナの損失はないものとする.また,波長を λ〔m〕とすれば,AC間と CB間の通路利得係数 A_1 および A_2 は次式で表されるものとする.

$$A_1 = 2 \sin \frac{2\pi h_1 h_0}{\lambda d_1} \qquad A_2 = 2 \sin \frac{2\pi h_2 h_0}{\lambda d_2}$$

1　641〔μV/m〕
2　712〔μV/m〕
3　816〔μV/m〕
4　896〔μV/m〕
5　998〔μV/m〕

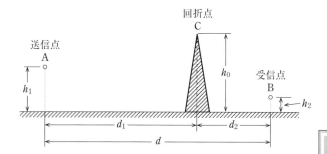

d : A と B 間の地表距離〔m〕
d_1 : A と C 間の地表距離〔m〕
d_2 : C と B 間の地表距離〔m〕
h_0 : ナイフエッジの高さ〔m〕
h_1, h_2 : 送受信アンテナの高さ〔m〕

　　周波数 f〔MHz〕の電波の波長 λ〔m〕は,次の式で表されるよ.

$$\lambda \fallingdotseq \frac{300}{f\,〔\mathrm{MHz}〕}\,〔\mathrm{m}〕$$

　　放射電力 P,絶対利得 G の自由空間電界強度 E_0 は,次の式で表されるよ.

$$E_0 = \frac{\sqrt{30GP}}{d}\,〔\mathrm{V/m}〕$$

📖 **解説→問257**

放射電力を P 〔W〕，送信アンテナの絶対利得 10〔dB〕の真数を $G=10$ とすると，自由空間電界強度 E_0〔V/m〕は，次式で表される．

$$E_0 = \frac{\sqrt{30GP}}{d} \text{〔V/m〕}$$

周波数 100〔MHz〕の電波の波長を $\lambda = 3$〔m〕，$d_2 = 60 - 40 = 20$〔km〕，回折係数を S とすると，受信点の電界強度 E〔V/m〕は，次式で表される．

$$E = \frac{\sqrt{30GP}}{d} \times S \times \left| 2\sin\frac{2\pi h_1 h_0}{\lambda d_1} \right| \times \left| 2\sin\frac{2\pi h_2 h_0}{\lambda d_2} \right|$$

$$= \frac{\sqrt{30 \times 10 \times 10^4}}{60 \times 10^3} \times 0.1 \times \left| 2\sin\frac{2 \times \pi \times 100 \times 150}{3 \times 40 \times 10^3} \right| \times \left| 2\sin\frac{2 \times \pi \times 5 \times 150}{3 \times 20 \times 10^3} \right|$$

$$= \frac{\sqrt{3}}{60} \times 10^{-1} \times \left| 2\sin\frac{\pi}{4} \right| \times \left| 2\sin(25\pi \times 10^{-3}) \right|$$

$$\fallingdotseq \frac{\sqrt{3}}{6} \times 10^{-1} \times 10^{-1} \times 2 \times \frac{1}{\sqrt{2}} \times 2 \times 3.14 \times 25 \times 10^{-3}$$

$$\fallingdotseq \frac{1.73 \times 314}{8.46} \times 10^{-5}$$

$$\fallingdotseq 64.2 \times 10^{-5} = 642 \times 10^{-6} \text{〔V/m〕} \fallingdotseq 641 \text{〔}\mu\text{V/m〕}$$

ただし，$\sin\frac{\pi}{4} = \frac{1}{\sqrt{2}}$，$\theta < 0.5$〔rad〕のとき，$\sin\theta \fallingdotseq \theta$ である．

注意　「絶対利得」が「相対利得」になった問題も出題されているよ.

$$E_0 = \frac{7\sqrt{GP}}{d} \text{〔V/m〕}$$

の式を使って計算してね.

解答 問257➡1

254

問 258

正解 ☐ 完璧 ☐ 🖉 直前 CHECK ☐

次の記述は，超短波（VHF）帯の地上伝搬において，伝搬路上に山岳がある場合の電界強度について述べたものである．☐☐☐内に入れるべき字句を下の番号から選べ．

(1) 図において，送信点Aから山頂の点Mを通って受信点Bに到達する通路は，①AMB，②AP$_1$MB，③AMP$_2$B，④AP$_1$MP$_2$Bの4通りある．この各通路に対応して，それぞれの☐ア☐を$\dot{S}_1$，$\dot{S}_2$，$\dot{S}_3$，$\dot{S}_4$とすれば，受信点Bにおける電界強度$\dot{E}$は，次式で表される．ただし，山岳がない場合の受信点の自由空間電界強度を$\dot{E}_0$〔V/m〕，大地の反射点P$_1$およびP$_2$における大地反射係数をそれぞれ$\dot{R}_1$，$\dot{R}_2$とする．

$$\dot{E} = \dot{E}_0\,(\dot{S}_1 + \dot{R}_1\dot{S}_2 + \dot{R}_2\dot{S}_3 + \boxed{\text{イ}}\,)\,\text{〔V/m〕} \qquad \cdots\cdots①$$

(2) 送信点Aから山頂の点Mまでの直接波と大地反射波の位相差をϕ_1〔rad〕および山頂の点Mから受信点Bまでの直接波と大地反射波の位相差をϕ_2〔rad〕とし，$\dot{R}_1 = \dot{R}_2 = -1$，$|\dot{S}| = |\dot{S}_1| = |\dot{S}_2| = |\dot{S}_3| = |\dot{S}_4|$とすれば，式①は，次式で表される．

$$\dot{E} = \dot{E}_0 \times |\dot{S}| \times \{1 - e^{-j\phi_1} - e^{-j\phi_2} + \boxed{\text{ウ}}\}\,\text{〔V/m〕} \qquad \cdots\cdots②$$

式②を書き換えると次式で表される．

$$\dot{E} = \dot{E}_0 \times |\dot{S}| \times (1 - e^{-j\phi_1})\,(\boxed{\text{エ}}\,)\,\text{〔V/m〕} \qquad \cdots\cdots③$$

(3) 式③を，電波の波長λ〔m〕，送受信アンテナ高h_1〔m〕，h_2〔m〕，山頂の高さH〔m〕，送受信点から山頂直下までのそれぞれの水平距離d_1〔m〕およびd_2〔m〕を使って書き直すと，受信電界強度の絶対値Eは，近似的に次式で表される．

$$E \fallingdotseq |\dot{E}_0| \times |\dot{S}| \times \left| 2\sin\left(\frac{2\pi h_1 H}{\lambda d_1}\right)\right| \times \boxed{\text{オ}}\,\text{〔V/m〕}$$

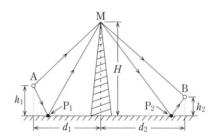

1	回折係数	2	$\dot{R}_1\dot{R}_2\dot{S}_4{}^2$	3	$e^{-j(\phi_1-\phi_2)}$	4	$1-e^{-j\phi_2}$	5	$\left|2\sin\left(\dfrac{2\pi h_2 H}{\lambda d_2}\right)\right|$
6	散乱係数	7	$\dot{R}_1\dot{R}_2\dot{S}_4$	8	$e^{-j(\phi_1+\phi_2)}$	9	$1+e^{-j\phi_2}$	10	$\left|2\cos\left(\dfrac{2\pi h_2 H}{\lambda d_2}\right)\right|$

問題

次の記述は，海抜高 h〔m〕にある超短波 (VHF) アンテナからの電波の見通し距離について述べたものである．□内に入れるべき字句の正しい組合せを下の番号から選べ．ただし，等価地球半径係数を k として，等価地球半径を kR〔m〕と表す．なお，同じ記号の□内には，同じ字句が入るものとする．

図に示すように，等価地球の中心を O，アンテナの位置 P から引いた等価地球への接線と等価地球との接点を Q，∠POQ を θ〔rad〕および弧 QS の長さを d〔m〕とする．

(1) 直角三角形 POQ において，次式が成り立つ．

$$kR = (kR+h) \times \boxed{\text{A}} \qquad \cdots\cdots ①$$

式①を kR について整理すると次式が成り立つ．

$$h \times \boxed{\text{A}} = kR(1 - \boxed{\text{A}}) = 2kR \times \sin^2\frac{\theta}{2} \qquad \cdots\cdots ②$$

$\theta = \boxed{\text{B}}$〔rad〕であり，$d \ll kR$ とすると，次式が成り立つ．

$$\cos\theta \fallingdotseq 1, \quad \sin\frac{\theta}{2} \fallingdotseq \frac{\theta}{2} \qquad \cdots\cdots ③$$

(2) θ および式③を式②に代入すると，d は次式で与えられる．

$$d \fallingdotseq \boxed{\text{C}}\ \text{〔m〕}$$

	A	B	C
1	$\sin\theta$	$\dfrac{d}{kR}$	$\sqrt{2kRh}$
2	$\sin\theta$	$\dfrac{d}{2kR}$	$\sqrt{\dfrac{kRh}{2}}$
3	$\cos\theta$	$\dfrac{d}{kR}$	$\sqrt{2kRh}$
4	$\cos\theta$	$\dfrac{d}{2kR}$	$\sqrt{2kRh}$
5	$\cos\theta$	$\dfrac{d}{2kR}$	$\sqrt{\dfrac{kRh}{2}}$

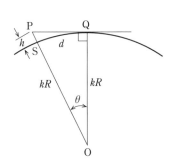

問 **260** 📖 解説あり！   正解 ☐   完璧 ☐   ✎ 直前 CHECK ☐

　球面大地における伝搬において，見通し距離が 30〔km〕であるとき，送信アンテナの高さの値として，最も近いものを下の番号から選べ．ただし，地球の表面は滑らかで，地球の半径を $6{,}370$〔km〕とし，地球の等価半径係数を $4/3$ とする．また，$\cos x = 1 - x^2/2$ とする．

1　53〔m〕　　　2　60〔m〕　　　3　73〔m〕　　　4　80〔m〕　　　5　93〔m〕

> 等価半径係数が $4/3$ の標準大気のとき，高さ h〔m〕の電波の見通し距離 d〔km〕は，
> $$d \fallingdotseq 4.12 \times \sqrt{h}\ \text{〔km〕}$$
> の式で表されるよ．問題で与えられた三角関数の公式を使わなくてもできるよ．

問 **261**   正解 ☐   完璧 ☐   ✎ 直前 CHECK ☐

　次の記述は，SHF 帯および EHF 帯の電波の伝搬について述べたものである．　☐内に入れるべき字句を下の番号から選べ．

(1) 晴天時の大気ガスによる電波の共鳴吸収は，主に酸素および水蒸気分子によるものであり，100〔GHz〕以下では，　ア　付近に酸素分子の共鳴周波数があり，22〔GHz〕付近に水蒸気分子の共鳴周波数がある．

(2) 霧や細かい雨などのように波長に比べて十分小さい直径の水滴による減衰は，主に吸収によるものであり，周波数が　イ　なると増加し，単位体積の空気中に含まれる水分の量に比例する．

(3) 降雨による減衰は，雨滴による吸収と　ウ　で生じ，概ね 10〔GHz〕以上で顕著になり，ほぼ 200〔GHz〕までは周波数が高いほど，降雨強度が大きいほど，減衰量が大きくなる．

(4) 降雨による交差偏波識別度の劣化は，形状が　エ　雨滴に進入する電波の減衰および位相回転の大きさが偏波の方向によって異なることが原因で生ずる．

(5) 二つの通信回線のアンテナビームが交差している領域に　オ　があると，それによる散乱のために通信回線に干渉を起こすことがある．

1　60〔GHz〕　　2　低く　　3　回折　　4　扁平な　　5　雨滴
6　40〔GHz〕　　7　高く　　8　散乱　　9　球状の　　10　霧の粒子

無線工学B　電波伝搬

問題の式①から，次式が成り立つ.

$$kR = (kR+h)\cos\theta = kR\cos\theta + h\cos\theta$$

よって，$h\cos\theta = kR(1-\cos\theta)$ ...... (1)

三角関数の公式，$\cos 2x = \cos^2 x$　$\sin^2 x = 1 - 2\sin^2 x$ より，式(1)は次式で表される.

$$h\cos\theta = kR\left|1 - \left(1 - 2\sin^2\frac{\theta}{2}\right)\right| = 2kR\sin^2\frac{\theta}{2} \quad \cdots\cdots(2)$$

θ 〔rad〕は，弧と半径の比だから，問題図より，$\theta = \dfrac{d}{kR}$〔rad〕で表される.

問題の式③の条件から式(2)は，$h\cos\theta \fallingdotseq h$，$\sin^2\dfrac{\theta}{2} \fallingdotseq \left(\dfrac{\theta}{2}\right)^2$ だから，

$$h = 2kR\left(\frac{\theta}{2}\right)^2 = 2kR\left(\frac{d}{2kR}\right)^2 = \frac{d^2}{2kR}$$

よって，d は次式で表される.

$$d = \sqrt{2kRh}\,〔\mathrm{m}〕 \quad \cdots\cdots(3)$$

また，式(3)に地球半径 $R = 6{,}370 \times 10^3$〔m〕を代入すると，次式が成り立つ.

$$d = \sqrt{2kh \times 6{,}370 \times 10^3}$$
$$\fallingdotseq 3.57 \times 10^3 \times \sqrt{kh}\,〔\mathrm{m}〕$$
$$= 3.57 \times \sqrt{kh}\,〔\mathrm{km}〕$$

送信アンテナの高さを h〔m〕，地球の等価半径係数を $k(=4/3)$ とすると，見通し距離 d〔km〕は，次式で表される.

$$d \fallingdotseq 3.57 \times \sqrt{kh}\,〔\mathrm{km}〕$$
$$\fallingdotseq 4.12 \times \sqrt{h}\,〔\mathrm{km}〕$$

h〔m〕を求めると，次式で表される.

$$h = \left(\frac{d}{4.12}\right)^2 = \left(\frac{30}{4.12}\right)^2 \fallingdotseq 7.28^2 \fallingdotseq 53\,〔\mathrm{m}〕$$

解答 問259→3　問260→1　問261→ア−1　イ−7　ウ−8　エ−4　オ−5

左側欄外: ▼ 解答

次の記述は，マイクロ波（SHF）帯の電波の対流圏伝搬について述べたものである．
☐内に入れるべき字句を下の番号から選べ．なお，同じ記号の☐内には，同じ字
句が入るものとする．

(1) 標準大気において，大気の屈折率nは地表からの高さとともに減少するから，標準大気
中の電波通路は，送受信点間を結ぶ直線に対して☐ ア ☐わん曲する．

(2) 実際の大地は球面であるが，これを平面大地上の伝搬として等価的に取り扱うために，
$m = n + (h / R)$ で与えられる修正屈折率mが定義されている．ここで，h〔m〕は地表から
の高さ，R〔m〕は地球の☐ イ ☐である．mは1に極めて近い値で不便なので，修正屈折
示数Mを用いる．Mは，$M = $☐ ウ ☐$\times 10^6$ で与えられ，標準大気では地表からの高さと
ともに増加する．

(3) 標準大気のM曲線は，図1に示すように勾配が一定の直線となる．このM曲線の形を
☐ エ ☐という．

(4) 大気中に温度などの☐ オ ☐層が生ずるとラジオダクトが発生し，電波がラジオダクトの
中に閉じ込められて見通し距離より遠方まで伝搬することがある．このときのM曲線は，
図2に示すように，高さのある範囲で☐ エ ☐とは逆の勾配を持つ部分を生ずる．

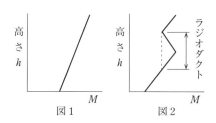

図1　　　　　　　図2

1　半径	2　逆転	3　下方に凸に	4　$(m-1)$	5　接地形
6　上方に凸に	7　$(m+1)$	8　標準形	9　等価半径	10　均一

問 263　　　　　　　　　　　正解 □　完璧 □　✎ 直前CHECK □

次の記述は，SHF帯やEHF帯の地上系固定通信において，降雨時に生ずる交差偏波について述べたものである．このうち誤っているものを下の番号から選べ．ただし，使用する偏波は直線偏波とする．

1　一つの周波数で，互いに直交する二つの偏波を用いて異なる信号を伝送すれば，周波数の利用効率が2倍になるが，降雨時には交差偏波が発生しやすい．

2　落下中の雨滴は，雨滴内外の圧力や表面張力の影響を受け，落下方向につぶれた形に変形するが，その変形の度合いは，雨滴が大きいほど大きい．

3　風のある降雨時には，上下方向に扁平な回転楕円体に近い形に変形した雨滴が水平方向より傾き，その長軸方向の電界成分の減衰が短軸方向の電界成分の減衰よりも小さくなるために交差偏波が発生する．

4　受信信号の主偏波の電界強度を E_p〔V/m〕，交差偏波の電界強度を E_c〔V/m〕とすると，通常，交差偏波識別度は，$20\log_{10}(E_p/E_c)$〔dB〕と表される．

5　交差偏波識別度は，降雨が強いほど，また，雨滴の傾きが大きいほど劣化する．

問 264　　　　　　　　　　　正解 □　完璧 □　✎ 直前CHECK □

次の記述は，等価地球半径係数 k に起因する k 形フェージングについて述べたものである．このうち誤っているものを下の番号から選べ．

1　k 形フェージングは，k が時間的に変化し，伝搬波に対する大地（海面）の影響が変化することによって生ずる．

2　回折 k 形フェージングは，電波通路と大地（海面）のクリアランスが不十分で，かつ，k が小さくなったとき，大地（海面）の回折損を受けて生ずる．

3　回折 k 形フェージングの周期は，干渉 k 形フェージングの周期に比べて短い．

4　干渉 k 形フェージングは，k の変動により直接波と大地（海面）反射波の干渉状態が変化することによって生ずる．

5　干渉 k 形フェージングによる電界強度の変化は，反射点が大地であるときの方が海面であるときより小さい．

解答　問262→アー6　イー1　ウー4　エー8　オー2

問 265　　　　　　　　　　　　　　正解 ☐　完璧 ☐　🖊 直前 CHECK ☐

　次の記述は，陸上の移動体通信の電波伝搬特性について述べたものである．☐☐☐内に入れるべき字句の正しい組合せを下の番号から選べ．

(1) 基地局から送信された電波は，陸上移動局周辺の建物などにより反射，回折され，定在波などを生じ，この定在波中を移動局が移動すると，受信波にフェージングが発生する．この変動を瞬時値変動といい，レイリー分布則に従う．一般に，周波数が高いほど，また移動速度が ☐ A ☐ ほど変動が速いフェージングとなる．

(2) 瞬時値変動の数十波長程度の区間での中央値を短区間中央値といい，基地局からほぼ等距離の区間内の短区間中央値は，☐ B ☐ に従い変動し，その中央値を長区間中央値という．長区間中央値は，移動局の基地局からの距離を d とおくと，一般に $Xd^{-\alpha}$ で近似される．ここで，X および α は，送信電力，周波数，基地局および移動局のアンテナ高，建物高等によって決まる．

(3) 一般に，移動局に到来する多数の電波の到来時間に差があるため，帯域内の各周波数の振幅と位相の変動が一様ではなく，☐ C ☐ フェージングを生ずる．☐ D ☐ 伝送の場合には，その影響はほとんどないが，一般に，高速デジタル伝送の場合には，伝送信号に波形ひずみを生ずることになる．多数の到来波の遅延時間を横軸に，各到来波の受信レベルを縦軸にプロットしたものは伝搬遅延プロファイルと呼ばれ，多重波伝搬理論の基本特性の一つである．

	A	B	C	D
1	遅い	指数分布則	周波数選択性	広帯域
2	遅い	対数正規分布則	跳躍	狭帯域
3	遅い	指数分布則	跳躍	広帯域
4	速い	指数分布則	周波数選択性	広帯域
5	速い	対数正規分布則	周波数選択性	狭帯域

無線工学B　電波伝搬

(問) 266 📖 解説あり! 　　　　　　　正解 [　] 完璧 [　] ✒️ 直前CHECK [　]

次の記述は，無線 LAN や携帯電話などで用いられる MIMO (Multiple Input Multiple Output) について述べたものである．このうち誤っているものを下の番号から選べ．

1　MIMO では，送信側と受信側の双方に複数のアンテナを用いることによって，空間多重伝送による伝送容量の増大，ダイバーシティによる伝送品質の向上を図ることができる．
2　空間多重された信号は，複数の受信アンテナで受信後，チャネル情報を用い，信号処理により分離することができる．
3　MIMO には，送信側でチャネル情報が既知の方式と未知の方式がある．
4　MIMO では，垂直偏波は用いることができない．
5　複数のアンテナを近くに配置するときは，相互結合による影響を考慮する．

(問) 267 📖 解説あり! 　　　　　　　正解 [　] 完璧 [　] ✒️ 直前CHECK [　]

電離層の最大電子密度が 1.44×10^{12}〔個 / m³〕のとき，臨界周波数の値として，最も近いものを下の番号から選べ．ただし，電離層の電子密度が N〔個 / m³〕のとき，周波数 f〔Hz〕の電波に対する屈折率 n は次式で表されるものとする．

$$n = \sqrt{1 - \frac{81N}{f^2}}$$

1　4.3〔MHz〕　2　6.3〔MHz〕　3　8.4〔MHz〕　4　9.9〔MHz〕　5　10.8〔MHz〕

 $1.44 = 1.2^2$，$81 = 9^2$ だよ．$\sqrt{\ }$ を開くときに必要だよ．国家試験は電卓が使えないので，よく使われる数字を覚えた方がいいよ．

(解答) 問263 ➡ 3　問264 ➡ 3　問265 ➡ 5

| ミニ解説 | 問263 | 3 | 風のある降雨時には，上下方向に扁平な回転楕円体に近い形に変形した雨滴が水平方向より傾き，その長軸方向の電界成分の減衰が短軸方向の電界成分の減衰よりも**大きくなる**ために交差偏波が発生する． |
| | 問264 | 3 | 回折 k 形フェージングの周期は，干渉 k 形フェージングの周期に比べて**長い**． |

問 268 📖 解説あり！　　　　正解 □　完璧 □　✏直前CHECK □

送受信点間の距離が 800〔km〕の F 層 1 回反射伝搬において，半波長ダイポールアンテナから放射電力 2.5〔kW〕で送信したとき，受信点での電界強度の大きさの値として，最も近いものを下の番号から選べ．ただし，F 層の高さは 300〔km〕であり，第 1 種減衰はなく，第 2 種減衰は 6〔dB〕とし，電離層および大地は水平な平面で，半波長ダイポールアンテナは大地などの影響を受けないものとする．また，電界強度は 1〔µV/m〕を 0〔dBµV/m〕，$\log_{10}35 = 1.54$ とする．

1　22〔dBµV/m〕　　　2　45〔dBµV/m〕　　　3　51〔dBµV/m〕
4　65〔dBµV/m〕　　　5　74〔dBµV/m〕

> 第 2 種減衰は電離層で反射するときに受ける減衰だから，減衰は 1 回だよ．
> この問題ではないけど，第 1 種減衰は電離層を通過するときに受ける減衰だから，F 層反射の場合は E 層を 2 回通過するので，第 1 種減衰を 2 回受けるよ．

問 269　　　　　　　　　　正解 □　完璧 □　✏直前CHECK □

次の記述は，電離層における電波の反射機構について述べたものである．□□□内に入れるべき字句の正しい組合せを下の番号から選べ．

(1) 電離層の電子密度 N の分布は，高さと共に徐々に増加し，ある高さで最大となり，それ以上の高さでは徐々に減少している．N が零のとき，電波の屈折率 n はほぼ 1 であり，N が最大のとき，n は　A　となる．

(2) N が高さと共に徐々に増加している電離層内の N が異なる隣接した二つの水平な層を考え，地上からの電波が層の境界へ入射するとき，下の層の屈折率を n_i，上の層の屈折率を n_r，入射角を i，屈折角を r とすれば，n_r は，$n_r = n_i \times$　B　で表される．

(3) このときの r は i より　C　ので，N が十分大きいとき，電離層に入射した電波は，高さと共に徐々に下に向かって曲げられ，やがて地上に戻ってくることになる．

	A	B	C
1	最大	$\sin r / \sin i$	大きい
2	最大	$\sin i / \sin r$	小さい
3	最大	$\sin i / \sin r$	大きい
4	最小	$\sin r / \sin i$	小さい
5	最小	$\sin i / \sin r$	大きい

無線工学 B　電波伝搬

📖 解説→問266

誤っている選択肢は，正しくは次のようになる.

4　MIMOでは，垂直偏波を用いることができる.

　MIMOでは複数のアンテナを用いる．それぞれのアンテナは空間的に離れて配置されるが，偏波面の異なるアンテナを組み合わせて用いることもある.

📖 解説→問267

臨界周波数は電離層に垂直に入射した電波が反射する最高周波数だから，問題で与えられた式において，屈折率 $n=0$ のときに電波が反射するので，次式が成り立つ.

$$0=\sqrt{1-\frac{81N}{f^2}}\quad 両辺を2乗して，\frac{81N}{f^2}=1$$

周波数 f 〔Hz〕を求めると，次式で表される.

$$f=\sqrt{81N}=\sqrt{81\times1.44\times10^{12}}=\sqrt{9^2\times1.2^2\times10^{12}}=9\times1.2\times10^6\,〔Hz〕=10.8\,〔MHz〕$$

📖 解説→問268

電波がF層で反射して受信点に到達する伝搬距離は解説図より，$d=1,000$〔km〕となるので，電離層の減衰を考慮しないときの受信点における，1〔μV/m〕を 0〔dB〕とした電界強度 E_0〔dBμV/m〕は，次式で表される.

$$E_0=20\log_{10}\left(\frac{7\sqrt{P}}{d}\times10^6\right)=20\log_{10}\left(\frac{7\sqrt{2.5\times10^3}}{1,000\times10^3}\times10^6\right)$$

$$=20\log_{10}35+20\log_{10}10^{1+6-6}=20\times1.54+20\times1=30.8+20=50.8\,〔dB\mu V/m〕$$

第2種減衰を Γ〔dB〕とすると，受信点の電界強度 E〔dBμV/m〕は，

$$E=E_0-\Gamma=50.8-6\fallingdotseq45\,〔dB\mu V/m〕$$

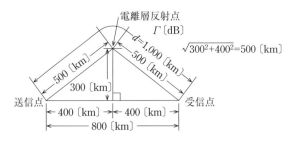

🈴解答　問266→4　問267→5　問268→2　問269→5

問 270　　　　　　　　　　　　　　　正解 ☐　完璧 ☐　📝 直前CHECK ☐

　次の記述は，中波（MF）帯および短波（HF）帯の電波の伝搬について述べたものである．このうち誤っているものを下の番号から選べ．

1　MF帯のE層反射波は，日中はほとんど使えないが，夜間はD層の消滅により数千キロメートル伝搬することがある．
2　MF帯の地表波の伝搬損は，垂直偏波の場合の方が水平偏波の場合より大きい．
3　MF帯の地表波は，伝搬路が陸上の場合よりも海上の場合の方が遠方まで伝搬する．
4　HF帯では，電離層の臨界周波数などの影響を受け，その伝搬特性は時間帯や周波数などによって大きく変化する．
5　HF帯では，MF帯に比べて，電離層嵐（磁気嵐）やデリンジャー現象などの異常現象の影響を受けやすい．

問 271　　　　　　　　　　　　　　　正解 ☐　完璧 ☐　📝 直前CHECK ☐

　次の記述は，衛星−地上間通信における電離層の影響について述べたものである．　☐　内に入れるべき字句の正しい組合せを下の番号から選べ．

(1) 電波が電離層を通過する際，その振幅，位相などに　A　の不規則な変動を生ずる場合があり，これを電離層シンチレーションといい，その発生は受信点の　B　と時刻などに依存する．
(2) 電波が電離層を通過する際，その偏波面が回転するファラデー回転（効果）により，　C　を用いる衛星通信に影響を与えることがある．

　　　　A　　　　　B　　　　　C
1　長周期　　　経度　　　円偏波
2　長周期　　　経度　　　直線偏波
3　長周期　　　緯度　　　円偏波
4　短周期　　　緯度　　　直線偏波
5　短周期　　　経度　　　円偏波

無線工学B　電波伝搬

265

問 272 　　　　　　　　　　　　正解 ☐ 完璧 ☐ ✎ 直前CHECK ☐

　次の記述は，地上と衛星間の電波伝搬における対流圏および電離圏の影響について述べたものである．このうち正しいものを 1，誤っているものを 2 として解答せよ．

ア　大気による減衰は，晴天時の水滴を含まない大気の場合には衛星の仰角が低いほど小さくなる．

イ　大気の屈折率は，常時変動しているので電波の到来方向もそれに応じて変動し，シンチレーションの原因となる．

ウ　降雨時，雨滴による電波の吸収減衰により熱雑音が発生する．

エ　電波が電離圏を通過する際，その振幅，位相などに短周期の不規則な変動を生ずる場合があり，これを電離圏シンチレーションという．

オ　電離圏の屈折率は，周波数が低くなると 1 に近づく．

問 273 　　　　　　　　　　　　正解 ☐ 完璧 ☐ ✎ 直前CHECK ☐

　次の記述は，電波雑音について述べたものである．このうち誤っているものを下の番号から選べ．

1　空電雑音のレベルは，熱帯地域では一般に雷が多く発生するので終日高いが，中緯度域では遠雷による空電雑音が主体となるので，夜間は D 層による吸収を受けて低く，日中は D 層の消滅に伴い高くなる．

2　空電雑音は，雷放電によって発生する衝撃性雑音であり，遠距離の無数の地点で発生する個々の衝撃性雑音電波が電離層伝搬によって到来し，これらの雑音が重なりあって連続性雑音となる．

3　電離圏雑音には，超長波（VLF）帯で発生する連続性の雑音や，継続時間の短い散発性の雑音などがある．

4　太陽以外の恒星から発生する雑音は宇宙雑音といい，銀河の中心方向から到来する雑音が強い．

5　静止衛星からの電波を受信する際，春分および秋分の前後数日間，地球局の受信アンテナの主ビームが太陽に向くときがあり，このときの強い太陽雑音により受信機出力の信号対雑音比（S/N）が低下したりすることがある．

解答　問270→2　問271→4

✎ ミニ解説　　問 270　　2　MF 帯の地表波の伝搬損は，**水平偏波**の場合の方が**垂直偏波**の場合より大きい．

次の記述は，無損失給電線上の定在波の測定により，アンテナの給電点インピーダンスを求める過程について述べたものである．□□□内に入れるべき字句を下の番号から選べ．ただし，給電線の特性インピーダンスを Z_0〔Ω〕とする．

(1) 給電点から l〔m〕だけ離れた給電線上の点の電圧 V および電流 I は，給電点の電圧を V_L〔V〕，電流を I_L〔A〕，位相定数を β〔rad/m〕とすれば，次式で表される．

$$V = V_L \cos\beta l + j Z_0 I_L \sin\beta l \,\text{〔V〕} \qquad \cdots\cdots①$$
$$I = I_L \cos\beta l + j (V_L / Z_0) \sin\beta l \,\text{〔A〕} \qquad \cdots\cdots②$$

したがって，給電点インピーダンスを Z_L〔Ω〕とすると，給電点から l〔m〕だけ離れた給電線上の点のインピーダンス Z は，式①と②から次式で表される．

$$Z = V/I = \boxed{\text{ア}} \,\text{〔Ω〕} \qquad \cdots\cdots③$$

(2) 電圧定在波の最小値を V_{min}，電流定在波の最大値を I_{max}，入射波電圧を V_f〔V〕，反射波電圧を V_r〔V〕および反射係数を Γ とすれば，V_{min} と I_{max} は，次式で表される．

$$V_{min} = \boxed{\text{イ}} \,\text{〔V〕} \qquad \cdots\cdots④$$
$$I_{max} = \boxed{\text{ウ}} \,\text{〔A〕} \qquad \cdots\cdots⑤$$

(3) 給電点からの電圧定在波の最小点までの距離 l_{min} の点は，電流定在波の最大になる点でもあるから，この点のインピーダンス Z_{min} は，Z_0 と $|\Gamma|$ を用いて，次式で表される．

$$Z_{min} = (\boxed{\text{エ}}) \times Z_0 = Z_0 / S \,\text{〔Ω〕} \qquad \cdots\cdots⑥$$

ここで，S は電圧定在波比である．

(4) 式③の l に l_{min} を代入した式と式⑥が等しくなるので，Z_L は，次式で表される．

$$Z_L = \boxed{\text{オ}} \,\text{〔Ω〕}$$

上式から，S と l_{min} が分かれば，Z_L を求めることができる．

1　$Z_0 \left(\dfrac{Z_0 + j Z_L \tan\beta l}{Z_L + j Z_0 \tan\beta l} \right)$ 　　2　$|V_f|(1 + |\Gamma|)$ 　　3　$\dfrac{|V_f|(1 + |\Gamma|)}{Z_0}$

4　$\dfrac{1 - |\Gamma|}{1 + |\Gamma|}$ 　　5　$Z_0 \left(\dfrac{S - j \tan\beta l_{min}}{1 - j S \tan\beta l_{min}} \right)$ 　　6　$Z_0 \left(\dfrac{Z_L + j Z_0 \tan\beta l}{Z_0 + j Z_L \tan\beta l} \right)$

7　$|V_f|(1 - |\Gamma|)$ 　　8　$\dfrac{|V_f|(1 - |\Gamma|)}{Z_0}$ 　　9　$\dfrac{1 + |\Gamma|}{1 - |\Gamma|}$

10　$Z_0 \left(\dfrac{1 - j S \tan\beta l_{min}}{S - j \tan\beta l_{min}} \right)$

問 275 📖 解説あり！　　　　　　　　　　　正解 □ 完璧 □ ✏ 直前CHECK □

▼解答

次の記述は，図に示すようにアンテナに接続された給電線上の電圧定在波比（VSWR）を測定することにより，アンテナの動作利得を求める過程について述べたものである．□□内に入れるべき字句を下の番号から選べ．ただし，アンテナの利得を G（真数），入力インピーダンスを Z_L〔Ω〕とする．また，信号源と給電線は整合がとれているものとし，給電線は無損失とする．

(1) 給電線上の任意の点から信号源側を見たインピーダンスは常に Z_0〔Ω〕である．アンテナ側を見たインピーダンスが最大値 Z_{max}〔Ω〕となる点では，アンテナに伝送される電力 P_t は，次式で表される．

$$P_t = \boxed{\text{ア}} \;\text{〔W〕} \qquad\qquad \cdots\cdots ①$$

(2) VSWR を S とすると，$Z_{max}=SZ_0$ であるから，式①は，次式で表される．

$$P_t = \boxed{\text{イ}} \;\text{〔W〕} \qquad\qquad \cdots\cdots ②$$

アンテナと給電線が整合しているときの P_t を P_0 とすれば，式②から P_0 は，次式で表される．

$$P_0 = \boxed{\text{ウ}} \;\text{〔W〕} \qquad\qquad \cdots\cdots ③$$

(3) アンテナと給電線が整合していないために生ずる反射損 M は，式②と③から次式となる．

$$M = \frac{P_0}{P_t} = \boxed{\text{エ}} \qquad\qquad \cdots\cdots ④$$

(4) アンテナの動作利得 G_w（真数）の定義と式④から，G_w は次式で与えられる．

$$G_w = \boxed{\text{オ}}$$

したがって，VSWR を測定することにより，G_w を求めることができる．

解答　問272➡アー2　イー1　ウー1　エー1　オー2　　問273➡1
　　　問274➡アー6　イー7　ウー3　エー4　オー10

📝ミニ解説

問272　ア　大気による減衰は，晴天時の水滴を含まない大気の場合には衛星の仰角が低いほど**大きくなる**．
　　　　オ　電離圏の屈折率は，周波数が**高くなる**と1に近づく．

問273　1　空電雑音のレベルは，熱帯地域では一般に雷が多く発生するので終日高いが，中緯度域では遠雷による空電雑音が主体となるので，**日中**はD層による吸収を受けて低く，**夜間**はD層の消滅に伴い高くなる．

問題

信号源　　　　　　　給電線　　　　　　アンテナ

V_0：信号源の起電力
Z_0：信号源の内部インピーダンスおよび
　　　給電線の特性インピーダンス

1　$\left(\dfrac{V_0}{2Z_0}\right)^2 Z_{max}$　　　　2　$\dfrac{SV_0{}^2}{Z_0(1+S)^2}$　　　3　$\dfrac{V_0{}^2}{4Z_0}$　　　4　$\dfrac{(1+S)^2}{2S}$　　　5　$\dfrac{4SG}{(1+S)^2}$

6　$\left(\dfrac{V_0}{Z_0+Z_{max}}\right)^2 Z_{max}$　　7　$\dfrac{V_0{}^2(1+S)^2}{2Z_0S}$　　8　$\dfrac{V_0{}^2}{2Z_0}$　　9　$\dfrac{(1+S)^2}{4S}$　　10　$\dfrac{2SG}{(1+S)^2}$

 **問 276**　解説あり！　　　　　　　　　　　正解　□　完璧　□　直前CHECK　□

　長さ l〔m〕の無損失給電線の終端を開放および短絡して入力端から見たインピーダンス
を測定したところ，それぞれ $-j90$〔Ω〕および $+j40$〔Ω〕であった．この給電線の特性イン
ピーダンスの値として，正しいものを下の番号から選べ．

1　50〔Ω〕　　　　2　60〔Ω〕　　　　　3　66〔Ω〕　　　　4　75〔Ω〕　　　　5　83〔Ω〕

 **問 277**　解説あり！　　　　　　　　　　　正解　□　完璧　□　直前CHECK　□

　アンテナ利得が 10（真数）のアンテナを無損失の給電線に接続して測定した電圧定在波
比（VSWR）の値が 1.5 であった．このアンテナの動作利得（真数）の値として，最も近いも
のを下の番号から選べ．

1　4.8　　　　2　6.7　　　　3　7.7　　　　4　8.5　　　　5　9.6

📖 解説 →問275

アンテナ側を見たインピーダンスが $Z_{max} = SZ_0$ となる点において，信号源側を見たインピーダンスが Z_0 なので，問題の式①は，次式で表される．

$$P_t = \left(\frac{V_0}{Z_0 + Z_{max}}\right)^2 Z_{max} = \frac{V_0^2}{(Z_0 + SZ_0)^2} SZ_0 = \frac{SV_0^2}{Z_0(1+S)^2} \text{〔W〕} \qquad \cdots\cdots(1)$$

整合がとれているときは，$S = 1$ なので式 (1) より，次式が成り立つ．

$$P_0 = \frac{V_0^2}{Z_0(1+1)^2} = \frac{V_0^2}{4Z_0} \text{〔W〕} \qquad \cdots\cdots(2)$$

反射損 M は，式 (2) ÷ 式 (1) より，次式で表される．

$$M = \frac{P_0}{P_t} = \frac{V_0^2}{4Z_0} \times \frac{Z_0(1+S)^2}{SV_0^2} = \frac{(1+S)^2}{4S} \qquad \cdots\cdots(3)$$

アンテナの動作利得 G_w は給電線の整合状態を含めた利得だから，次式で表される．

$$G_w = \frac{G}{M} = \frac{4SG}{(1+S)^2}$$

📖 解説 →問276

特性インピーダンス Z_0〔Ω〕，長さ l〔m〕の終端開放線路を入力端から見たインピーダンス $\dot{Z}_F$〔Ω〕は，次式で表される．

$$\dot{Z}_F = -jZ_0\cot\beta l = -jZ_0\frac{1}{\tan\beta l} \text{〔Ω〕} \qquad \cdots\cdots(1)$$

終端短絡線路を入力端から見たインピーダンス $\dot{Z}_S$〔Ω〕は，次式で表される．

$$\dot{Z}_S = jZ_0\tan\beta l \text{〔Ω〕} \qquad \cdots\cdots(2)$$

式 (1) × (2) より，次式が成り立つ．

$$\dot{Z}_F \times \dot{Z}_S = -jZ_0 \times jZ_0 = Z_0^2$$

Z_0 を求めると，次式で表される．

$$Z_0^2 = \dot{Z}_F \times \dot{Z}_S = -j90 \times j40 = 3^2 \times 10 \times 2^2 \times 10$$

よって，$Z_0 = 60$〔Ω〕

📖 解説 →問277

整合がとれているときのアンテナ利得を G とすると，動作利得 G_w は，次式で表される．

$$G_w = \frac{G}{M} = \frac{4S}{(1+S)^2}G = \frac{4 \times 1.5}{(1+1.5)^2} \times 10 = \frac{60}{6.25} = 9.6$$

解答 問275→ア-6 イ-2 ウ-3 エ-9 オ-5 問276→2 問277→5

問 278　　　　　　　　　　　　　正解 □　完璧 □　✎ 直前 CHECK □

　次の記述は，アンテナの測定について述べたものである．このうち正しいものを 1，誤っているものを 2 として解答せよ．

ア　アンテナの測定項目には，入力インピーダンス，利得，指向性，偏波などがある．

イ　三つのアンテナを用いる場合，これらのアンテナの利得が未知であっても，それぞれの利得を求めることができる．

ウ　円偏波アンテナの測定をする場合には，円偏波の電波を送信して測定することができるほか，直線偏波のアンテナを送信アンテナに用い，そのビーム軸のまわりに回転させながら測定することもできる．

エ　開口面アンテナの指向性を測定する場合の送受信アンテナの離すべき最小距離は，開口面の大きさと関係し，使用波長に関係しない．

オ　大形のアンテナの測定を電波暗室で行えない場合には，アンテナの寸法を所定の大きさまで縮小し，本来のアンテナの使用周波数に縮小率を掛けた低い周波数で測定する．

問 279　　　　　　　　　　　　　正解 □　完璧 □　✎ 直前 CHECK □

　次の記述は，アンテナ利得の測定について述べたものである．このうち誤っているものを下の番号から選べ．

1　3 基のアンテナを使用した場合は，これらのアンテナの利得が未知であってもそれぞれの利得を求めることができる．

2　角錐ホーンアンテナは，その寸法から利得を求めることができるので，標準アンテナとして使用される．

3　円偏波アンテナの利得の測定に，直線偏波アンテナは使用できない．

4　屋外で測定することが困難な場合や精度の高い測定を必要とする場合には，電波暗室内における近傍界の測定と計算により利得を求めることができる．

5　衛星地球局用大形アンテナの利得の測定には，測定距離がフラウンホーファ領域になり，また，仰角が十分高く地面からの反射波の影響を避けることができるように，カシオペア A などの電波星の電波を受信する方法がある．

問 280 📖 解説あり! 　　　　　正解 ☐ 　完璧 ☐ 　✎ 直前CHECK ☐

次の記述は，マイクロ波アンテナの利得の測定法について述べたものである．☐☐内に入れるべき字句の正しい組合せを下の番号から選べ．ただし，波長を λ〔m〕とする．

(1) 利得がそれぞれ G_1（真数）および G_2（真数）の二つのアンテナを距離 d〔m〕離して偏波面を揃えて対向させ，一方のアンテナから電力 P_t〔W〕を放射し，他方のアンテナで受信した電力を P_r〔W〕とすれば，P_r/P_t は，次式で表される．

$$P_r/P_t = (\boxed{\text{A}})^2 G_1 G_2 \qquad\qquad \cdots\cdots ①$$

上式において，一方のアンテナの利得が既知であれば，他方のアンテナの利得を求めることができる．

(2) 二つのアンテナの利得が同じとき，式①からそれぞれのアンテナの利得は，次式により求められる．

$$G_1 = G_2 = \boxed{\text{B}}$$

(3) アンテナが一つのときは，$\boxed{\text{C}}$ を利用すれば，この方法を適用することができる．

	A	B	C
1	$\dfrac{\lambda}{4\pi d}$	$\dfrac{4\pi d}{\lambda}\sqrt{\dfrac{P_r}{P_t}}$	反射板
2	$\dfrac{\lambda}{4\pi d}$	$\dfrac{4\pi d}{\lambda}\sqrt{\dfrac{P_t}{P_r}}$	反射板
3	$\dfrac{\lambda}{2\pi d}$	$\dfrac{2\pi d}{\lambda}\sqrt{\dfrac{P_t}{P_r}}$	回転板
4	$\dfrac{\lambda}{2\pi d}$	$\dfrac{2\pi d}{\lambda}\sqrt{\dfrac{P_r}{P_t}}$	反射板
5	$\dfrac{\lambda}{2\pi d}$	$\dfrac{\pi d}{\lambda}\sqrt{\dfrac{P_r}{P_t}}$	回転板

解答 問278→ア−1 イ−1 ウ−1 エ−2 オ−2 　問279→3

ミニ解説

問 278　エ 開口面アンテナの指向性を測定する場合の送受信アンテナの離すべき最小距離は，**開口面の大きさと使用波長に関係する**．
　　　　オ 大形のアンテナの測定を電波暗室で行えない場合には，アンテナの寸法を所定の大きさまで縮小し，本来のアンテナの使用周波数を**縮小率で割った高い周波数**で測定する．
問 279　3 円偏波アンテナの利得の測定に，直線偏波アンテナを**使用することもできる**．

問 281　📖 解説あり!　　　　　　　正解 ☐　完璧 ☐　🖊 直前CHECK ☐

次の記述は，反射板を用いるアンテナ利得の測定法について述べたものである．☐☐☐内に入れるべき字句の正しい組合せを下の番号から選べ．なお，同じ記号の☐☐☐内には，同じ字句が入るものとする．

アンテナが一基のみの場合は，図に示す構成により以下のようにアンテナ利得を測定することができる．ただし，波長を λ〔m〕，被測定アンテナの開口径を D〔m〕，絶対利得を G（真数），アンテナと垂直に立てられた反射板との距離を d〔m〕とし，d は，測定誤差が問題とならない適切な距離とする．

(1) アンテナから送信電力 P_t〔W〕の電波を送信し，反射して戻ってきた電波を同じアンテナで受信したときの受信電力 P_r〔W〕は，次式で与えられる．

$$P_r = \frac{G\lambda^2}{4\pi} \times \boxed{\text{A}} \qquad \cdots\cdots ①$$

(2) アンテナには定在波測定器が接続されているものとし，反射波を受信したときの電圧定在波比を S とすれば，S と P_t および P_r との間には，次の関係がある．

$$\frac{P_r}{P_t} = (\boxed{\text{B}})^2 \qquad \cdots\cdots ②$$

(3) 式①および②より絶対利得 G は，次式によって求められる．

$$G = \boxed{\text{C}} \times \boxed{\text{B}}$$

	A	B	C
1	$\dfrac{P_t G}{8\pi d^2}$	$\dfrac{S+1}{S-1}$	$\dfrac{16\pi d}{\lambda}$
2	$\dfrac{P_t G}{8\pi d^2}$	$\dfrac{S-1}{S+1}$	$\dfrac{16\pi d}{\lambda}$
3	$\dfrac{P_t G}{16\pi d^2}$	$\dfrac{S-1}{S+1}$	$\dfrac{8\pi d}{\lambda}$
4	$\dfrac{P_t G}{16\pi d^2}$	$\dfrac{S-1}{S+1}$	$\dfrac{16\pi d}{\lambda}$
5	$\dfrac{P_t G}{16\pi d^2}$	$\dfrac{S+1}{S-1}$	$\dfrac{8\pi d}{\lambda}$

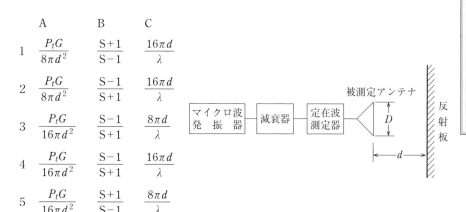

マイクロ波発振器 → 減衰器 → 定在波測定器 → 被測定アンテナ（D）／反射板（d）

等方性アンテナの実効面積 A_i 〔m²〕は，次式で表される．

$$A_i = \frac{\lambda^2}{4\pi} \text{〔m}^2\text{〕} \qquad \cdots\cdots(1)$$

受信アンテナの絶対利得を G_2，受信アンテナの実効面積を A_2〔m²〕とすると，次式の関係がある．

$$A_2 = A_i G_2 = \frac{\lambda^2 G_2}{4\pi} \qquad \cdots\cdots(2)$$

受信点の電力密度を W〔W/m²〕とすると，受信電力 P_r〔W〕は，次式で表される．

$$P_r = A_2 W = \frac{\lambda^2 G_2}{4\pi} \times \frac{P_t G_1}{4\pi d^2} = \left(\frac{\lambda}{4\pi d}\right)^2 G_1 G_2 P_t \qquad \cdots\cdots(3)$$

よって，$\dfrac{P_r}{P_t} = \left(\dfrac{\lambda}{4\pi d}\right)^2 G_1 G_2$ $\qquad \cdots\cdots(4)$

$G_1 = G_2 = G$ とすると，式（4）は次式で表される．

$$\frac{P_r}{P_t} = \left(\frac{\lambda}{4\pi d}\right)^2 G^2 \qquad \cdots\cdots(5)$$

よって，$G = \dfrac{4\pi d}{\lambda}\sqrt{\dfrac{P_r}{P_t}}$

放射電力 P_t〔W〕の電波が反射板によって反射されて，被測定アンテナに戻って来たときの電力密度 W〔W/m²〕は，距離が $2d$〔m〕となるので，次式で表される．

$$W = \frac{P_t G}{4\pi (2d)^2} = \frac{P_t G}{16\pi d^2} \text{〔W/m}^2\text{〕} \qquad \cdots\cdots(1)$$

被測定アンテナの実効面積 A_e〔m²〕は，次式で表される．

$$A_e = \frac{G\lambda^2}{4\pi} \text{〔m}^2\text{〕} \qquad \cdots\cdots(2)$$

受信電力 P_r〔W〕は，次式で表される．

$$P_r = A_e W = \frac{G\lambda^2}{4\pi} \times \frac{P_t G}{16\pi d^2} \text{〔W〕} \qquad \cdots\cdots(3)$$

ここで，反射係数を Γ，電圧定在波比を S とすると，次式が成り立つ．

$$\frac{P_r}{P_t} = |\Gamma|^2 = \left(\frac{S-1}{S+1}\right)^2 \qquad \cdots\cdots(4)$$

式（3），（4）からアンテナ利得 G を求めると，次式で表される．

$$\frac{P_r}{P_t} = \frac{G^2\lambda^2}{4\times(4\pi d)^2} = \left(\frac{S-1}{S+1}\right)^2 \qquad \cdots\cdots(5)$$

よって，$G = \dfrac{8\pi d}{\lambda} \times \dfrac{S-1}{S+1}$

解答 問280→1　　問281→3

問 282　　　　　　　　　　　　　　　　　　正解 ☐　完璧 ☐　✏ 直前CHECK ☐

　次の記述は，開口面アンテナの測定における放射電磁界の領域について述べたものである．　☐内に入れるべき字句の正しい組合せを下の番号から選べ．なお，同じ記号の　☐内には，同じ字句が入るものとする．

(1) アンテナにごく接近した　A　領域では，静電界や誘導電磁界が優勢であるが，アンテナからの距離が離れるにつれてこれらの電磁界成分よりも放射電磁界成分が大きくなってくる．

(2) 放射電磁界成分が優勢な領域を放射界領域といい，放射近傍界領域と放射遠方界領域の二つの領域に分けられる．二つの領域のうち放射　B　領域は，放射エネルギーの角度に対する分布がアンテナからの距離によって変化する領域で，この領域において，アンテナの　B　の測定が行われる．

(3) アンテナの放射特性は，　C　によって定義されているので，　B　の測定で得られたデータを用いて計算により　C　の特性を間接的に求める．

	A	B	C
1	フレネル	近傍界	放射遠方界
2	フレネル	遠方界	誘導電磁界
3	リアクティブ近傍界	近傍界	誘導電磁界
4	リアクティブ近傍界	近傍界	放射遠方界
5	リアクティブ近傍界	遠方界	誘導電磁界

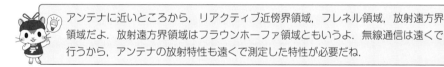
アンテナに近いところから，リアクティブ近傍界領域，フレネル領域，放射遠方界領域だよ．放射遠方界領域はフラウンホーファ領域ともいうよ．無線通信は遠くで行うから，アンテナの放射特性も遠くで測定した特性が必要だね．

無線工学B　測定

275

解答

次の記述は，アンテナの近傍界を測定するプローブの走査法について述べたものである．□内に入れるべき字句の正しい組合せを下の番号から選べ．

図に示すように電波暗室で被測定アンテナの近くに半波長ダイポールアンテナやホーンアンテナで構成されたプローブを置き，それを走査して近傍界の特性を測定し，得られた測定値から数値計算により遠方界の特性を求める．このための走査法には，平面走査法，円筒面走査法および球面走査法がある．

(1) 平面走査法では，被測定アンテナを回転させないでプローブを　A　方向に走査して測定する．特にペンシルビームアンテナや回転のできないアンテナの測定に適している．

(2) 円筒面走査法では，(1) と同様のプローブを用い，被測定アンテナを大地に　B　な軸を中心に回転させ，プローブを　C　方向に走査して測定する．指向性の測定できる範囲が平面走査法よりも広がり，ファンビームアンテナなどのアンテナ測定に適している．

	A	B	C
1	上下左右	水平	上下
2	上下左右	水平	左右
3	上下左右	垂直	上下
4	上下	水平	上下
5	上下	垂直	左右

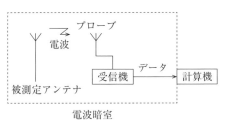

電波暗室

次の記述は，アンテナ利得などの測定において，送信または受信アンテナの一方の開口の大きさが波長に比べて大きいときの測定距離について述べたものである．□内に入れるべき字句を下の番号から選べ．ただし，任意の角度を α とすれば，$\cos^2(\alpha/2)=(1+\cos\alpha)/2$ である．なお，同じ記号の□内には，同じ字句が入るものとする．

(1) 図1に示すように，アンテナ間の測定距離を L〔m〕，寸法が大きい方の円形開口面アンテナ1の直径を D〔m〕，その縁Pから小さい方のアンテナ2までの距離を L'〔m〕とすれば，L と L' の距離の差 ΔL は，次式で表される．
ただし，$L>D$ とし，アンテナ2の大きさは無視できるものとする．

解答 問282 → 4

$$\Delta L = L' - L = \boxed{} - L$$

$$\fallingdotseq L\left\{1 + \frac{1}{2}\left(\frac{D}{2L}\right)^2\right\} - L = \frac{D^2}{8L} \ \text{〔m〕} \qquad \cdots\cdots ①$$

波長を λ〔m〕とすれば，ΔL による電波の位相差 $\Delta\theta$ は，次式となる．

$$\Delta\theta = \boxed{} \ \text{〔rad〕} \qquad \cdots\cdots ②$$

(2) アンテナ1の中心からの電波の電界強度 $\dot{E}_0$〔V/m〕とその縁からの電波の電界強度 $\dot{E}_0'$〔V/m〕は，アンテナ2の点において，その大きさが等しく位相のみが異なるものとし，その大きさをいずれも E_0〔V/m〕とすれば，$\dot{E}_0$ と $\dot{E}_0'$ との間に位相差がないときの受信点での合成電界強度の大きさ E〔V/m〕は，$\boxed{}$〔V/m〕である．また，位相差が $\Delta\theta$ のときの合成電界強度 $\dot{E}'$ の大きさ E' は，図2のベクトル図から，次式で表される．

$$E' = \boxed{} = \boxed{} \times \cos\left(\frac{\Delta\theta}{2}\right) \ \text{〔V/m〕} \qquad \cdots\cdots ③$$

したがって，次式が得られる．

$$E'/E = \cos\left(\frac{\Delta\theta}{2}\right) \qquad \cdots\cdots ④$$

(3) 式④へ $\Delta\theta = \pi/8$〔rad〕を代入すると，$E'/E \fallingdotseq 0.98$ となり，誤差は約2〔％〕となる．したがって，誤差が約2〔％〕以下となる最小の測定距離 L_{min} は，式②から次式となる．

$$L_{min} = \boxed{} \ \text{〔m〕}$$

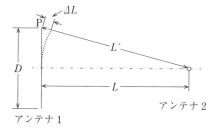
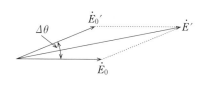

図1　　　　　　　　　　　　　　　　　図2

1　$\sqrt{L^2 + \left(\dfrac{D}{2}\right)^2}$ 　　2　$\dfrac{\pi D^2}{4\lambda L}$ 　　3　$2E_0$ 　　4　$\sqrt{2}\,E_0\sqrt{1 - \cos\Delta\theta}$ 　　5　$\dfrac{2D^2}{\lambda}$

6　$\sqrt{L^2 + D^2}$ 　　7　$\dfrac{\pi D^2}{8\lambda L}$ 　　8　$\sqrt{2}\,E_0$ 　　9　$\sqrt{2}\,E_0\sqrt{1 + \cos\Delta\theta}$ 　　10　$\dfrac{D^2}{\lambda}$

(1) 問題の式①は次式で表される.

$$\Delta L = L' - L = \sqrt{L^2 + \left(\frac{D}{2}\right)^2} - L \ \text{〔m〕} \qquad \cdots\cdots(1)$$

2項定理より, $x \ll 1$ のとき $(1+x)^n \fallingdotseq 1 + nx$ で表されるので, 式 (1) の $\sqrt{\ }$ を $1/2$ 乗とすると, 式のようになる.

$$\Delta L \fallingdotseq L \left\{ 1 + \frac{1}{2}\left(\frac{D}{2L}\right)^2 \right\} - L = \frac{D^2}{8L} \ \text{〔m〕} \qquad \cdots\cdots(2)$$

ΔL によって生じる位相差 $\Delta\theta$ 〔rad〕は, 位相定数を $\beta = 2\pi/\lambda$ とすると,

$$\Delta\theta = \beta\Delta L = \frac{2\pi}{\lambda}\Delta L = \frac{\pi D^2}{4\lambda L} \ \text{〔rad〕} \qquad \cdots\cdots(3)$$

(2) 問題図 2 より, $E_0 = E_0'$ の条件より E' を求めると, 次式で表される.

$$E' = 2E_0\cos\left(\frac{\Delta\theta}{2}\right) \ \text{〔V/m〕} \qquad \cdots\cdots(4)$$

問題で与えられた三角関数の公式より, 式 (4) は次式のようになる.

$$E' = 2E_0\left(\frac{1+\cos\Delta\theta}{2}\right)^{1/2} = \sqrt{2}\,E_0\sqrt{1+\cos\Delta\theta} \ \text{〔V/m〕}$$

位相差がないときの合成電界強度の大きさ $E = 2E_0$ より, 式 (4) から次式が得られる.

$$\frac{E'}{E} = \cos\left(\frac{\Delta\theta}{2}\right)$$

(3) 式 (3)に $\Delta\theta = \pi/8$ を代入すると, 次式が成り立つ.

$$\frac{\pi}{8} = \frac{\pi D^2}{4\lambda L}$$

よって, $L = \dfrac{2D^2}{\lambda}$ 〔m〕

ここで, L が最小の測定距離 L_{min} を表す.

問 285

正解 ☐ 完璧 ☐ 🖉 直前CHECK ☐

次の記述は，模型を用いて行う室内でのアンテナの測定について述べたものである．
☐内に入れるべき字句の正しい組合せを下の番号から選べ．

短波（HF）帯のアンテナのような大きいアンテナや航空機，船舶，鉄塔などの大きな建造物に取り付けられるアンテナの特性を縮尺した模型を用いて室内で測定を行うことがある．

(1) 模型の縮尺率は，測定する空間の誘電率および透磁率に ☐ A ☐，アンテナ材料の導電率に ☐ B ☐．

(2) 実際のアンテナの使用周波数を f〔Hz〕，模型の縮尺率を p（$p < 1$）とすると，測定周波数 f_m〔Hz〕は，次式で求められる．

$$f_m = \boxed{\quad C \quad} \text{〔Hz〕}$$

	A	B	C
1	依存するが	依存しない	$f/(1+p)$
2	依存するが	依存しない	f/p
3	依存しないが	依存する	f/p^2
4	依存しないが	依存する	$f/(1+p)$
5	依存しないが	依存する	f/p

問 286

正解 ☐ 完璧 ☐ 🖉 直前CHECK ☐

次の記述は，電波暗室で用いられる電波吸収体の特性について述べたものである．
☐内に入れるべき字句の正しい組合せを下の番号から選べ．

(1) 誘電材料による電波吸収体は，誘電材料に主に黒鉛粉末の損失材料を混入したり，表面に塗布したものである．自由空間との ☐ A ☐ のために，図1に示すように表面をテーパ形状にしたり，図2に示すように種々の誘電率の材料を層状に重ねて ☐ B ☐ 特性にしたりしている．層状の電波吸収体の設計にあたっては，反射係数をできるだけ小さくするように，材料，使用周波数，誘電率などを考慮して各層の厚さを決めている．

(2) 磁性材料による電波吸収体には，焼結フェライトや焼結フェライトを粉末にしてゴムなどと混合させたものがある．その使用周波数は，通常，誘電材料による電波吸収体の使用周波数より ☐ C ☐．

	A	B	C
1	遮断	狭帯域	高い
2	遮断	広帯域	低い
3	整合	広帯域	低い
4	整合	狭帯域	高い
5	整合	広帯域	高い

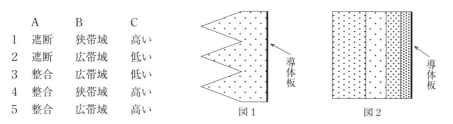

図1　　　　　　図2

問題

問 287　正解 ☐ 完璧 ☐ 🖊 直前 CHECK ☐

次の記述は，電界や磁界などの遮へい（シールド）について述べたものである．[＿＿]内に入れるべき字句を下の番号から選べ．

(1) 静電遮へいは，静電界を遮へいすることであり，導体によって完全に囲まれた領域内に電荷がなければ，その領域内には[ア]が存在しないことを用いている．

(2) 磁気遮へいは，主として静磁界を遮へいすることであり，[イ]の大きな材料の中を磁力線が集中して通り，その材料で囲まれた領域内では，外部からの磁界の影響が小さくなることを用いている．

(3) 電磁遮へいは，主として高周波の電磁波を遮へいすることであり，電磁波により遮へい材料に流れる[ウ]が遮へいの作用をする．遮へい材は，銅や[エ]などの板や網などであり，網の場合には，網目の大きさによっては，網がアンテナの働きをするので，その大きさを波長に比べて十分[オ]しなければならない．

1	電界	2	透磁率	3	変位電流	4	アルミニウム	5	大きく
6	磁界	7	透過率	8	高周波電流	9	テフロン	10	小さく

問 288 📖 解説あり!　正解 ☐ 完璧 ☐ 🖊 直前 CHECK ☐

次の記述は，図に示す Wheeler cap（ウィーラー・キャップ）法による小形アンテナの放射効率の測定について述べたものである．[＿＿]内に入れるべき字句を下の番号から選べ．ただし，金属の箱および地板の大きさおよび材質は，測定条件を満たしており，アンテナの位置は，箱の中央部に置いて測定するものとする．なお，同じ記号の[＿＿]内には，同じ字句が入るものとする．

(1) 入力インピーダンスから放射効率を求める方法

地板の上に置いた被測定アンテナに，アンテナ電流の分布を乱さないよう適当な形および大きさの金属の箱をかぶせて隙間がないように密閉し，被測定アンテナの入力インピーダンスの[ア]を測定する．このときの値は，アンテナの放射抵抗が無視できるので損失抵抗R_l〔Ω〕とみなすことができる．

次に，箱を取り除いて，同様に，入力インピーダンスの[ア]を測定する．このときの値は，被測定アンテナの放射抵抗を R_r〔Ω〕とすると[イ]〔Ω〕となる．

金属の箱をかぶせないときの入力インピーダンスの[ア]の測定値を R_{in}〔Ω〕，かぶせたときの入力インピーダンスの[ア]の測定値を $R_{in}'(=R_l)$〔Ω〕とすると，放射効率ηは，

解答 問285→5　問286→3

問題

$\eta = \boxed{}$ で求められる.

　　ただし，金属の箱の有無にかかわらず，アンテナ電流を一定とし，被測定アンテナは直列共振形とする．また，給電線の損失はないものとする.

(2) 電圧反射係数から放射効率を求める方法

　　金属の箱をかぶせないときの送信機の出力電力を P_o〔W〕，被測定アンテナの入力端子からの反射電力を P_{ref}〔W〕，(1)と同じように被測定アンテナに金属の箱をかぶせたときの送信機の出力電力を $P_o{}'$〔W〕，被測定アンテナの入力端子からの反射電力を $P_{ref}{}'$〔W〕とすると，放射効率 η は，次式で求められる．ただし，送信機と被測定アンテナ間の給電線の損失はないものとする.

$$\eta = \frac{P_o - P_{ref} - (P_o{}' - P_{ref}{}')}{P_o - P_{ref}} \qquad \cdots\cdots ①$$

$P_o = P_o{}'$ のとき，η は，式①より次式のようになる.

$$\eta = \frac{\boxed{}}{1 - (P_{ref}/P_o)} \qquad \cdots\cdots ②$$

　　金属の箱をかぶせないときの電圧反射係数を $|\varGamma|$，かぶせたときの電圧反射係数を $|\varGamma'|$ とすると，η は，式②より，$\eta = \boxed{}$ となり電圧反射係数から求められる．ただし，$|\varGamma'| \geqq |\varGamma|$ が成り立つ範囲で求められる.

1　虚数部

2　$R_r - R_l$

3　$1 - (R_{in}{}'/R_{in})$

4　$(P_{ref}{}'/P_o{}') - (P_{ref}/P_o)$

5　$\dfrac{|\varGamma'|^2 - |\varGamma|^2}{1 - |\varGamma|^2}$

6　実数部

7　$R_r + R_l$

8　$1 - (R_{in}/R_{in}{}')$

9　$(P_{ref}/P_o) - (P_{ref}{}'/P_o{}')$

10　$\dfrac{|\varGamma'| - |\varGamma|}{1 - |\varGamma|}$

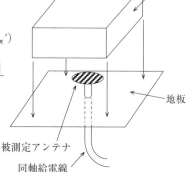

金属の箱

地板

被測定アンテナ

同軸給電線

📖 解説 → 問288

(1) 入力インピーダンスから放射効率を求める方法

　地板の上に置いた小型の試験アンテナに，アンテナ電流の分布を乱さないよう適当な形および大きさの金属の箱をかぶせて，すき間がないように密閉し，試験アンテナの入力インピーダンスの**実数部**をネットワークアナライザなどで測定する．この値は，アンテナからの放射がないので，アンテナの損失抵抗R_l〔Ω〕とみなすことができる．

　次に金属の箱を取り除いて，同様に，試験アンテナの入力インピーダンスの実数部R_{in}を測定する．この値はアンテナの放射抵抗R_rと損失抵抗R_lの和だから，次式で表される．

　　$R_{in} = R_r + R_l$

　箱を取り除いたときの測定値R_{in}とかぶせたときの測定値$R_{in}' = R_l$から，放射効率ηは，次式によって求めることができる．

$$\eta = \frac{R_r}{R_r + R_l} = \frac{R_r}{R_{in}} = \frac{R_l + R_r - R_l}{R_{in}} = \frac{R_{in} - R_l}{R_{in}} = 1 - \frac{R_l}{R_{in}} = 1 - \frac{R_{in}'}{R_{in}}$$

(2) 電圧反射係数から放射効率を求める方法

　金属の箱をかぶせないときの送信機の出力電力をP_o〔W〕，アンテナ端子からの反射電力をP_{ref}〔W〕とすると，アンテナに供給される電力P_a〔W〕は，次式で表される．

　　$P_a = P_o - P_{ref}$〔W〕　　　　　　　　　　　　……(1)

　式(1)で表される電力P_aは放射電力と損失電力の和となる．金属の箱をかぶせると，アンテナに供給される電力P_a'〔W〕は，次式で表される．

　　$P_a' = P_o' - P_{ref}'$〔W〕　　　　　　　　　　　……(2)

　式(2)で表される電力P_a'は損失電力を表すので，放射電力P〔W〕は，次式で表される．

　　$P = P_a - P_a'$〔W〕　　　　　　　　　　　　　　……(3)

　式(1)，式(2)，式(3)より，放射効率ηは，次式で表される．

$$\eta = \frac{P}{P_a} = \frac{P_a - P_a'}{P_a} = \frac{P_o - P_{ref} - (P_o' - P_{ref}')}{P_o - P_{ref}}$$

$P_o = P_o'$の条件より，

$$\eta = \frac{P_{ref}' - P_{ref}}{P_o - P_{ref}} = \frac{\dfrac{P_{ref}'}{P_o} - \dfrac{P_{ref}}{P_o}}{1 - \dfrac{P_{ref}}{P_o}} = \frac{|\varGamma'|^2 - |\varGamma|^2}{1 - |\varGamma|^2}$$

　ただし，金属の箱をかぶせないときの電圧反射係数を$|\varGamma|$，かぶせたときの電圧反射係数を$|\varGamma'|$とする．

解答　問287→ア-1　イ-2　ウ-8　エ-4　オ-10
　　　問288→ア-6　イ-7　ウ-3　エ-4　オ-5

問 289　📖 解説あり！　　　　正解 ☐ 完璧 ☐ ✐直前CHECK ☐

　次の記述は，ハイトパターンの測定について述べたものである．ᅟ☐ᅟ内に入れるべき字句の正しい組合せを下の番号から選べ．ただし，波長を λ〔m〕とし，大地は完全導体平面でその反射係数を -1 とする．

(1) 超短波 (VHF) の電波伝搬において，送信アンテナの地上高，送信周波数，送信電力および送受信点間距離を一定にして，受信アンテナの高さを上下に移動させて電界強度を測定すると，直接波と大地反射波との干渉により，図に示すようなハイトパターンが得られる．

(2) 直接波と大地反射波との通路差 Δl は，送信および受信アンテナの高さをそれぞれ h_1〔m〕，h_2〔m〕，送受信点間の距離を d〔m〕とし，$d \gg (h_1+h_2)$ とすると，次式で表される．
　　$\Delta l \fallingdotseq$ ☐ A ☐〔m〕

(3) ハイトパターンの受信電界強度が極大になる受信アンテナの高さ h_{m2} と h_{m1} の差 Δh は，☐ B ☐〔m〕である．

	A	B
1	$\dfrac{2h_1h_2}{d}$	$\dfrac{\lambda d}{2h_1}$
2	$\dfrac{2h_1h_2}{d}$	$\dfrac{\lambda d}{2\pi h_1}$
3	$\dfrac{3h_1h_2}{d}$	$\dfrac{\lambda d}{4\pi h_1}$
4	$\dfrac{4h_1h_2}{d}$	$\dfrac{\lambda d}{2\pi h_1}$
5	$\dfrac{4h_1h_2}{d}$	$\dfrac{\lambda d}{2h_1}$

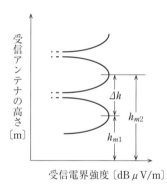

縦軸：受信アンテナの高さ〔m〕　横軸：受信電界強度〔dB μV/m〕

　送受信点間の距離 d，送信，受信アンテナの高さ h_1，h_2，自由空間電界強度 E_0 のとき，受信点の電界強度 E は，次の式で表されるよ．

$$E = 2E_0 \left| \sin \frac{2\pi h_1 h_2}{\lambda d} \right| \text{〔V/m〕}$$

$|\sin\theta|$ の値は $\theta = \pi/2$ のとき最大値 1 となって，$\theta = \pi$〔rad〕ごとに繰り返すので，上の式の θ の部分に h_{m2} と h_{m1} を代入した値の差が π となるように計算してね．

解説図のように，送信，受信アンテナの高さをそれぞれ h_1〔m〕，h_2〔m〕，送受信点間の距離を d〔m〕とすると，直接波と大地反射波の通路差 Δl〔m〕は，次式で表される．

$$\Delta l = r_2 - r_1 = \sqrt{d^2 + (h_1 + h_2)^2} - \sqrt{d^2 + (h_1 - h_2)^2}$$

$$= d\left[\left\{1 + \left(\frac{h_1 + h_2}{d}\right)^2\right\}^{\frac{1}{2}} - \left\{1 + \left(\frac{h_1 - h_2}{d}\right)^2\right\}^{\frac{1}{2}}\right] \text{〔m〕} \qquad \cdots\cdots(1)$$

$d \gg (h_1 + h_2)$ の条件より，2項定理を用いると式 (1) は次式のようになる．

$$\Delta l \fallingdotseq d\left[\left\{1 + \frac{1}{2} \times \left(\frac{h_1 + h_2}{d}\right)^2\right\} - \left\{1 + \frac{1}{2} \times \left(\frac{h_1 - h_2}{d}\right)^2\right\}\right]$$

$$= \frac{2h_1 h_2}{d} \text{〔m〕} \qquad \cdots\cdots(2)$$

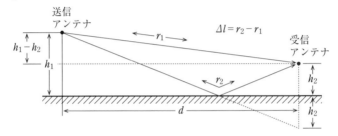

伝搬通路差による電波の位相差 ϕ〔rad〕は，

$$\phi = \beta \Delta l = \frac{4\pi h_1 h_2}{\lambda d} \text{〔rad〕} \qquad \cdots\cdots(3)$$

自由空間の電界強度を E_0〔V/m〕とすると，大地の反射係数が -1 のときの直接波と大地反射波の合成電界強度 E〔V/m〕は，次式で表される．

$$E \fallingdotseq 2E_0\left|\sin\frac{\phi}{2}\right| = 2E_0\left|\sin\frac{2\pi h_1 h_2}{\lambda d}\right| \text{〔V/m〕} \qquad \cdots\cdots(4)$$

式 (4) において，$\dfrac{\phi}{2} = \dfrac{\pi}{2}$〔rad〕のときに sin 関数の絶対値は最大値 1 となるが，π〔rad〕ごとに最大値をとるので，h_2 を変化させて受信電界強度が極大となる高さ h_{m1} と h_{m2} との差を Δh〔m〕とすると，次式が成り立つ．

$$\frac{2\pi h_1 h_{m2}}{\lambda d} - \frac{2\pi h_1 h_{m1}}{\lambda d} = \frac{2\pi h_1}{\lambda d}(h_{m2} - h_{m1}) = \pi$$

よって，

$$\Delta h = h_{m2} - h_{m1} = \frac{\lambda d}{2h_1} \text{〔m〕}$$

解答 問289→1

次の記述は，実効長が既知のアンテナを接続した受信機において，所要の信号対雑音比 (S/N) を確保して受信することができる最小受信電界強度を受信機の雑音指数から求める過程について述べたものである．　☐☐☐内に入れるべき字句の正しい組合せを下の番号から選べ．ただし，受信機の等価雑音帯域幅を B〔Hz〕とし，アンテナの放射抵抗を R_r〔Ω〕，実効長を l_e〔m〕，最小受信電界強度を E_{min}〔V/m〕および受信機の入力インピーダンスを R_i〔Ω〕とすれば，等価回路は図のように示されるものとする．また，アンテナの損失はなく，アンテナ，給電線および受信機はそれぞれ整合しているものとし，外来雑音は無視するものとする．

(1) 受信機の入力端の有能雑音電力 N_i は，ボルツマン定数を k〔J/K〕，絶対温度を T〔K〕とすれば，次式で表される．

$$N_i = kTB \text{〔W〕} \qquad\qquad \cdots\cdots ①$$

アンテナからの有能信号電力 S_i は，次式で表される．

$$S_i = \boxed{\text{ A }} \text{〔W〕} \qquad\qquad \cdots\cdots ②$$

(2) 受信機の出力端における S/N は，受信機の雑音指数 F と式①を用いて表すことができるので，S_i は，次式のようになる．

$$S_i = \boxed{\text{ B }} \text{〔W〕} \qquad\qquad \cdots\cdots ③$$

(3) 式②と③から，E_{min} は次式で表されるので，F を測定することにより，受信可能な最小受信電界強度が求められる．

$$E_{min} = \boxed{\text{ C }} \text{〔V/m〕}$$

	A	B	C
1	$(E_{min}l_e)^2 \dfrac{1}{4R_r}$	$FkTB(S/N)$	$\dfrac{1}{l_e}\sqrt{4FkTBR_r(S/N)}$
2	$(E_{min}l_e)^2 \dfrac{1}{4R_r}$	$\dfrac{kTB}{F}(S/N)$	$l_e\sqrt{\dfrac{4kTBR_r(S/N)}{F}}$
3	$(E_{min}l_e)^2 \dfrac{1}{4R_r}$	$\dfrac{kTB}{F(S/N)}$	$l_e\sqrt{\dfrac{4kTBR_r}{F(S/N)}}$
4	$(E_{min}l_e)^2 \dfrac{1}{R_r}$	$\dfrac{kTB}{F(S/N)}$	$l_e\sqrt{\dfrac{4kTBR_r}{F(S/N)}}$
5	$(E_{min}l_e)^2 \dfrac{1}{R_r}$	$FkTB(S/N)$	$\dfrac{1}{l_e}\sqrt{4FkTBR_r(S/N)}$

有能信号電力S_i〔W〕は，整合がとれているときの受信機供給電力である．このとき，アンテナの放射抵抗R_r〔Ω〕と受信機の入力インピーダンスR_i〔Ω〕は等しくなり，受信機入力端の電圧はアンテナに発生する電圧の$1/2$となるので，次式が成り立つ．

$$S_i = \left(\frac{E_{min}l_e}{2}\right)^2 \frac{1}{R_r} = (E_{min}l_e)^2 \frac{1}{4R_r} \text{〔W〕} \qquad \cdots\cdots(1)$$

雑音指数Fは，次式で表される．

$$F = \frac{S_i/N_i}{S/N} \qquad \cdots\cdots(2)$$

式(2)より，S_iを求めると，次式のようになる．

$$S_i = FN_i(S/N) = FkTB(S/N) \text{〔W〕} \qquad \cdots\cdots(3)$$

式(1)＝式(3)より，E_{min}を求めると，次式で表される．

$$(E_{min}l_e)^2 \frac{1}{4R_r} = FkTB(S/N)$$

$$E_{min} = \frac{1}{l_e}\sqrt{4FkTBR_r(S/N)} \text{〔V/m〕}$$

式(2)の雑音指数Fの式が重要だね．無線工学の基礎や無線工学Aの問題にも出てくるので覚えてね．入力のS/Nを出力のS/Nで割った値だよ．一般に出力は雑音が増えるから，出力のS/Nは入力のS/Nより小さくなるよ．だから雑音指数Fは1より大きくなると覚えてね．この式から，Aの穴あきが分からなくてもBの穴あきが分かるから選択肢が1か5に絞れるよ．選択肢5のAの式と解説の式(3)を用いて計算してもCの式にならないから選択肢5は間違いだよ．分からない穴あきがあってもあきらめないで計算してみてね．

問 291 📖 解説あり！　　　　正解 ☐　完璧 ☐　✎ 直前CHECK ☐

次の記述は，図に示す構成により，アンテナ系雑音温度を測定する方法（Y係数法）について述べたものである．□□□内に入れるべき字句の正しい組合せを下の番号から選べ．ただし，アンテナ系雑音温度を T_A〔K〕，受信機の等価入力雑音温度を T_R〔K〕，標準雑音源を動作させないときの標準雑音源の雑音温度を T_0〔K〕，標準雑音源を動作させたときの標準雑音源の雑音温度を T_N〔K〕とし，T_0 および T_N の値は既知とする．

(1) スイッチ SW を b 側に入れ，標準雑音源を動作させないとき，T_0〔K〕の雑音が受信機に入る．このときの出力計の読みを N_0〔W〕とする．

　SW を b 側に入れたまま，標準雑音源を動作させたとき，T_N〔K〕の雑音が受信機に入るので，このときの出力計の読みを N_N〔W〕とすると，N_0 と N_N の比 Y_1 は，次式で表される．

$$Y_1 = \frac{N_0}{N_N} = \frac{T_0 + T_R}{T_N + T_R} \qquad \cdots\cdots ①$$

　式①より，次式のように T_R が求まる．

$$T_R = \boxed{\text{A}} \qquad \cdots\cdots ②$$

(2) 次に，SW を a 側に入れたときの出力計の読みを N_A〔W〕とすると，N_N と N_A の比 Y_2 は次式で表される．

$$Y_2 = \frac{N_N}{N_A} = \boxed{\text{B}} \qquad \cdots\cdots ③$$

(3) 式③より，T_A は，次式で表される．

$$T_A = \boxed{\text{C}} \qquad \cdots\cdots ④$$

　式④に式②の T_R を代入すれば，T_A を求めることができる．

	A	B	C
1	$\dfrac{T_0 - Y_1 T_N}{Y_1 - 1}$	$\dfrac{T_N - T_R}{T_A - T_R}$	$\dfrac{T_N - T_R}{Y_2} + T_R$
2	$\dfrac{T_0 - Y_1 T_N}{Y_1 - 1}$	$\dfrac{T_N + T_R}{T_A + T_R}$	$\dfrac{T_N - T_R}{Y_2} - T_R$
3	$\dfrac{T_0 - Y_1 T_N}{Y_1 - 1}$	$\dfrac{T_N + T_R}{T_A + T_R}$	$\dfrac{T_N + T_R}{Y_2} - T_R$
4	$\dfrac{T_0 - Y_1 T_N}{Y_1 + 1}$	$\dfrac{T_N + T_R}{T_A + T_R}$	$\dfrac{T_N + T_R}{Y_2} - T_R$
5	$\dfrac{T_0 - Y_1 T_N}{Y_1 + 1}$	$\dfrac{T_N - T_R}{T_A - T_R}$	$\dfrac{T_N - T_R}{Y_2} + T_R$

アンテナ系

SW ── a ── 受信機 ── Ⓦ 出力計
　　└─ b

標準雑音源

雑音温度を T〔K〕, 帯域幅を B〔H〕, ボルツマン定数を k〔K〕とすると, 雑音電力 N〔W〕は, $N = kTB$ で表され, 雑音電力は雑音温度に比例する.

問題の式①より, 次式のようになる.

$$Y_1 = \frac{N_0}{N_N} = \frac{T_0 + T_R}{T_N + T_R} \qquad \cdots\cdots(1)$$

$$Y_1(T_N + T_R) = T_0 + T_R$$

$$Y_1 T_R - T_R = T_0 - Y_1 T_N$$

よって, T_R は次式で表される.

$$T_R = \frac{T_0 - Y_1 T_N}{Y_1 - 1}$$

Y_2 は式 (1) と同様に表されるので, 次式のようになる.

$$Y_2 = \frac{N_N}{N_A} = \frac{T_N + T_R}{T_A + T_R} \qquad \cdots\cdots(2)$$

$$Y_2(T_A + T_R) = T_N + T_R$$

$$Y_2 T_A = T_N + T_R - Y_2 T_R$$

よって, T_A は次式で表される.

$$T_A = \frac{T_N + T_R}{Y_2} - T_R$$

解答 問291➡3

問 292　　　　　　　　　　　　正解 ☐　完璧 ☐　✎ 直前CHECK ☐

　次の記述は，電波法の目的及び電波法に定める定義である．電波法（第1条及び第2条）の規定に照らし，____内に入れるべき最も適切な字句の組合せを下の1から4までのうちから一つ選べ．

① 　電波法は，電波の ___A___ を確保することによって，公共の福祉を増進することを目的とする．

② 　電波法及び電波法に基づく命令の規定の解釈に関しては，次の定義に従うものとする．

　(1)「電波」とは，300万メガヘルツ以下の周波数の電磁波をいう．

　(2)「無線電信」とは，電波を利用して，符号を送り，又は受けるための通信設備をいう．

　(3)「無線電話」とは，電波を利用して，___B___ を送り，又は受けるための通信設備をいう．

　(4)「無線設備」とは，無線電信，無線電話その他電波を送り，又は受けるための電気的設備をいう．

　(5)「無線局」とは，無線設備及び ___C___ の総体をいう．ただし，受信のみを目的とするものを含まない．

　(6)「無線従事者」とは，無線設備の操作又はその監督を行う者であって，総務大臣の免許を受けたものをいう．

	A	B	C
1	公平かつ能率的な利用	音声	無線設備を所有する者
2	公平かつ能率的な利用	音声その他の音響	無線設備の操作を行う者
3	合理的な利用	音声その他の音響	無線設備を所有する者
4	合理的な利用	音声	無線設備の操作を行う者

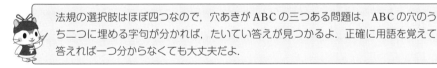
　法規の選択肢はほぼ四つなので，穴あきがABCの三つある問題は，ABCの穴のうち二つに埋める字句が分かれば，たいてい答えが見つかるよ．正確に用語を覚えて答えれば一つ分からなくても大丈夫だよ．

次の記述は，無線局の開設について述べたものである．電波法（第4条）の規定に照らし，□□□内に入れるべき最も適切な字句を下の1から10までのうちからそれぞれ一つ選べ．なお，同じ記号の□□□内には，同じ字句が入るものとする．

　　無線局を開設しようとする者は，□ ア □．ただし，次の (1) から (4) までに掲げる無線局については，この限りでない．

(1) □ イ □無線局で総務省令で定めるもの

(2) 26.9 MHz から 27.2 MHz までの周波数の電波を使用し，かつ，空中線電力が 0.5 ワット以下である無線局のうち総務省令で定めるものであって，□ ウ □のみを使用するもの

(3) 空中線電力が□ エ □以下である無線局のうち総務省令で定めるものであって，電波法第4条の2 (呼出符号又は呼出名称の指定) の規定により指定された呼出符号又は呼出名称を自動的に送信し，又は受信する機能その他総務省令で定める機能を有することにより他の無線局にその運用を阻害するような混信その他の妨害を与えないように運用することができるもので，かつ，□ ウ □のみを使用するもの

(4) □ オ □開設する無線局

1　総務大臣の免許を受けなければならない
2　総務大臣の検査を受けなければならない
3　小規模な　　　　　　　　　　　　4　発射する電波が著しく微弱な
5　型式検定に合格している機器　　　6　適合表示無線設備
7　1 ワット　　　　　　　　　　　　8　0.1 ワット
9　総務大臣に届け出て　　　　　　　10　総務大臣の登録を受けて

無線局の開設は，免許と登録があるよ．

解答　問292 → 2

 問 294　　　　　　　　　　　　　　正解 □　完璧 □　直前 CHECK □

　次に掲げる無線局のうち，日本の国籍を有しない人又は外国の法人若しくは団体に免許が与えられない無線局に該当するものはどれか．電波法（第5条）の規定に照らし，下の1から4までのうちから一つ選べ．

1　自動車その他の陸上を移動するものに開設し，若しくは携帯して使用するために開設する無線局又はこれらの無線局若しくは携帯して使用するための受信設備と通信を行うために陸上に開設する移動しない無線局（電気通信業務を行うことを目的とするものを除く．）
2　電気通信業務を行うことを目的として開設する無線局
3　基幹放送をする無線局（受信障害対策中継放送，衛星基幹放送及び移動受信用地上基幹放送をする無線局を除く．）
4　電気通信業務を行うことを目的とする無線局の無線設備を搭載する人工衛星の位置，姿勢等を制御することを目的として陸上に開設する無線局

⚠️　一般のテレビやラジオ放送をしているのが基幹放送局だよ．
　電気通信業務は携帯電話や固定電話などの公衆通信業務のことだよ．

 問 295　　　　　　　　　　　　　　正解 □　完璧 □　直前 CHECK □

　無線局の免許に関する次の記述のうち，電波法（第5条第3項）の規定に照らし，総務大臣が無線局の免許を与えないことができる者に該当するものはどれか．下の1から4までのうちから一つ選べ．

1　無線局の免許の取消しを受け，その取消しの日から2年を経過しない者
2　電波法第11条の規定により免許を拒否され，その拒否の日から2年を経過しない者
3　無線局の免許の有効期間満了により免許が効力を失い，その効力を失った日から2年を経過しない者
4　無線局を廃止し，その廃止の日から2年を経過しない者

電波法規　無線局の免許

問題

次の記述は，無線局の免許の申請について述べたものである．電波法（第6条）の規定に照らし，____内に入れるべき最も適切な字句の組合せを下の1から4までのうちから一つ選べ．なお，同じ記号の____内には，同じ字句が入るものとする．

① 次に掲げる無線局（総務省令で定めるものを除く．）であって総務大臣が公示する A の免許の申請は，総務大臣が公示する期間内に行わなければならない．

(1) B を行うことを目的として陸上に開設する移動する無線局（1又は2以上の都道府県の区域の全部を含む区域をその移動範囲とするものに限る．）

(2) B を行うことを目的として陸上に開設する移動しない無線局であって，(1) に掲げる無線局を通信の相手方とするもの

(3) B を行うことを目的として開設する人工衛星局

(4) C

② ①の期間は，1月を下らない範囲内で周波数ごとに定める期間とし，①の規定による期間の公示は，免許を受ける無線局の無線設備の設置場所とすることができる区域の範囲その他免許の申請に資する事項を併せ行うものとする．

	A	B	C
1	周波数を使用するもの	電気通信業務又は公共業務	重要無線通信を行う無線局
2	周波数を使用するもの	電気通信業務	基幹放送局
3	地域に開設するもの	電気通信業務又は公共業務	基幹放送局
4	地域に開設するもの	電気通信業務	重要無線通信を行う無線局

解答 問293→ア—1　イ—4　ウ—6　エ—7　オ—10　問294→3　問295→1

問 295 次の各号のいずれかに該当する者には，無線局の免許を与えないことができる．①電波法又は放送法に規定する罪を犯し罰金以上の刑に処せられ，その執行を終わり，又はその執行を受けることがなくなった日から2年を経過しない者．②**無線局の免許の取消しを受け，その取消しの日から2年を経過しない者．**③特定基地局の認定の取消しを受け，その取消しの日から2年を経過しない者．④登録局の登録の取消しを受け，その取消しの日から2年を経過しない者．

ミニ解説

次の記述は，無線局の予備免許等について述べたものである．電波法（第8条，第9条及び第11条）の規定に照らし，　　　内に入れるべき最も適切な字句の組合せを下の1から4までのうちから一つ選べ．

① 総務大臣は，無線局の免許の申請について，電波法第7条（申請の審査）の規定により審査した結果，その申請が同条第1項各号又は第2項各号に適合していると認めるときは，申請者に対し，次の(1)から(5)までに掲げる事項を指定して，無線局の予備免許を与える．

(1) 工事落成の期限

(2) 電波の型式及び周波数

(3) 呼出符号（標識符号を含む．），呼出名称その他の総務省令で定める識別信号

(4) 空中線電力

(5) 運用許容時間

② 総務大臣は，予備免許を受けた者から申請があった場合において，相当と認めるときは，①の(1)の工事落成の期限を延長することができる．

③ ①の予備免許を受けた者は，工事設計を変更しようとするときは，あらかじめ　A　なければならない．ただし，総務省令で定める軽微な事項については，この限りでない．

④ ③の変更は，　B　に変更を来すものであってはならず，かつ，電波法第7条（申請の審査）第1項第1号又は第2項第1号の技術基準（電波法第3章（無線設備）に定めるものに限る．）に合致するものでなければならない．

⑤ ①の(1)の工事落成の期限（②の規定による期限の延長があったときは，その期限）経過後　C　以内に電波法第10条（落成後の検査）の規定による届出がないときは，総務大臣は，その無線局の免許を拒否しなければならない．

	A	B	C
1	総務大臣の許可を受け	周波数，電波の型式又は空中線電力	2週間
2	総務大臣の許可を受け	周波数及び電波の型式	1箇月
3	総務大臣に届け出	周波数，電波の型式又は空中線電力	1箇月
4	総務大臣に届け出	周波数及び電波の型式	2週間

電波法規　無線局の免許

問題

次の記述は，陸上移動業務の無線局の落成後の検査及び免許の拒否について述べたものである．電波法（第10条及び第11条）の規定に照らし，☐内に入れるべき最も適切な字句を下の1から10までのうちからそれぞれ一つ選べ．なお，同じ記号の☐内には，同じ字句が入るものとする．

① 電波法第8条の予備免許を受けた者は，ア は，その旨を総務大臣に届け出て，その イ ，無線従事者の資格（主任無線従事者の要件に係るものを含む．以下同じ．）及び員数並びに ウ について検査を受けなければならない．

② ①の検査は，①の検査を受けようとする者が，当該検査を受けようとする イ ，無線従事者の資格及び員数等について登録検査等事業者 (注1) 又は登録外国点検事業者 (注2) が総務省令で定めるところにより行った当該登録に係る点検の結果を記載した書類を添えて①の届出をした場合においては，エ を省略することができる．

注1　登録検査等事業者とは，電波法第24条の2（検査等事業者の登録）第1項の登録を受けた者をいう．
  2　登録外国点検事業者とは，電波法第24条の13（外国点検事業者の登録等）第1項の登録を受けた者をいう．

③ 電波法第8条の予備免許を受けた者から，電波法第8条（予備免許）第1項の期限（期限の延長があったときはその期限）経過後 オ 電波法第10条（落成後の検査）の規定による工事が落成した旨の届出がないときは，総務大臣はその無線局の免許を拒否しなければならない．

1 工事が落成したとき	2	工事落成の期限の日になったとき
3 無線設備	4	電波の型式，周波数及び空中線電力
5 計器及び予備品	6	時計及び書類
7 当該検査	8	その一部
9 1月以内に	10	2週間以内に

検査のときに登録検査等事業者などによる点検の場合は，その一部を省略だよ．

解答 問296→2　問297→1

294

問題

問 299
正解 ☐ 完璧 ☐ ✎ 直前 CHECK ☐

次の記述は，無線局の免許の有効期間及び再免許について述べたものである．電波法（第13条），電波法施行規則（第7条及び第8条）及び無線局免許手続規則（第17条及び第19条）の規定に照らし， ____ 内に入れるべき最も適切な字句を下の1から10までのうちからそれぞれ一つ選べ．なお，同じ記号の ____ 内には，同じ字句が入るものとする．

① 免許の有効期間は，免許の日から起算して ア において総務省令で定める．ただし，再免許を妨げない．

② 地上基幹放送局（臨時目的放送を専ら行うものを除く．）の免許の有効期間は， イ とする．

③ 固定局の免許の有効期間は， イ とする．

④ 特定実験試験局 (注) の免許の有効期間は，当該周波数の使用が可能な期間とする．
　　注　特定実験試験局とは，総務大臣が公示する周波数，当該周波数の使用が可能な地域及び期間並びに空中線電力の範囲内で開設する実験試験局をいう．

⑤ ②及び③の規定は，同一の種別に属する無線局について同時に有効期間が満了するよう総務大臣が定める一定の時期に免許をした無線局に適用があるものとし，免許をする時期がこれと異なる無線局の免許の有効期間は，②及び③の規定にかかわらず，当該一定の時期に免許を受けた当該種別の無線局に係る免許の有効期間の満了の日までの期間とする．

⑥ ②及び③の無線局の再免許の申請は，免許の有効期間満了前 ウ を超えない期間において行わなければならない (注)．
　　注　無線局免許手続規則第17条（申請の期間）第1項ただし書及び同条第2項において別に定める場合を除く．

⑦ 総務大臣又は総合通信局長（沖縄総合通信事務所長を含む．）は，電波法第7条（申請の審査）の規定により再免許の申請を審査した結果，その申請が同条の規定に適合していると認めるときは，申請者に対し，次の(1)から(4)までに掲げる事項を指定して，無線局の エ を与える．
　　(1) 電波の型式及び周波数　　(2) 識別信号　　(3) オ 　　(4) 運用許容時間

1	5年を超えない範囲内	2	10年を超えない範囲内
3	5年	4	10年
5	3箇月以上6箇月	6	6箇月以上1年
7	予備免許	8	免許
9	空中線電力	10	空中線電力及び実効輻射電力

電波法規　無線局の免許

295

次の記述は，無線局（登録局を除く．）の無線設備の変更の工事，周波数等の変更及び総務大臣が免許人に対して行う処分について述べたものである．電波法（第17条，第19条，第71条及び第76条）の規定に照らし，□□□内に入れるべき最も適切な字句の組合せを下の1から5までのうちから一つ選べ．

① 免許人は，無線設備の変更の工事をしようとするときは，あらかじめ総務大臣の許可を受けなければならず，この工事は，□ A □に変更を来すものであってはならず，かつ，電波法第7条（申請の審査）第1項第1号又は第2項第1号の技術基準（第3章に定めるものに限る．）に合致するものでなければならない．

② 総務大臣は，免許人が識別信号，□ B □又は運用許容時間の指定の変更を申請した場合において，混信の除去その他特に必要があると認めるときは，その指定を変更することができる．

③ 総務大臣は，電波の規整その他公益上必要があるときは，無線局の目的の遂行に支障を及ぼさない範囲内に限り，当該無線局の□ C □の指定を変更し，又は人工衛星局の無線設備の設置場所の変更を命ずることができる．

④ 総務大臣は，免許人が電波法，放送法若しくはこれらの法律に基づく命令又はこれらに基づく処分に違反したときは，3箇月以内の期間を定めて無線局の運用の停止を命じ，又は期間を定めて運用許容時間，□ D □を制限することができる．

	A	B	C	D
1	電波の型式又は周波数	電波の型式，周波数，空中線電力	電波の型式，周波数若しくは空中線電力	周波数若しくは空中線電力
2	電波の型式又は周波数	電波の型式，周波数	電波の型式，周波数若しくは空中線電力	電波の型式，周波数若しくは空中線電力
3	周波数，電波の型式又は空中線電力	電波の型式，周波数，空中線電力	周波数若しくは空中線電力	周波数若しくは空中線電力
4	周波数，電波の型式又は空中線電力	電波の型式，周波数，空中線電力	電波の型式，周波数若しくは空中線電力	周波数若しくは空中線電力
5	周波数，電波の型式又は空中線電力	電波の型式，周波数	周波数若しくは空中線電力	電波の型式，周波数若しくは空中線電力

解答　問298→ア−1　イ−3　ウ−6　エ−8　オ−10
　　　問299→ア−1　イ−3　ウ−5　エ−8　オ−9

問 301　　　　　　　　　　　　　　　　正解 ☐　完璧 ☐　／直前 CHECK ☐

　次の記述は，無線局（包括免許に係るものを除く．）の免許が効力を失ったときに執るべき措置等について述べたものである．電波法（第22条から第24条まで及び第78条）及び電波法施行規則（第42条の2）の規定に照らし，　　　内に入れるべき最も適切な字句の組合せを下の1から4までのうちから一つ選べ．なお，同じ記号の　　　内には，同じ字句が入るものとする．

① 　免許人は，その無線局を　A　は，その旨を総務大臣に届け出なければならない．
② 　免許人が無線局を廃止したときは，免許は，その効力を失う．
③ 　免許がその効力を失ったときは，免許人であった者は，1箇月以内にその免許状を返納しなければならない．
④ 　無線局の免許がその効力を失ったときは，免許人であった者は，遅滞なく空中線の撤去その他の総務省令で定める電波の発射を防止するために必要な措置を講じなければならない．
⑤ 　④の総務省令で定める電波の発射を防止するために必要な措置は，固定局の無線設備については，　B　すること（　B　することが困難な場合にあっては，　C　を撤去すること．）とする．

	A	B	C
1	廃止するとき	空中線を撤去すること又は当該固定局の通信の相手方である無線局の無線設備から当該通信に係る空中線を撤去	送信機，給電線又は電源設備
2	廃止するとき	空中線を撤去	送信機，給電線又は電源設備
3	廃止したとき	空中線を撤去すること又は当該固定局の通信の相手方である無線局の無線設備から当該通信に係る空中線を撤去	送信機
4	廃止したとき	空中線を撤去	送信機

問題

　　　　　　　　　　　　　　正解 □　完璧 □　✏ 直前CHECK □

次の記述は，無線局に関する情報の提供について述べたものである．電波法（第25条）の規定に照らし，□□□内に入れるべき最も適切な字句の組合せを下の1から5までのうちから一つ選べ．

① 総務大臣は，□A□場合その他総務省令で定める場合に必要とされる□B□に関する調査又は電波法第27条の12（特定基地局の開設指針）第2項第5号に規定する終了促進措置を行おうとする者の求めに応じ，当該調査又は当該終了促進措置を行うために必要な限度において，当該者に対し，無線局の□C□その他の無線局に関する事項に係る情報であって総務省令で定めるものを提供することができる．

② ①に基づき情報の提供を受けた者は，当該情報を□D□の目的のために利用し，又は提供してはならない．

	A	B	C	D
1	自己の無線局の開設又は周波数の変更をする	電波の利用状況	免許の有効期間	第三者の利用
2	自己の無線局の開設又は周波数の変更をする	混信若しくはふくそう	無線設備の工事設計	①の調査又は終了促進措置の用に供する目的以外
3	電波の能率的な利用に資する研究を行う	電波の利用状況	無線設備の工事設計	第三者の利用
4	電波の能率的な利用に資する研究を行う	電波の利用状況	免許の有効期間	①の調査又は終了促進措置の用に供する目的以外
5	電波の能率的な利用に資する研究を行う	混信若しくはふくそう	無線設備の工事設計	①の調査又は終了促進措置の用に供する目的以外

解答 問300→3　問301→2

問題

問 303 　　　　　　　　　　　　　　　　正解 ☐　完璧 ☐　✎直前CHECK ☐

次の記述は，電波の利用状況の調査等について述べたものである．電波法（第26条の2）の規定に照らし，☐☐☐内に入れるべき最も適切な字句を下の1から10までのうちからそれぞれ一つ選べ．なお，同じ記号の☐☐☐内には，同じ字句が入るものとする．

① 　総務大臣は，┌ア┐の作成又は変更その他電波の有効利用に資する施策を総合的かつ計画的に推進するため，おおむね3年ごとに，総務省令で定めるところにより，無線局の数，無線局の行う無線通信の通信量，無線局の┌イ┐その他の電波の利用状況を把握するために必要な事項として総務省令で定める事項の調査（以下「利用状況調査」という．）を行うものとする．

② 　総務大臣は，必要があると認めるときは，①の期間の中間において，対象を限定して臨時の利用状況調査を行うことができる．

③ 　総務大臣は，利用状況調査の結果に基づき，電波に関する技術の発達及び需要の動向，周波数割当てに関する国際的動向その他の事情を勘案して，┌ウ┐を評価するものとする．

④ 　総務大臣は，利用状況調査を行ったとき及び③により評価したときは，総務省令で定めるところにより，その結果の概要を┌エ┐するものとする．

⑤ 　総務大臣は，③の評価の結果に基づき，┌ア┐を作成し，又は変更しようとする場合において必要があると認めるときは，総務省令で定めるところにより，当該┌ア┐の作成又は変更が免許人等（注）に及ぼす技術的及び経済的な影響を調査することができる．

　　注　免許人又は登録人をいう．以下⑥において同じ．

⑥ 　総務大臣は，利用状況調査及び⑤に規定する調査を行うため必要な限度において，免許人等に対し，必要な事項について┌オ┐ことができる．

1	周波数割当計画	2	無線設備の技術基準
3	無線設備の工事設計	4	無線設備の使用の態様
5	電波の有効利用の程度	6	5年以内に研究開発すべき技術の程度
7	公表	8	調査の対象者に通知
9	報告を求める	10	検査を行う

電波法規　無線局の免許

問 304

正解 ☐ 完璧 ☐ ✎ 直前CHECK ☐

次の記述は，無線局の登録について述べたものである．電波法（第27条の18及び第27条の21）の規定に照らし，_____内に入れるべき最も適切な字句を下の1から10までのうちからそれぞれ一つ選べ．なお，同じ記号の_____内には，同じ字句が入るものとする．

① 電波を発射しようとする場合において当該電波と周波数を同じくする電波を受信することにより一定の時間自己の電波を発射しないことを確保する機能を有する無線局その他無線設備の ア （総務省令で定めるものに限る．以下同じ．）を同じくする他の無線局の運用を阻害するような混信その他の妨害を与えないように運用することのできる無線局のうち総務省令で定めるものであって， イ のみを使用するものを ウ 開設しようとする者は，総務大臣の登録を受けなければならない．

② ①の登録を受けようとする者は，総務省令で定めるところにより，次の(1)から(4)までに掲げる事項を記載した申請書を総務大臣に提出しなければならない．

(1) 氏名又は名称及び住所並びに法人にあっては，その代表者の氏名

(2) 開設しようとする無線局の無線設備の ア

(3) 無線設備の設置場所

(4) エ

③ ②の申請書には，開設の目的その他総務省令で定める事項を記載した書類を添付しなければならない．

④ ①の登録の有効期間は，登録の日から起算して オ を超えない範囲内において総務省令で定める．ただし，再登録を妨げない．

1 工事設計	2 規格	3 適合表示無線設備

4 その型式について総務大臣の行う検定に合格した無線設備の機器

5 総務省令で定める区域内に	6 総務省令で定める周波数を使用して
7 通信の相手方及び通信事項	8 周波数及び空中線電力
9 5年	10 10年

解答 問302→2 問303→アー1 イー4 ウー5 エー7 オー9

問 305

正解 ☐ 完璧 ☐ ✐ 直前 CHECK ☐

電波の周波数等に関する次の記述のうち，電波法施行規則（第2条）の規定に照らし，この規定に定めるところに適合するものを 1，この規定に定めるところに適合しないものを 2 として解答せよ.

ア 「割当周波数」とは，無線局に割り当てられた周波数帯の中央の周波数をいう.

イ 「特性周波数」とは，与えられた発射において容易に識別し，かつ，測定することのできる周波数をいう.

ウ 「周波数の許容偏差」とは，発射によって占有する周波数帯の中央の周波数の割当周波数からの許容することができる最大の偏差又は発射の特性周波数の割当周波数からの許容することができる最大の偏差をいい，百万分率で表す.

エ 「基準周波数」とは，割当周波数に対して，固定し，かつ，特定した位置にある周波数をいう. この場合において，この周波数の割当周波数に対する偏位は，特性周波数が発射によって占有する周波数帯の中央の周波数に対してもつ偏位と同一の絶対値及び同一の符号をもつものとする.

オ 「スプリアス発射」とは，必要周波数帯外における一又は二以上の周波数の電波の発射であって，そのレベルを情報の伝送に影響を与えないで除去することができるものをいい，高調波発射及び低調波発射を含み，帯域外発射を含まないものとする.

 割当周波数は，周波数帯の中央の周波数だよ. 特性周波数は，測定することができる周波数で中央の周波数とは限らないよ. 基幹放送局などの周波数の許容偏差はヘルツで表されることが多いよ.

次の記述は，空中線電力の定義である．電波法施行規則（第2条）の規定に照らし，□内に入れるべき最も適切な字句の組合せを下の1から5までのうちから一つ選べ．なお，同じ記号の□内には，同じ字句が入るものとする．

① 「空中線電力」とは，尖頭（せん）電力，平均電力，搬送波電力又は規格電力をいう．

② 「尖頭（せん）電力」とは，通常の動作状態において，変調包絡線の最高尖頭（せん）における無線周波数1サイクルの間に送信機から空中線系の給電線に供給される A をいう．

③ 「平均電力」とは，通常の動作中の送信機から空中線系の給電線に供給される電力であって，変調において用いられる B の周期に比較してじゅうぶん長い時間（通常，平均の電力が C ）にわたって平均されたものをいう．

④ 「搬送波電力」とは， D における無線周波数1サイクルの間に送信機から空中線系の給電線に供給される A をいう．ただし，この定義は，パルス変調の発射には適用しない．

⑤ 「規格電力」とは，終段真空管の使用状態における出力規格の値をいう．

	A	B	C	D
1	平均の電力	最高周波数	最大である約2分の1秒間	変調のない状態
2	最大の電力	最低周波数	最大である約10分の1秒間	通常の動作状態
3	平均の電力	最低周波数	最大である約10分の1秒間	変調のない状態
4	最大の電力	最高周波数	最大である約10分の1秒間	通常の動作状態
5	最大の電力	最低周波数	最大である約2分の1秒間	通常の動作状態

解答　問304→アー2　イー3　ウー5　エー8　オー9
　　　問305→アー1　イー1　ウー2　エー1　オー2

問305　ウ　「周波数の許容偏差」とは，発射によって占有する周波数帯の中央の周波数の割当周波数からの許容することができる最大の偏差又は発射の特性周波数の**基準周波数**からの許容することができる最大の偏差をいい，**百万分率又はヘルツ**で表す．

　　　　オ　「スプリアス発射」とは，必要周波数帯外における一又は二以上の周波数の電波の発射であって，そのレベルを情報の伝送に影響を与えないで**低減する**ことができるものをいい，高調波発射及び低調波発射，**寄生発射及び相互変調積**を含み，帯域外発射を含まないものとする．

問 307　　　　　　　　　　正解 ☐　完璧 ☐　🖊 直前CHECK ☐

　空中線の利得等に関する次の定義のうち，電波法施行規則（第2条）の規定に照らし，この規定に定めるところに適合しないものはどれか．下の1から4までのうちから一つ選べ．

1　「空中線の絶対利得」とは，基準空中線が空間に隔離された等方性空中線であるときの与えられた方向における空中線の利得をいう．

2　「空中線の相対利得」とは，基準空中線が空間に隔離され，かつ，その垂直二等分面が与えられた方向を含む半波無損失ダイポールであるときの与えられた方向における空中線の利得をいう．

3　「実効輻射電力」とは，空中線に供給される電力に，与えられた方向における空中線の絶対利得を乗じたものをいう．

4　「空中線の利得」とは，与えられた空中線の入力部に供給される電力に対する，与えられた方向において，同一の距離で同一の電界を生ずるために，基準空中線の入力部で必要とする電力の比をいう．この場合において，別段の定めがないときは，空中線の利得を表す数値は，主輻射の方向における利得を示す．

　空中線の絶対利得や相対利得は，無線工学Bの問題にも出てくるね．絶対利得は等方向性空中線，相対利得は半波長ダイポール空中線だよ．実効輻射電力は相対利得を掛けるよ．国家試験では，正しい選択肢の用語が変えられて誤っている選択肢になることがあるから注意してね．

次の表の各欄の記述は，それぞれ電波の型式の記号表示と主搬送波の変調の型式，主搬送波を変調する信号の性質及び伝送情報の型式に分類して表す電波の型式を示すものである．電波法施行規則（第4条の2）の規定に照らし，□内に入れるべき最も適切な字句を下の1から10までのうちからそれぞれ一つ選べ．

電波の型式の記号	電波の型式		
	主搬送波の変調の型式	主搬送波を変調する信号の性質	伝送情報の型式
D1D	ア	デジタル信号である単一チャネルのものであって，変調のための副搬送波を使用しないもの	イ
F8E	角度変調で周波数変調	アナログ信号である2以上のチャネルのもの	ウ
G9W	角度変調で位相変調	エ	次の①から⑥までの型式の組合せのもの ① 無情報 ② 電信 ③ ファクシミリ ④ データ伝送，遠隔測定又は遠隔指令 ⑤ 電話（音響の放送を含む．） ⑥ テレビジョン（映像に限る．）
R2F	オ	デジタル信号である単一チャネルのものであって，変調のための副搬送波を使用するもの	テレビジョン（映像に限る．）

1　同時に，又は一定の順序で振幅変調及び角度変調を行うもの

2　パルス変調（変調パルス列）のパルスの期間中に搬送波を角度変調するもの

3　電信（自動受信を目的とするもの）　　4　データ伝送，遠隔測定又は遠隔指令

5　電話（音響の放送を含む．）　　　　　6　ファクシミリ

7　デジタル信号である2以上のチャネルのもの

8　デジタル信号の1又は2以上のチャネルとアナログ信号の1又は2以上のチャネルを複合したもの

9　振幅変調で抑圧搬送波による単側波帯　　10　振幅変調で低減搬送波による単側波帯

解答 問306→3　問307→3

ミニ解説 **問307** 3　「実効輻射電力」とは，空中線に供給される電力に，与えられた方向における空中線の**相対利得**を乗じたものをいう．

問題

問 309　　　　　　　　　　　　　　正解 □　完璧 □　🖊 直前 CHECK □

　次の表の各欄の記述は，それぞれ電波の型式の記号表示と主搬送波の変調の型式，主搬送波を変調する信号の性質及び伝送情報の型式に分類して表す電波の型式を示すものである．電波法施行規則（第4条の2）の規定に照らし，電波の型式の記号表示とその内容が適合しないものを下の表の1から5までのうちから一つ選べ．

区分　番号	電波の型式の記号	電波の型式		
		主搬送波の変調の型式	主搬送波を変調する信号の性質	伝送情報の型式
1	G1B	角度変調で位相変調	デジタル信号である単一チャネルのものであって，変調のための副搬送波を使用しないもの	電信（自動受信を目的とするもの）
2	X7W	同時に，又は一定の順序で振幅変調及び角度変調を行うもの	デジタル信号の1又は2以上のチャネルとアナログ信号の1又は2以上のチャネルを複合したもの	次の(1)から(6)までの型式の組合せのもの (1) 無情報 (2) 電信 (3) ファクシミリ (4) データ伝送，遠隔測定又は遠隔指令 (5) 電話（音響の放送を含む．） (6) テレビジョン（映像に限る．）
3	F2F	角度変調で周波数変調	デジタル信号である単一チャネルのものであって，変調のための副搬送波を使用するもの	テレビジョン（映像に限る．）
4	J3E	振幅変調で抑圧搬送波による単側波帯	アナログ信号である単一チャネルのもの	電話（音響の放送を含む．）
5	P0N	パルス変調であって無変調パルス列	変調信号のないもの	無情報

電波法規　無線設備

問 310　　　　　　　　　　　　　正解 □　完璧 □　直前 CHECK □

次の記述は，人工衛星局の位置の維持について述べたものである．電波法施行規則（第32条の4）の規定に照らし，____内に入れるべき最も適切な字句の組合せを下の1から4までのうちから一つ選べ．

① 対地静止衛星に開設する人工衛星局（実験試験局を除く．）であって，____A____の無線通信の中継を行うものは，公称されている位置から経度の（±）0.1度以内にその位置を維持することができるものでなければならない．

② 対地静止衛星に開設する人工衛星局（一般公衆によって直接受信されるための無線電話，テレビジョン，データ伝送又はファクシミリによる無線通信業務を行うことを目的とするものに限る．）は，公称されている位置から____B____以内にその位置を維持することができるものでなければならない．

③ 対地静止衛星に開設する人工衛星局であって，①及び②の人工衛星局以外のものは，公称されている位置から____C____以内にその位置を維持することができるものでなければならない．

	A	B	C
1	固定地点の地球局相互間	緯度及び経度のそれぞれ（±）0.1度	経度の（±）0.5度
2	固定地点の地球局相互間	経度の（±）0.5度	経度の（±）0.3度
3	固定地点の地球局と移動する地球局の間	経度の（±）0.5度	経度の（±）0.5度
4	固定地点の地球局と移動する地球局の間	緯度及び経度のそれぞれ（±）0.1度	経度の（±）0.3度

解答 問308→アー1　イー4　ウー5　エー8　オー10　問309→2

ミニ解説

問309　誤っている選択肢2の電波の型式
　　　X：その他のもの
　　　7：デジタル信号である2以上のチャンネルのもの
　　　W：（正しい）

　空中線電力の表示に関する次の記述のうち，電波法施行規則（第4条の4）の規定に照らし，この規定に定めるところに適合しないものはどれか．下の1から4までのうちから一つ選べ．ただし，同規則第4条の4（空中線電力の表示）第2項及び第3項において別段の定めのあるものは，その定めるところによるものとする．

1　電波の型式のうち主搬送波の変調の型式が「G」の記号で表される電波を使用する送信設備の空中線電力は，尖頭電力（pX）をもって表示する．

2　デジタル放送（F7W電波及びG7W電波を使用するものを除く．）を行う地上基幹放送局（注）の送信設備の空中線電力は，平均電力（pY）をもって表示する．
　　注　地上基幹放送試験局及び基幹放送を行う実用化試験局を含む．

3　実験試験局の送信設備の空中線電力は，規格電力（pR）をもって表示する．

4　電波の型式のうち主搬送波の変調の型式が「F」の記号で表される電波を使用する送信設備の空中線電力は，平均電力（pY）をもって表示する．

　人工衛星局の条件等に関する次の記述のうち，電波法（第36条の2）及び電波法施行規則（第32条の4及び第32条の5）の規定に照らし，これらの規定に定めるところに適合しないものはどれか．下の1から4までのうちから一つ選べ．

1　人工衛星局の無線設備は，遠隔操作により電波の発射を直ちに停止することのできるものでなければならない．

2　人工衛星局は，その無線設備の設置場所を遠隔操作により変更することができるものでなければならない．ただし，対地静止衛星に開設する人工衛星局以外の人工衛星局については，この限りでない．

3　対地静止衛星に開設する人工衛星局（一般公衆によって直接受信されるための無線電話，データ伝送又はファクシミリによる電気通信業務を行うことを目的とするものに限る．）は，公称されている位置から緯度の（±）0.5度以内にその位置を維持することができるものでなければならない．

4　対地静止衛星に開設する人工衛星局（実験試験局を除く．）であって，固定地点の地球局相互間の無線通信の中継を行うものは，公称されている位置から経度の（±）0.1度以内にその位置を維持することができるものでなければならない．

解答

問 313　　　　　　　　　　正解 ☐　完璧 ☐　✎ 直前CHECK ☐

次の記述は，人工衛星局の送信空中線の指向方向について述べたものである．電波法施行規則（第32条の3）の規定に照らし，____内に入れるべき最も適切な字句の組合せを下の1から4までのうちから一つ選べ．なお，同じ記号の____内には，同じ字句が入るものとする．

①　対地静止衛星に開設する人工衛星局（一般公衆によって直接受信されるための無線電話，テレビジョン，データ伝送又はファクシミリによる無線通信業務を行うことを目的とするものを除く.）の送信空中線の地球に対する___A___の方向は，公称されている指向方向に対して，___B___のいずれか大きい角度の範囲内に，維持されなければならない．

②　対地静止衛星に開設する人工衛星局（一般公衆によって直接受信されるための無線電話，テレビジョン，データ伝送又はファクシミリによる無線通信業務を行うことを目的とするものに限る.）の送信空中線の地球に対する___A___の方向は，公称されている指向方向に対して___C___の範囲内に維持されなければならない．

	A	B	C
1	最小輻射	0.3 度又は主輻射の角度の幅の 10 パーセント	0.3 度
2	最小輻射	0.1 度又は主輻射の角度の幅の 5 パーセント	0.1 度
3	最大輻射	0.1 度又は主輻射の角度の幅の 5 パーセント	0.3 度
4	最大輻射	0.3 度又は主輻射の角度の幅の 10 パーセント	0.1 度

 ①は放送ではない通信に用いられる静止衛星，②は放送に用いられる静止衛星だよ．放送用の方が基準が厳しいよ．

解答　問310→1　問311→1　問312→3

問 311　1　誤「尖頭電力 (pX)」→正「平均電力 (pY)」

ミニ解説

問 312　3　対地静止衛星に開設する人工衛星局（一般公衆によって直接受信されるための無線電話，**テレビジョン**，データ伝送又はファクシミリによる**無線通信業務**を行うことを目的とするものに限る.）は，公称されている位置から**緯度及び経度のそれぞれ (±) 0.1 度**以内にその位置を維持することができるものでなければならない．

問題

次の記述は，地球局（宇宙無線通信を行う実験試験局を含む．）の送信空中線の最小仰角について述べたものである．電波法施行規則（第32条）の規定に照らし，□□内に入れるべき最も適切な字句の組合せを下の1から4までのうちから一つ選べ．

地球局の送信空中線の　A　の方向の仰角の値は，次の（1）から（3）までに掲げる場合においてそれぞれ（1）から（3）までに規定する値でなければならない．

(1) 深宇宙（地球からの距離が　B　以上である宇宙をいう．）
　　に係る宇宙研究業務（科学又は技術に関する研究又は調査の
　　ための宇宙無線通信の業務をいう．以下同じ．）を行うとき　　　　　C　以上
(2)（1）の宇宙研究業務以外の宇宙研究業務を行うとき　　　　　　　　5度以上
(3) 宇宙研究業務以外の宇宙無線通信の業務を行うとき　　　　　　　　3度以上

	A	B	C
1	最小輻射	200万キロメートル	8度
2	最大輻射	200万キロメートル	10度
3	最大輻射	300万キロメートル	8度
4	最小輻射	300万キロメートル	10度

 仰角は水平面からアンテナを向ける衛星を見た角度のことだよ．仰角が小さいと地上の通信回線に影響するね．最小輻射は影響が少ないから規定しても意味ないね．Aの穴が分かれば，BかCのどちらかが分かれば答えが見つかるよ．

次の記述は，周波数測定装置の備えつけ等について述べたものである．電波法（第31条）及び電波法施行規則（第11条の3）の規定に照らし，☐☐内に入れるべき最も適切な字句の組合せを下の1から5までのうちから一つ選べ．

① 総務省令で定める送信設備には，その誤差が使用周波数の ☐A☐ の ☐B☐ 以下である周波数測定装置を備えつけなければならない．

② ①の総務省令で定める送信設備は，次の (1) から (8) までに掲げる送信設備以外のものとする．
(1) ☐C☐ 周波数の電波を利用するもの
(2) 空中線電力10ワット以下のもの
(3) ①に規定する周波数測定装置を備え付けている相手方の無線局によってその使用電波の周波数が測定されることとなっているもの
(4) 当該送信設備の無線局の免許人が別に備え付けた①に規定する周波数測定装置をもってその使用電波の周波数を随時測定し得るもの
(5) 基幹放送局の送信設備であって，空中線電力 ☐D☐ 以下のもの
(6) 標準周波数局において使用されるもの
(7) アマチュア局の送信設備であって，当該設備から発射される電波の特性周波数を0.025パーセント以内の誤差で測定することにより，その電波の占有する周波数帯幅が，当該無線局が動作することを許される周波数帯内にあることを確認することができる装置を備え付けているもの
(8) その他総務大臣が別に告示するもの

	A	B	C	D
1	許容偏差	4分の1	26.175 MHz以下の	50ワット
2	占有周波数帯幅	2分の1	26.175 MHzを超える	10ワット
3	許容偏差	2分の1	26.175 MHzを超える	50ワット
4	占有周波数帯幅	4分の1	26.175 MHz以下の	50ワット
5	許容偏差	4分の1	26.175 MHz以下の	10ワット

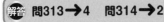
解答　問313→4　問314→2

問題

　次の記述は，無線設備から発射される電波の強度（電界強度，磁界強度，電力束密度及び磁束密度をいう．）に対する安全施設について述べたものである．電波法施行規則（第21条の3）の規定に照らし，□□□内に入れるべき最も適切な字句の組合せを下の1から5までのうちから一つ選べ．

　無線設備には，当該無線設備から発射される電波の強度が電波法施行規則別表第2号の3の2（電波の強度の値の表）に定める値を超える □ A □ に □ B □ のほか容易に出入りすることができないように，施設をしなければならない．ただし，次の (1) から (3) までに掲げる無線局の無線設備については，この限りでない．

(1) 平均電力が □ C □ 以下の無線局の無線設備

(2) □ D □ の無線設備

(3) 電波法施行規則第21条の3（電波の強度に対する安全施設）第1項第3号又は第4号に定める無線局の無線設備

	A	B	C	D
1	場所（人が出入りするおそれのあるいかなる場所も含む．）	無線従事者	20ミリワット	移動する無線局
2	場所（人が出入りするおそれのあるいかなる場所も含む．）	取扱者	10ミリワット	移動する無線局
3	場所（人が出入りするおそれのあるいかなる場所も含む．）	無線従事者	20ミリワット	移動業務の無線局
4	場所（人が通常，集合し，通行し，その他出入りする場所に限る．）	取扱者	20ミリワット	移動する無線局
5	場所（人が通常，集合し，通行し，その他出入りする場所に限る．）	無線従事者	10ミリワット	移動業務の無線局

電波法規　無線設備

次の記述は，高圧電気に対する安全施設について述べたものである．電波法施行規則（第23条及び第25条）の規定に照らし，☐内に入れるべき最も適切な字句を下の1から10までのうちからそれぞれ一つ選べ．なお，同じ記号の☐内には，同じ字句が入るものとする．

解答

① 送信設備の各単位装置相互間をつなぐ電線であって高圧電気（高周波若しくは交流の電圧300ボルト又は直流の電圧 ア を超える電気をいう．以下②において同じ．）を通ずるものは，線溝若しくは丈夫な絶縁体又は イ の内に収容しなければならない．ただし，取扱者のほか出入できないように設備した場所に装置する場合は，この限りでない．

② 送信設備の ウ であって高圧電気を通ずるものは，その高さが人の歩行その他起居する平面から エ 以上のものでなければならない．ただし，次の（1）又は（2）の場合は，この限りでない．

（1） エ に満たない高さの部分が，人体に容易に触れない構造である場合又は人体が容易に触れない位置にある場合

（2）移動局であって，その移動体の構造上困難であり，かつ， オ 以外の者が出入しない場所にある場合

1	900ボルト	2	750ボルト
3	接地された金属遮蔽体	4	赤色塗装された金属遮蔽体
5	空中線又は給電線	6	空中線，給電線又はカウンターポイズ
7	2.5メートル	8	3.5メートル
9	取扱者	10	無線従事者

②の（2）に規定する移動局は，船舶局などのことだよ．一般に自動車などの陸上移動局では，無線従事者しか出入りしない場所はないし，高圧電気は発生しないよ．

解答 問315→3　問316→4

問 318

正解 ☐ 完璧 ☐ 🖊 直前CHECK ☐

次に掲げる無線設備の機器のうち，電波法（第37条）の規定に照らし，その型式について，総務大臣の行う検定に合格したものでなければ，施設してはならない（注）ものに該当するものを1，これに該当しないものを2として解答せよ.

注　総務大臣が行う検定に相当する型式検定に合格している機器その他の機器であって総務省令で定めるものを施設する場合は，この限りでない.

ア　人命若しくは財産の保護又は治安の維持の用に供する無線局の無線設備の機器
イ　放送の業務の用に供する無線局の無線設備の機器
ウ　気象業務の用に供する無線局の無線設備の機器
エ　電波法第31条（周波数測定装置の備付け）の規定により備え付けなければならない周波数測定装置
オ　航空機に施設する無線設備の機器であって総務省令で定めるもの

問 319

正解 ☐ 完璧 ☐ 🖊 直前CHECK ☐

次の記述は，空中線等の保安施設について述べたものである. 電波法施行規則（第26条）の規定に照らし，☐☐内に入れるべき最も適切な字句の組合せを下の1から4までのうちから一つ選べ.

無線設備の空中線系には ☐ A ☐ を，また，カウンターポイズには接地装置をそれぞれ設けなければならない. ただし，☐ B ☐ 周波数を使用する無線局の無線設備及び ☐ C ☐ の無線設備の空中線については，この限りでない.

	A	B	C
1	避雷器又は接地装置	26.175 MHz を超える	陸上移動局又は携帯局
2	避雷器又は接地装置	26.175 MHz 以下の	陸上移動業務又は携帯移動業務の無線局
3	避雷器	26.175 MHz を超える	陸上移動業務又は携帯移動業務の無線局
4	避雷器	26.175 MHz 以下の	陸上移動局又は携帯局

電波法規　無線設備

313

問題

　　　　　　　　　　　　　　正解 ☐ 完璧 ☐ ✎ 直前CHECK ☐

　次の記述は，送信空中線の型式及び構成等について述べたものである．無線設備規則（第20条及び第22条）の規定に照らし，☐☐内に入れるべき最も適切な字句の組合せを下の1から5までのうちから一つ選べ．なお，同じ記号の☐☐内には，同じ字句が入るものとする．

① 　送信空中線の型式及び構成は，次の (1) から (3) までに適合するものでなければならない．
　(1) 空中線の ☐ A ☐ がなるべく大であること．
　(2) 整合が十分であること．
　(3) 満足な ☐ B ☐ が得られること．
② 　空中線の ☐ B ☐ は，次の (1) から (4) までに掲げる事項によって定める．
　(1) 主輻射方向及び副輻射方向
　(2) ☐ C ☐ の主輻射の角度の幅
　(3) 空中線を設置する位置の近傍にあるものであって電波の伝わる方向を乱すもの
　(4) ☐ D ☐ よりの輻射

	A	B	C	D
1	絶対利得	輻射特性	水平面	給電線
2	利得及び能率	輻射特性	水平面	送信装置
3	利得及び能率	指向特性	水平面	給電線
4	利得及び能率	輻射特性	垂直面	給電線
5	絶対利得	指向特性	垂直面	送信装置

指向特性は，特定の方向へどれだけ強く電波を送受信できるかの性能のことだから，一般に水平の方向だね．規定されているのも水平面だよ．輻射は放射と同じだよ．

問題

　次の記述は，電波の質及び受信設備の条件について述べたものである．電波法（第28条及び第29条）及び無線設備規則（第24条）の規定に照らし，☐☐☐内に入れるべき最も適切な字句の組合せを下の1から5までのうちから一つ選べ．なお，同じ記号の☐☐☐内には，同じ字句が入るものとする．

① 　送信設備に使用する電波の　A　電波の質は，総務省令で定めるところに適合するものでなければならない．

② 　受信設備は，その副次的に発する電波又は高周波電流が，総務省令で定める限度をこえて　B　を与えるものであってはならない．

③ 　②に記述する副次的に発する電波が　B　を与えない限度は，受信空中線と　C　の等しい擬似空中線回路を使用して測定した場合に，その回路の電力が　D　以下でなければならない．

④ 　無線設備規則第24条（副次的に発する電波等の限度）の規定において，③にかかわらず別に定めのある場合は，その定めるところによるものとする．

	A	B	C	D
1	周波数の偏差，幅及び安定度，高調波の強度等	電気通信業務の用に供する無線設備の機能に支障	利得及び能率	4ナノワット
2	周波数の偏差及び幅，高調波の強度等	電気通信業務の用に供する無線設備の機能に支障	電気的常数	40ナノワット
3	周波数の偏差，幅及び安定度，高調波の強度等	他の無線設備の機能に支障	利得及び能率	4ナノワット
4	周波数の偏差，幅及び安定度，高調波の強度等	他の無線設備の機能に支障	電気的常数	40ナノワット
5	周波数の偏差及び幅，高調波の強度等	他の無線設備の機能に支障	電気的常数	4ナノワット

解答

問 322

正解 [　] 完璧 [　] 直前CHECK [　]

送信設備に使用する電波の質及び電波の発射の停止に関する次の記述のうち，電波法（第28条及び第72条）及び無線設備規則（第5条から第7条まで及び第14条）の規定に照らし，これらの規定に定めるところに適合しないものはどれか．下の1から4までのうちから一つ選べ．

1 　総務大臣は，無線局の発射する電波が，総務省令で定める送信設備に使用する電波の周波数の許容偏差に適合していないと認めるときは，当該無線局に対して臨時に電波の発射の停止を命ずることができる．

2 　総務大臣は，無線局の発射する電波が，総務省令で定める空中線電力の許容偏差に適合していないと認めるときは，当該無線局に対して臨時に電波の発射の停止を命ずることができる．

3 　総務大臣は，無線局の発射する電波が，総務省令で定める発射電波に許容される占有周波数帯幅の値に適合していないと認めるときは，当該無線局に対して臨時に電波の発射の停止を命ずることができる．

4 　総務大臣は，無線局の発射する電波が，総務省令で定めるスプリアス発射又は不要発射の強度の許容値に適合していないと認めるときは，当該無線局に対して臨時に電波の発射の停止を命ずることができる．

問 323

正解 [　] 完璧 [　] 直前CHECK [　]

送信設備の空中線電力の許容偏差に関する次の記述のうち，無線設備規則（第14条）の規定に照らし，この規定に定めるところに適合しないものはどれか．下の1から4までのうちから一つ選べ．

1 　5 GHz帯無線アクセスシステムの無線局の送信設備の空中線電力の許容偏差は，上限20パーセント，下限80パーセントとする．

2 　道路交通情報通信を行う無線局（2.5 GHz帯の周波数の電波を使用し，道路交通に関する情報を送信する特別業務の局をいう．）の送信設備の空中線電力の許容偏差は，上限20パーセント，下限50パーセントとする．

3 　中波放送を行う地上基幹放送局の送信設備の空中線電力の許容偏差は，上限5パーセント，下限10パーセントとする．

4 　超短波放送を行う地上基幹放送局の送信設備の空中線電力の許容偏差は，上限20パーセント，下限30パーセントとする．

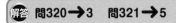
解答 問320→3　問321→5

問 324　　　　　　　　　　　　　　正解 [　] 完璧 [　] ✎ 直前 CHECK [　]

次の記述は，受信設備の条件及び受信設備に対する総務大臣の監督について述べたものである．電波法（第29条及び第82条）及び無線設備規則（第24条）の規定に照らし，[　　]内に入れるべき最も適切な字句の組合せを下の1から5までのうちから一つ選べ．なお，同じ記号の[　　]内には，同じ字句が入るものとする．

① 受信設備は，その副次的に発する電波又は高周波電流が，総務省令で定める限度をこえて [　A　] の機能に支障を与えるものであってはならない．

② ①に規定する副次的に発する電波が [　A　] の機能に支障を与えない限度は，受信空中線と [　B　] の等しい擬似空中線回路を使用して測定した場合に，その回路の電力が [　C　] 以下でなければならない．

③ 無線設備規則第24条（副次的に発する電波等の限度）各項の規定において，②にかかわらず別段の定めのあるものは，その定めるところによるものとする．

④ 総務大臣は，受信設備が副次的に発する電波又は高周波電流が [　A　] の機能に継続的かつ重大な障害を与えるときは，その設備の所有者又は占有者に対し，その障害を除去するために必要な措置をとるべきことを命ずることができる．

⑤ 総務大臣は，放送の受信を目的とする受信設備以外の受信設備について④の措置をとるべきことを命じた場合において特に必要があると認めるときは，[　D　] ことができる．

	A	B	C	D
1	電気通信業務の用に供する無線設備	電気的常数	40ナノワット	その職員を当該設備のある場所に派遣し，その設備を検査させる
2	他の無線設備	電気的常数	40ナノワット	当該措置の内容の報告を求める
3	電気通信業務の用に供する無線設備	利得及び能率	4ナノワット	当該措置の内容の報告を求める
4	電気通信業務の用に供する無線設備	利得及び能率	40ナノワット	その職員を当該設備のある場所に派遣し，その設備を検査させる
5	他の無線設備	電気的常数	4ナノワット	その職員を当該設備のある場所に派遣し，その設備を検査させる

解答

問 325

正解 [ ]　完璧 [ ]　直前CHECK [ ]

次の記述は，周波数の安定のための条件について述べたものである．無線設備規則（第15条及び第16条）の規定に照らし，____内に入れるべき最も適切な字句を下の1から10までのうちからそれぞれ一つ選べ．

① 周波数をその許容偏差内に維持するため，送信装置は，できる限り__ア__の変化によって__イ__ものでなければならない．

② 周波数をその許容偏差内に維持するため，発振回路の方式は，できる限り__ウ__の変化によって影響を受けないものでなければならない．

③ 移動局（移動するアマチュア局を含む.）の送信装置は，実際上起り得る__エ__によっても周波数をその許容偏差内に維持するものでなければならない．

④ 水晶発振回路に使用する水晶発振子は，周波数をその許容偏差内に維持するため，発振周波数が当該送信装置の水晶発振回路により又はこれと同一の条件の回路によりあらかじめ__オ__を行って決定されているものでなければならない．

1　電圧又は電流	2　電源電圧又は負荷
3　影響を受けない	4　発振周波数に影響を与えない
5　気圧	6　外囲の温度若しくは湿度
7　環境の急激な変化	8　振動又は衝撃
9　試験	10　調整

解答 問322→2　問323→4　問324→5

問 322　「総務大臣は，無線局の発射する電波の質が総務省令で定めるものに適合していないと認めるときは，当該無線局に対して臨時に電波の発射の停止を命ずることができる.」と規定されている．電波の質は，「電波の周波数の偏差及び幅（占有周波数帯幅），高調波の強度等（スプリアス発射又は不要発射の強度）」と規定され，空中線電力の許容偏差は電波の質に該当しない．

問 323　4　超短波放送を行う地上基幹放送局の送信設備の空中線電力の許容偏差は，**上限10パーセント，下限20パーセント**とする．

問題

次の記述は，無線設備から発射される電波の人体における比吸収率の許容値について述べたものである．無線設備規則（第14条の2）の規定に照らし，_____内に入れるべき最も適切な字句の組合せを下の1から4までのうちから一つ選べ．なお，同じ記号の_____内には，同じ字句が入るものとする．

携帯無線通信を行う____A____，広帯域移動無線アクセスシステムの____A____，非静止衛星に開設する人工衛星局の中継により携帯移動衛星通信を行う携帯移動地球局，無線設備規則第49条の23の2（携帯移動衛星通信を行う無線局の無線設備）に規定する携帯移動地球局及びインマルサット携帯移動地球局（インマルサットGSPS型に限る．）の無線設備（以下「対象無線設備」という．）は，対象無線設備から発射される電波（対象無線設備又は同一の筐体に収められた他の無線設備（総務大臣が別に告示するものに限る．）から同時に複数の電波（以下「複数電波」という．）を発射する機能を有する場合にあっては，複数電波）の人体（頭部及び両手を除く．）における比吸収率（電磁界にさらされたことによって任意の生体組織10グラムが任意の6分間に吸収したエネルギーを10グラムで除し，更に6分で除して得た値をいう．）を毎キログラム当たり____B____（四肢にあっては，毎キログラム当たり4ワット）以下とするものでなければならない．ただし，次の(1)及び(2)に掲げる無線設備についてはこの限りでない．

(1) 対象無線設備から発射される電波の平均電力（複数電波を発射する機能を有する場合にあっては，当該機能により発射される複数電波の平均電力の和に相当する電力）が____C____

(2) (1)に掲げるもののほか，この規定を適用することが不合理であるものとして総務大臣が別に告示する無線設備

	A	B	C
1	陸上移動局	2ワット	20ミリワット以下の無線設備
2	陸上移動局	5ワット	50ミリワット以下の無線設備
3	陸上移動業務の無線局	5ワット	20ミリワット以下の無線設備
4	陸上移動業務の無線局	2ワット	50ミリワット以下の無線設備

電波法規 無線設備

問題

問 327　　　　　　　　　正解 □　完璧 □　　直前 CHECK □

次の記述は，送信装置の水晶発振回路に使用する水晶発振子について述べたものである．無線設備規則（第16条）の規定に照らし，□□□内に入れるべき最も適切な字句の組合せを下の1から4までのうちから一つ選べ．

水晶発振回路に使用する水晶発振子は，周波数をその□A□内に維持するため，次の条件に適合するものでなければならない．

(1) 発振周波数が□B□によりあらかじめ試験を行って決定されているものであること．

(2) 恒温槽を有する場合は，恒温槽は水晶発振子の温度係数に□C□維持するものであること．

	A	B	C
1	許容偏差	当該送信装置の水晶発振回路により又はこれと同一の条件の回路	応じてその温度変化の許容値を正確に
2	許容偏差	シンセサイザ方式の発振回路	かかわらず発振周波数を一定に
3	占有周波数帯幅の許容値	当該送信装置の水晶発振回路により又はこれと同一の条件の回路	かかわらず発振周波数を一定に
4	占有周波数帯幅の許容値	シンセサイザ方式の発振回路	応じてその温度変化の許容値を正確に

 周囲温度が変化すると，水晶発振子を用いた発振回路の発振周波数は変化するよ．恒温槽は周囲温度が変化しても水晶発振子を一定の温度に保つ部品だよ．水晶発振子の特性に合わせて温度変化を許容範囲に収める必要があるね．

 解答 問325→アー2　イー4　ウー6　エー8　オー9　問326→1

次の記述は，測定器等の較正について述べたものである．電波法（第102条の18）の規定に照らし，□□□内に入れるべき最も適切な字句の組合せを下の1から4までのうちから一つ選べ．

① 無線設備の点検に用いる測定器その他の設備であって総務省令で定めるもの（以下「測定器等」という．）の較正は，独立行政法人情報通信研究機構（以下「機構」という．）がこれを行うほか，総務大臣は，その指定する者（以下「指定較正機関」という．）にこれを □ A □．

② 機構又は指定較正機関は，①の較正を行ったときは，総務省令で定めるところにより，その測定器等に □ B □ ものとする．

③ 機構又は指定較正機関による較正を受けた測定器等以外の測定器等には，②の表示又はこれと紛らわしい表示を付してはならない．

④ 指定較正機関は，較正を行うときは，総務省令で定める □ C □ を使用し，かつ，総務省令で定める要件を備える者にその較正を行わせなければならない．

	A	B	C
1	行わせることができる	較正をした旨の表示を付するとともにこれを公示する	総合試験設備
2	行わせることができる	較正をした旨の表示を付する	測定器その他の設備
3	行わせるものとする	較正をした旨の表示を付するとともにこれを公示する	測定器その他の設備
4	行わせるものとする	較正をした旨の表示を付する	総合試験設備

問題

問 329

正解 □ 完璧 □ 直前 CHECK □

陸上に開設する無線局（アマチュア無線局を除く．）の無線従事者の配置，無線従事者の免許証，無線従事者に対する処分及び無線設備の操作の監督に関する次の記述のうち，電波法（第39条及び第79条）及び電波法施行規則（第36条及び第38条）の規定に照らし，これらの規定に定めるところに適合しないものはどれか．下の1から4までのうちから一つ選べ．

1 無線局には，当該無線局の無線設備の操作を行い，又はその監督を行うために必要な無線従事者を配置しなければならない．

2 電波法第40条（無線従事者の資格）の定めるところにより無線設備の操作を行うことができる無線従事者以外の者は，無線局の無線設備の操作の監督を行う者として選任された者であって電波法第40条（無線従事者の資格）第4項の規定によりその選任の届出がされたものにより監督を受けなければ，無線局の無線設備の操作（簡易な操作であって総務省令で定めるものを除く．）を行ってはならない．ただし，総務省令で定める場合は，この限りでない．

3 無線従事者が電波法又は電波法に基づく命令に違反したときは，総務大臣からその免許を取り消され，又は3箇月以内の期間を定めてその業務に従事することを停止されることがある．

4 無線従事者の免許証は，無線従事者がその業務に従事しているときは，総務大臣又は総合通信局長（沖縄総合通信事務所長を含む．）の要求に応じて，直ちに提示することができる場所に保管しておかなければならない．

問 330

正解 □ 完璧 □ 直前 CHECK □

次の記述は，主任無線従事者の非適格事由について述べたものである．電波法（第39条）及び電波法施行規則（第34条の3）の規定に照らし，____内に入れるべき最も適切な字句を下の1から10までのうちからそれぞれ一つ選べ．

① 主任無線従事者は，電波法第40条（無線従事者の資格）の定めるところにより，無線設備の__ア__を行うことができる無線従事者であって，総務省令で定める事由に該当しないものでなければならない．

② ①の総務省令で定める事由は，次のとおりとする．
（1）電波法第9章（罰則）の罪を犯し__イ__の刑に処せられ，その執行を終わり，又はそ

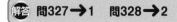 解答 問327→1 問328→2

322

の執行を受けることがなくなった日から□ウ□を経過しない者に該当する者であること.

(2) 電波法第79条（無線従事者の免許の取消し等）第1項第1号の規定により業務に従事することを□エ□され，その処分の期間が終了した日から3箇月を経過していない者であること.

(3) 主任無線従事者として選任される日以前5年間において無線局（無線従事者の選任を要する無線局でアマチュア局以外のものに限る.）の無線設備の操作又はその監督の業務に従事した期間が□オ□に満たない者であること.

1	3箇月	2	罰金以上	3	懲役又は禁固	4	1年	5	6箇月
6	制限	7	停止	8	操作の監督	9	2年	10	管理

問331　正解□　完璧□　直前CHECK□

次の記述は，主任無線従事者の職務について述べたものである. 電波法（第39条）及び電波法施行規則（第34条の5）の規定に照らし，□□□内に入れるべき最も適切な字句を下の1から10までのうちからそれぞれ一つ選べ.

① 電波法第39条（無線設備の操作）第4項の規定により□ア□主任無線従事者は，無線設備の操作の監督に関し総務省令で定める職務を誠実に行わなければならない.

② ①の総務省令で定める職務は，次のとおりとする.

(1) 主任無線従事者の監督を受けて無線設備の操作を行う者に対する訓練（実習を含む.）の計画を□イ□こと.

(2) 無線設備の□ウ□を行い，又はその監督を行うこと.

(3) □エ□を作成し，又はその作成を監督すること（記載された事項に関し必要な措置を執ることを含む.）.

(4) 主任無線従事者の職務を遂行するために必要な事項に関し□オ□に対して意見を述べること.

(5) その他無線局の無線設備の操作の監督に関し必要と認められる事項

1　その選任について総務大臣の許可を受けた
2　その選任の届出がされた
3　推進する　　　　　　　　4　立案し，実施する
5　変更の工事　　　　　　　6　機器の点検若しくは保守
7　無線業務日誌その他の書類　8　無線業務日誌
9　総務大臣　　　　　　　　10　免許人又は登録人

電波法規　無線従事者

問 332

正解 [　] 完璧 [　] 直前 CHECK [　]

次の記述は，無線局（アマチュア無線局を除く．）の主任無線従事者の講習について述べたものである．電波法（第39条）及び電波法施行規則（第34条の7）の規定に照らし，[　]内に入れるべき最も適切な字句の組合せを下の1から4までのうちから一つ選べ．なお，同じ記号の[　]内には，同じ字句が入るものとする．

① 無線局（総務省令で定めるものを除く．）の免許人は，電波法第39条（無線設備の操作）に規定するところにより主任無線従事者に，総務省令で定める期間ごとに，無線設備の[A]に関し総務大臣の行う講習を受けさせなければならない．

② 電波法第39条（無線設備の操作）第7項の規定により，免許人は，主任無線従事者を選任[B]無線設備の[A]に関し総務大臣の行う講習を受けさせなければならない．

③ 免許人は，②の講習を受けた主任無線従事者にその講習を受けた日から[C]に講習を受けさせなければならない．当該講習を受けた日以降についても同様とする．

④ ②及び③にかかわらず，船舶が航行中であるとき，その他総務大臣が当該規定によることが困難又は著しく不合理であると認めるときは，総務大臣が別に告示するところによる．

	A	B	C
1	操作の監督	するときは，当該主任無線従事者に選任の日前 6箇月以内	3年以内
2	操作の監督	したときは，当該主任無線従事者に選任の日から 6箇月以内	5年以内
3	操作及び運用	したときは，当該主任無線従事者に選任の日から 6箇月以内	3年以内
4	操作及び運用	するときは，当該主任無線従事者に選任の日前 6箇月以内	5年以内

解答 問329➔4　問330➔ア-8　イ-2　ウ-9　エ-7　オ-1
問331➔ア-2　イ-4　ウ-6　エ-7　オ-10

ミニ解説 問329　4　無線従事者は，その業務に従事しているときは，免許証を**携帯して**いなければならない．

問題

問 333 正解 ☐ 完璧 ☐ ✎ 直前CHECK ☐

　無線従事者の免許等に関する次の記述のうち，電波法（第41条，第42条及び第79条）の規定に照らし，これらの規定に定めるところに適合しないものはどれか．下の1から4までのうちから一つ選べ．

1　無線従事者になろうとする者は，総務大臣の免許を受けなければならない．

2　総務大臣は，無線従事者が不正な手段により免許を受けたときは，その免許を取り消すことができる．

3　総務大臣は，電波法第9章（罰則）の罪を犯し罰金以上の刑に処せられ，その執行を終わり，又はその執行を受けることがなくなった日から3年を経過しない者に対しては，無線従事者の免許を与えないことができる．

4　総務大臣は，無線従事者が電波法若しくは電波法に基づく命令又はこれらに基づく処分に違反したときは，その免許を取り消し，又は3箇月以内の期間を定めてその業務に従事することを停止することができる．

問 334 正解 ☐ 完璧 ☐ ✎ 直前CHECK ☐

　次に掲げる無線設備の操作のうち，電波法施行令（第3条）の規定に照らし，第一級陸上無線技術士の資格を有する者が行うことのできる無線設備の操作に該当するものを1，これに該当しないものを2として解答せよ．

ア　無線航行陸上局の無線設備の技術操作

イ　第三級アマチュア無線技士の操作の範囲に属する操作

ウ　航空交通管制の用に供する航空局の無線設備の通信操作及び技術操作

エ　空中線電力が10キロワットのテレビジョン基幹放送局の無線設備の技術操作

オ　海岸地球局の無線設備の技術操作

一陸技の操作範囲には，「技術操作」はあるけど「通信操作」はないよ．

電波法規　無線従事者

325

　無線従事者の免許証に関する次の記述のうち，無線従事者規則（第47条，第50条及び第51条）の規定に照らし，これらの規定に定めるところに適合しないものはどれか．下の1から4までのうちから一つ選べ．

1　総務大臣又は総合通信局長（沖縄総合通信事務所長を含む.）は，免許を与えたときは，免許証を交付する．

2　無線従事者は，免許の取消しの処分を受けたときは，その処分を受けた日から10日以内にその免許証を総務大臣又は総合通信局長（沖縄総合通信事務所長を含む.）に返納しなければならない．

3　無線従事者は，氏名又は住所に変更を生じたときは，変更を生じた日から10日以内に，申請書に次の(1)から(3)までに掲げる書類を添えて総務大臣又は総合通信局長（沖縄総合通信事務所長を含む.）に提出しなければならない．
　(1) 免許証
　(2) 写真1枚
　(3) 氏名又は住所の変更の事実を証する書類

4　無線従事者は，免許証の再交付を受けた後失った免許証を発見したときは，発見した日から10日以内にその発見した免許証を総務大臣又は総合通信局長（沖縄総合通信事務所長を含む.）に返納しなければならない．

> 電波法では「総務大臣」と規定されているけれど，無線従事者規則などの規則では「総務大臣又は総合通信局長（沖縄総合通信事務所長を含む.）」と規定されていることがあるよ．権限が委任されているからだよ．

解答 問332→2　問333→3　問334→ア−1　イ−2　ウ−2　エ−1　オ−1

ミニ解説
問333　3 誤「3年を経過しない者」→ 正「2年を経過しない者」
問334　第一級陸上無線技術士の操作範囲は，「無線設備の**技術操作**」，「第四級アマチュア無線技士の操作の範囲に属する操作」である．

次の記述は，非常通信及び非常の場合の無線通信について述べたものである．電波法（第52条及び第74条）及び無線局運用規則（第136条）の規定に照らし，□□□内に入れるべき最も適切な字句の組合せを下の1から5までのうちから一つ選べ．なお，同じ記号の□□□内には，同じ字句が入るものとする．

① 非常通信とは，地震，台風，洪水，津波，雪害，火災，暴動その他非常の事態が　A　において，　B　を利用することができないか又はこれを利用することが著しく困難であるときに人命の救助，災害の救援，交通通信の確保又は秩序の維持のために行われる無線通信をいう．

② 非常通信の取扱を開始した後，　B　の状態が復旧した場合は，　C　.

③ 総務大臣は，地震，台風，洪水，津波，雪害，火災，暴動その他非常の事態が　A　においては，人命の救助，災害の救援，交通通信の確保又は秩序の維持のために必要な通信を　D　ことができる．

	A	B	C	D
1	発生し，又は発生するおそれがある場合	電気通信業務の通信	すみやかにその取扱を停止しなければならない	無線局に行うことを要請する
2	発生した場合	電気通信業務の通信	その取扱を停止することができる	無線局に行わせる
3	発生した場合	有線通信	すみやかにその取扱を停止しなければならない	無線局に行うことを要請する
4	発生し，又は発生するおそれがある場合	有線通信	すみやかにその取扱を停止しなければならない	無線局に行わせる
5	発生し，又は発生するおそれがある場合	電気通信業務の通信	その取扱を停止することができる	無線局に行うことを要請する

問 337　　　　　　　正解 ☐　完璧 ☐　直前CHECK ☐

　次の記述は，無線局の免許状等に記載された事項の遵守について述べたものである．電波法（第52条から第55条まで）及び電波法施行規則（第37条）の規定に照らし，☐☐☐内に入れるべき最も適切な字句を下の1から10までのうちからそれぞれ一つ選べ．

① 　無線局は，免許状に記載された ア （特定地上基幹放送局については放送事項）の範囲を超えて運用してはならない．ただし，次の(1)から(6)までに掲げる通信については，この限りでない．

(1) 遭難通信　(2) 緊急通信　(3) 安全通信　(4) 非常通信　(5) 放送の受信

(6) その他総務省令で定める通信

② 　次の(1)から(4)までに掲げる通信は，①の(6)の「総務省令で定める通信」とする．

(1) イ ために行う通信

(2) 電波の規正に関する通信

(3) 電波法第74条（非常の場合の無線通信）第1項に規定する通信の訓練のために行う通信

(4) (1)から(3)までに掲げる通信のほか電波法施行規則第37条（免許状の目的等にかかわらず運用することができる通信）各号に掲げる通信

③ 　無線局を運用する場合においては， ウ ，識別信号，電波の型式及び周波数は，その無線局の免許状等(注) に記載されたところによらなければならない．ただし，遭難通信については，この限りでない．

　　注　免許状又は登録状をいう．以下同じ．

④ 　無線局を運用する場合においては，空中線電力は，次の(1)及び(2)に定めるところによらなければならない．ただし， エ については，この限りでない．

(1) 免許状等に記載されたものの範囲内であること．

(2) 通信を行うため オ であること．

⑤ 　無線局は，免許状に記載された運用許容時間内でなければ，運用してはならない．ただし，①の(1)から(6)までに掲げる通信を行う場合及び総務省令で定める場合は，この限りでない．

1　無線局の種別，目的又は通信の相手方若しくは通信事項

2　目的又は通信の相手方若しくは通信事項

3　無線機器の試験又は調整をする

4　免許人以外の者のための通信であって，急を要するものを送信する

5　無線設備　　　　　　6　無線設備の設置場所

7　遭難通信　　　　　　8　遭難通信，緊急通信，安全通信又は非常通信

9　必要十分なもの　　　10　必要最小のもの

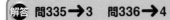

解答 問335➡3　問336➡4

ミニ解説　問335　3　住所の変更の手続きはない．氏名に変更を生じた日から10日以内の提出期限はない．

問題

問 338　　　　　　　　　　　　正解 □　完璧 □　✎ 直前 CHECK □

次の記述は，混信等の防止について述べたものである．電波法（第56条）及び電波法施行規則（第50条の2）の規定に照らし，□□□内に入れるべき最も適切な字句の組合せを下の1から5までのうちから一つ選べ．

① 無線局は，□A□又は電波天文業務（注）の用に供する受信設備その他の総務省令で定める受信設備（無線局のものを除く．）で総務大臣が指定するものにその運用を阻害するような混信その他の□B□ならない．但し，□C□については，この限りでない．

　　注　宇宙から発する電波の受信を基礎とする天文学のための当該電波の受信の業務をいう．

② ①の指定に係る受信設備は，次の(1)又は(2)に掲げるもの（□D□するものを除く．）とする．

(1) 電波天文業務の用に供する受信設備

(2) 宇宙無線通信の電波の受信を行う受信設備

	A	B	C	D
1	他の無線局	妨害を与えないように運用しなければ	遭難通信，緊急通信，安全通信又は非常通信	移動
2	他の無線局	妨害を与えない機能を有する無線設備を設けなければ	遭難通信	移動
3	他の無線局	妨害を与えない機能を有する無線設備を設けなければ	遭難通信，緊急通信，安全通信又は非常通信	固定
4	重要無線通信を行う無線局	妨害を与えないように運用しなければ	遭難通信	移動
5	重要無線通信を行う無線局	妨害を与えない機能を有する無線設備を設けなければ	遭難通信，緊急通信，安全通信又は非常通信	固定

電波法規　運用

329

問 339

正解 ☐ 完璧 ☐ ✎ 直前 CHECK ☐

無線局の運用に関する次の記述のうち，電波法（第56条から第59条まで）の規定に照らし，これらの規定に定めるところに適合しないものはどれか．下の1から4までのうちから一つ選べ．

1 実験等無線局及びアマチュア無線局の行う通信には，暗語を使用してはならない．

2 無線局は，電波を発射しようとする場合において，当該電波と周波数を同じくする電波を受信することにより一定の時間自己の電波を発射しないことを確保する機能等総務省令で定める機能を有することにより，他の無線局にその運用を阻害するような混信その他の妨害を与えないように運用することができるものでなければならない．ただし，遭難通信については，この限りでない．

3 何人も法律に別段の定めがある場合を除くほか，特定の相手方に対して行われる無線通信（注）を傍受してその存在若しくは内容を漏らし，又はこれを窃用してはならない．

   注　電気通信事業法第4条（秘密の保護）第1項又は第164条（適用除外等）第3項の通信であるものを除く．

4 無線局は，次に掲げる場合には，なるべく擬似空中線回路を使用しなければならない．

   (1) 無線設備の機器の試験又は調整を行うために運用するとき．

   (2) 実験等無線局を運用するとき．

問 340

正解 ☐ 完璧 ☐ ✎ 直前 CHECK ☐

無線局の運用に関する次の記述のうち，無線局がなるべく擬似空中線回路を使用しなければならないときに該当しないものはどれか．電波法（第57条）の規定に照らし，下の1から4までのうちから一つ選べ．

1 実験等無線局を運用するとき．

2 固定局の無線設備の機器の調整を行うために運用するとき．

3 基幹放送局の無線設備の機器の試験を行うために運用するとき．

4 総務大臣又は総合通信局長（沖縄総合通信事務所長を含む．）が行う無線局の検査のために無線局を運用するとき．

解答 問337→ア—2　イ—3　ウ—6　エ—7　オ—10　問338→1

問 341　　　　　　　　　　　　　正解 □　完璧 □　✐ 直前 CHECK □

　無線通信 (注) の秘密の保護に関する次の記述のうち，電波法 (第 59 条) の規定に照らし，この規定に定めるところに適合するものはどれか．下の 1 から 4 までのうちから一つ選べ．
　　注　電気通信事業法第 4 条 (秘密の保護) 第 1 項又は第 164 条 (適用除外等) 第 3 項の通信であるものを除く．

1　無線通信の業務に従事する何人も特定の相手方に対して行われる無線通信 (暗語によるものに限る.) を傍受してその存在若しくは内容を漏らし，又はこれを窃用してはならない.
2　何人も法律に別段の定めがある場合を除くほか，総務省令で定める周波数の電波を使用して行われるいかなる無線通信も傍受してその存在若しくは内容を漏らし，又はこれを窃用してはならない.
3　何人も法律に別段の定めがある場合を除くほか，特定の相手方に対して行われる無線通信を傍受してその存在若しくは内容を漏らし，又はこれを窃用してはならない.
4　何人も法律に別段の定めがある場合を除くほか，いかなる無線通信も傍受してはならない.

問 342　　　　　　　　　　　　　正解 □　完璧 □　✐ 直前 CHECK □

　次の記述のうち，無線局運用規則 (第 10 条) の規定に照らし，一般通信方法における無線通信の原則としてこの規定に定めるところに該当するものを 1，これに該当しないものを 2 として解答せよ.

ア　無線通信は，正確に行うものとし，通信上の誤りを知ったときは，直ちに訂正しなければならない.
イ　必要のない無線通信は，これを行ってはならない.
ウ　無線通信に使用する用語は，できる限り簡潔でなければならない.
エ　無線通信は，迅速に行うものとし，できる限り短時間に行わなければならない.
オ　固定業務及び陸上移動業務における通信においては，暗語を使用してはならない.

電波法規　運用

問 343 　　　　　　　　　　　　　正解 ☐　完璧 ☐　✎ 直前 CHECK ☐

次の記述は，非常時運用人による無線局の運用について述べたものである．電波法（第70条の7）の規定に照らし，──内に入れるべき最も適切な字句の組合せを下の1から4までのうちから一つ選べ．

① 　無線局 (注1) の免許人は，地震，台風，洪水，津波，雪害，火災，暴動その他非常の事態が発生し，又は発生する虞（おそれ）がある場合において，人命の救助，災害の救援，交通通信の確保又は秩序の維持のために必要な通信を行うときは，当該無線局の免許が効力を有する間，── A ──ことができる．

　　注1　その運用が，専ら電波法第39条（無線設備の操作）第1項本文の総務省令で定める簡易な操作によるものに限る．以下同じ．

② 　①により無線局を自己以外の者に運用させた免許人は，遅滞なく，非常時運用人 (注2) の氏名又は名称，非常時運用人による運用の期間その他の総務省令で定める── B ──なければならない．

　　注2　非常時運用人とは，当該無線局を運用する自己以外の者をいう．以下同じ．

③ 　②の免許人は，当該無線局の運用が適正に行われるよう，総務省令で定めるところにより，非常時運用人に対し，── C ──を行わなければならない．

	A	B	C
1	当該無線局を自己以外の者に運用させる	事項を総務大臣に届け出	必要かつ適切な監督
2	当該無線局を自己以外の者に運用させる	事項を記録し，非常時運用人に無線局を運用させた日から2年間これを保存し	無線局の運用に関し適切な支援
3	総務大臣の許可を受けて当該無線局を自己以外の者に運用させる	事項を記録し，非常時運用人に無線局を運用させた日から2年間これを保存し	必要かつ適切な監督
4	総務大臣の許可を受けて当該無線局を自己以外の者に運用させる	事項を総務大臣に届け出	無線局の運用に関し適切な支援

解答　問339➡2　問340➡4　問341➡3
　　　問342➡ア–1　イ–1　ウ–1　エ–2　オ–2

ミニ解説

問340 無線局は，次に掲げる場合には，なるべく擬似空中線回路を使用しなければならない．
(1) 無線設備の機器の**試験**又は**調整**を行うために運用するとき．
(2) **実験等無線局**を運用するとき．

問342 正しい選択肢のほかに次の原則が規定されている．
無線通信を行うときは，自局の識別信号を付して，その出所を明らかにしなければならない．

次の記述は，免許人以外の者による特定の無線局の簡易な操作による運用について述べたものである．電波法（第70条の7，第70条の8及び第81条）の規定に照らし，□□□内に入れるべき最も適切な字句を下の1から10までのうちからそれぞれ一つ選べ．

① 電気通信業務を行うことを目的として開設する無線局(注1)の免許人は，当該無線局の免許人以外の者による運用（簡易な操作によるものに限る．以下同じ．）が ア に資するものである場合には，当該無線局の免許が効力を有する間， イ の運用を行わせることができる(注2)．

　　注1　無線設備の設置場所，空中線電力等を勘案して，簡易な操作で運用することにより他の無線局の運用を阻害するような混信その他の妨害を与えないように運用することができるものとして総務省令で定めるものに限る．
　　　2　ただし，免許人以外の者が電波法第5条（欠格事由）第3項各号のいずれかに該当するときは，この限りでない．

② ①により自己以外の者に無線局の運用を行わせた免許人は，遅滞なく，当該無線局を運用する自己以外の者の氏名又は名称，当該自己以外の者による運用の期間その他の総務省令で定める ウ なければならない．

③ ①により自己以外の者に無線局の運用を行わせた免許人は，当該無線局の運用が適正に行われるよう，総務省令で定めるところにより，□ エ を行わなければならない．

④ 総務大臣は，無線通信の秩序の維持その他無線局の適正な運用を確保するため必要があると認めるときは，①により無線局の運用を行う当該無線局の免許人以外の者に対し，□ オ ことができる．

1　電波の能率的な利用
2　第三者の利益
3　総務大臣の許可を受けて自己以外の者に当該無線局
4　自己以外の者に当該無線局
5　事項を総務大臣に届け出
6　事項に関する記録を作成し，当該自己以外の者による無線局の運用が終了した日から2年間保存し
7　当該自己以外の者に対し，必要かつ適切な監督
8　当該自己以外の者の要請に応じ，適切な支援
9　無線局の運用の停止を命ずる
10　無線局に関し報告を求める

問 345　　　　　　　　　　　　　　　　　正解 □　完璧 □　　直前CHECK □

　次の記述は，無線電話通信における試験電波の発射について述べたものである．無線局運用規則（第39条，第14条及び第18条）の規定に照らし，□□□内に入れるべき最も適切な字句を下の1から10までのうちからそれぞれ一つ選べ．なお，同じ記号の□□□内には，同じ字句が入るものとする．

①　無線局は，無線機器の試験又は調整のため電波の発射を必要とするときは，発射する前に自局の発射しようとする電波の［　ア　］によって聴守し，他の無線局の通信に混信を与えないことを確かめた後，次の(1)から(3)までに掲げる事項を順次送信しなければならない．
　(1)　［　イ　］　　　　　　　3回
　(2)　こちらは　　　　　　　1回
　(3)　自局の呼出名称　　　　3回

②　更に［　ウ　］を行い，他の無線局から停止の請求がない場合に限り，「［　エ　］」の連続及び自局の呼出名称1回を送信しなければならない．この場合において，「［　エ　］」の連続及び自局の呼出名称の送信は，10秒間を超えてはならない．

③　①及び②の試験又は調整中は，しばしばその電波の周波数により聴守を行い，［　オ　］を確かめなければならない．

④　②にかかわらず，海上移動業務以外の業務の無線局にあっては，必要があるときは，10秒間を超えて，「［　エ　］」の連続及び自局の呼出名称の送信をすることができる．

1	周波数	2	周波数及びその他必要と認める周波数
3	ただいま試験中	4	各局
5	10秒間聴守	6	1分間聴守
7	本日は晴天なり	8	他の無線局から停止の要求がないかどうか
9	試験電波発射中	10	他の無線局の通信に混信を与えないこと

(!)　試験電波の発射で連続して送信するのは，雨の日には合わないけど規定された用語だよ．

解答　問343→1　問344→ア−1　イ−4　ウ−5　エ−7　オ−10

問題

　次の記述は，地上基幹放送局の試験電波の発射について述べたものである．無線局運用規則（第139条）の規定に照らし，☐☐☐内に入れるべき最も適切な字句の組合せを下の1から4までのうちから一つ選べ．

① 　地上基幹放送局は，無線機器の試験又は調整のため電波の発射を必要とするときは，発射する前に自局の発射しようとする電波の周波数及び A によって聴守し，他の無線局の通信に混信を与えないことを確かめた後でなければ，その電波を発射してはならない．

② 　地上基幹放送局は，①の電波を発射したときは，その電波の発射の直後及び発射中 B ごとを標準として，試験電波である旨及び「こちらは（外国語を使用する場合は，これに相当する語）」を前置した自局の呼出符号又は呼出名称（テレビジョン放送を行う地上基幹放送局は，呼出符号又は呼出名称を表す文字による視覚の手段を併せて）を放送しなければならない．

③ 　地上基幹放送局が試験又は調整のために送信する音響又は映像は，当該試験又は調整のために必要な範囲内のものでなければならない．

④ 　地上基幹放送局において試験電波を発射するときは，無線局運用規則第14条（業務用語）第1項の規定にかかわらず C によってその電波を変調することができる．

	A	B	C
1	その他必要と認める周波数	30分	試験中であることを示す適宜の音声
2	その他必要と認める周波数	10分	レコード又は低周波発振器による音声出力
3	同一放送区域にある他の地上基幹放送局の周波数	10分	試験中であることを示す適宜の音声
4	同一放送区域にある他の地上基幹放送局の周波数	30分	レコード又は低周波発振器による音声出力

次の記述は，地上基幹放送局の呼出符号等の放送について述べたものである．無線局運用規則（第138条）の規定に照らし，☐☐内に入れるべき最も適切な字句の組合せを下の1から4までのうちから一つ選べ．なお，同じ記号の☐☐内には，同じ字句が入るものとする．

① 　地上基幹放送局は，放送の開始及び終了に際しては，自局の呼出符号又は呼出名称（国際放送を行う地上基幹放送局にあっては，　A　を，テレビジョン放送を行う地上基幹放送局にあっては，呼出符号又は呼出名称を表す文字による視覚の手段を併せて）を放送しなければならない．ただし，これを放送することが困難であるか又は不合理である地上基幹放送局であって，別に告示するものについては，この限りでない．

② 　地上基幹放送局は，放送している時間中は，　B　自局の呼出符号又は呼出名称（国際放送を行う地上基幹放送局にあっては，　A　を，テレビジョン放送を行う地上基幹放送局にあっては，呼出符号又は呼出名称を表す文字による視覚の手段を併せて）を放送しなければならない．ただし，①のただし書に規定する　C　は，この限りでない．

③ 　②の場合において地上基幹放送局は，国際放送を行う場合を除くほか，自局であることを容易に識別することができる方法をもって自局の呼出符号又は呼出名称に代えることができる．

	A	B	C
1	周波数及び空中線電力	毎時1回以上	地上基幹放送局の場合
2	周波数及び空中線電力	毎日1回以上	地上基幹放送局の場合又は放送の効果を妨げる虞がある場合
3	周波数及び送信方向	毎時1回以上	地上基幹放送局の場合又は放送の効果を妨げる虞がある場合
4	周波数及び送信方向	毎日1回以上	地上基幹放送局の場合

問 348

正解 ☐ 完璧 ☐ ✏️ 直前CHECK ☐

周波数の測定等に関する次の記述のうち，電波法（第31条）及び無線局運用規則（第4条）の規定に照らし，これらの規定に定めるところに適合しないものはどれか．下の1から4までのうちから一つ選べ．

1 電波法第31条（周波数測定装置の備付け）の規定により周波数測定装置を備え付けた無線局は，その周波数測定装置を常時電波法第31条に規定する確度を保つように較正しておかなければならない．

2 無線局は，発射する電波の周波数の偏差を測定した結果，その偏差が許容値を超えるときは，直ちに調整して許容値内に保つとともに，その事実及び措置の内容を総務大臣又は総合通信局長（沖縄総合通信事務所長を含む．）に報告しなければならない．

3 総務省令で定める送信設備には，その誤差が使用周波数の許容偏差の2分の1以下である周波数測定装置を備え付けなければならない．

4 電波法第31条（周波数測定装置の備付け）の規定により周波数測定装置を備え付けた無線局は，できる限りしばしば自局の発射する電波の周波数を測定しなければならない．

問 349

正解 ☐ 完璧 ☐ ✏️ 直前CHECK ☐

次の記述は，総務大臣による周波数等の変更命令について述べたものである．電波法（第71条）の規定に照らし，____内に入れるべき最も適切な字句の組合せを下の1から4までのうちから一つ選べ．なお，同じ記号の____内には，同じ字句が入るものとする．

① 総務大臣は，電波の規整その他公益上必要があるときは，無線局の__A__に支障を及ぼさない範囲内に限り，当該無線局（登録局を除く．）の__B__の指定を変更し，又は登録局の__B__若しくは__C__の無線設備の設置場所の変更を命ずることができる．

② ①の規定により__C__の無線設備の設置場所の変更の命令を受けた免許人は，その命令に係る措置を講じたときは，速やかに，その旨を総務大臣に報告しなければならない．

	A	B	C
1	運用	周波数若しくは空中線電力	無線局
2	運用	周波数若しくは実効輻射電力	人工衛星局
3	目的の遂行	周波数若しくは実効輻射電力	無線局
4	目的の遂行	周波数若しくは空中線電力	人工衛星局

電波法規 運用／監督

問 350　　　　　　　　　　　　　　正解 □　完璧 □　✎ 直前CHECK □

　次に掲げる場合のうち，電波法（第73条）の規定に照らし，総務大臣がその職員を無線局に派遣し，その無線設備等（無線設備，無線従事者の資格（主任無線従事者の要件に係るものを含む．）及び員数並びに時計及び書類をいう．）を検査させることができるときに該当するものを1，これに該当しないものを2として解答せよ．

ア　無線局の発射する電波の質が電波法第28条（電波の質）の総務省令で定めるものに適合していないと認め，総務大臣が当該無線局に対し臨時に電波の発射の停止を命じたとき．

イ　無線局の発射する電波の質が電波法第28条（電波の質）の総務省令で定めるものに適合していないため，総務大臣から臨時に電波の発射の停止の命令を受けた無線局からその発射する電波の質が同条の総務省令で定めるものに適合するに至った旨の申出を受けたとき．

ウ　総務大臣が電波法第71条の5（技術基準適合命令）の規定により無線設備が電波法第3章（無線設備）に定める技術基準に適合していないと認め，当該無線設備を使用する無線局の免許人等（注）に対し，その技術基準に適合するように当該無線設備の修理その他の必要な措置を執るべきことを命じたとき．
　　　注　免許人又は登録人をいう．

エ　電波利用料を納めないため督促状によって督促を受けた免許人が，指定の期限までにその督促に係る電波利用料を納めないとき．

オ　免許人が無線局の検査の結果について指示を受け相当な措置をしたときに，当該免許人から総務大臣又は総合通信局長（沖縄総合通信事務所長を含む．）に対し，その措置の内容についての報告があったとき．

解答　問347→3　問348→2　問349→4

ミニ解説　　問348　2　無線局は，発射する電波の周波数を測定した結果，その偏差が許容値を超えるときは，直ちに調整して許容値内に保たなければならない．

問 351

正解 ☐ 完璧 ☐ ✏ 直前CHECK ☐

次の記述は，固定局の検査について述べたものである．電波法（第73条）の規定に照らし，_____内に入れるべき最も適切な字句の組合せを下の1から4までのうちから一つ選べ．なお，同じ記号の_____内には，同じ字句が入るものとする．

① 総務大臣は，総務省令で定める時期ごとに，あらかじめ通知する期日に，その職員を無線局（総務省令で定めるものを除く．）に派遣し，その____A____，無線従事者の資格（主任無線従事者の要件に係るものを含む．以下同じ．）及び員数並びに時計及び書類を検査させる．

② ①の検査は，当該無線局についてその検査を①の総務省令で定める時期に行う必要がないと認める場合においては，①の規定にかかわらず，その____B____ことができる．

③ ①の検査は，当該無線局（注1）の免許人から，①の規定により総務大臣が通知した期日の1月前までに，当該無線局の____A____，無線従事者の資格及び員数並びに時計及び書類について登録検査等事業者（注2）（無線設備等の点検の事業のみを行う者を除く．）が，総務省令で定めるところにより，当該登録に係る検査を行い，当該無線局の____A____がその工事設計に合致しており，かつ，その無線従事者の資格及び員数並びにその時計及び書類が電波法の関係規定にそれぞれ違反していない旨を記載した証明書の提出があったときは，①の規定にかかわらず，____C____することができる．

注1 人の生命又は身体の安全の確保のためその適正な運用の確保が必要な無線局として総務省令で定めるものを除く．

2 登録検査等事業者とは，電波法第24条の2（検査等事業者の登録）第1項の登録を受けた者をいう．

	A	B	C
1	無線設備	時期を延期し，又は省略する	省略
2	無線設備	時期を延期する	その一部を省略
3	無線設備の設置場所，無線設備	時期を延期し，又は省略する	その一部を省略
4	無線設備の設置場所，無線設備	時期を延期する	省略

 登録検査等事業者の検査の場合は，検査を省略だよ．登録検査等事業者などの点検の場合は，検査においてその一部を省略もあるよ．

問 352 　　　　　　　　　　　　　　　正解 ☐ 完璧 ☐ ✎ 直前CHECK ☐

　次の記述は，無線局の発射する電波の質が総務省令で定めるものに適合していないと認めるときに，総務大臣がその無線局に対して行うことができる処分等について述べたものである．電波法（第72条及び第73条）の規定に照らし，　　内に入れるべき最も適切な字句の組合せを下の1から4までのうちから一つ選べ．なお，同じ記号の　　内には，同じ字句が入るものとする．

① 　総務大臣は，無線局の発射する電波の質が電波法第28条（電波の質）の総務省令で定めるものに適合していないと認めるときは，当該無線局に対して臨時に　A　を命ずることができる．

② 　総務大臣は，①の命令を受けた無線局からその発射する電波の質が電波法第28条の総務省令の定めるものに適合するに至った旨の申出を受けたときは，その無線局に　B　なければならない．

③ 　総務大臣は，②により発射する電波の質が電波法第28条の総務省令で定めるものに適合しているときは，直ちに　C　しなければならない．

④ 　総務大臣は，電波法第71条の5（技術基準適合命令）の無線設備の修理その他の必要な措置を執るべきことを命じたとき，①の　A　を命じたとき，②の申出があったとき，その他電波法の施行を確保するため特に必要があるときは，その職員を無線局に派遣し，その無線設備等を検査させることができる．

	A	B	C
1	電波の発射の停止	電波を試験的に発射させ	①の電波の発射の停止を解除
2	電波の発射の停止	電波の質の測定結果を報告させ	①の電波の発射の停止を解除
3	無線局の運用の停止	電波の質の測定結果を報告させ	①の運用の停止を解除
4	無線局の運用の停止	電波を試験的に発射させ	①の運用の停止を解除

解答 問350→ア−1 イ−1 ウ−1 エ−2 オ−2 問351→1

問 353

非常の場合の無線通信に関する次の記述のうち，電波法（第74条及び第74条の2）の規定に照らし，これらの規定に定めるところに適合しないものはどれか．下の1から4までのうちから一つ選べ．

1 総務大臣は，電波法第74条の2（非常の場合の通信体制の整備）第1項に規定する非常の場合における通信計画の作成，通信訓練の実施その他の必要な措置を講じようとするときは，免許人又は登録人の協力を求めることができる．

2 総務大臣は，地震，台風，洪水，津波，雪害，火災，暴動その他非常の事態が発生し，又は発生するおそれがある場合であって，有線通信を利用することができないときは，人命の救助，災害の救援，電力の供給の確保又は秩序の維持のために必要な通信を無線局に行わせることができる．

3 総務大臣が電波法第74条（非常の場合の無線通信）第1項の規定により無線局に通信を行わせたときは，国は，その通信に要した実費を弁償しなければならない．

4 総務大臣は，電波法第74条（非常の場合の無線通信）第1項に規定する通信の円滑な実施を確保するため必要な体制を整備するため，非常の場合における通信計画の作成，通信訓練の実施その他の必要な措置を講じておかなければならない．

問 354

次の記述のうち，免許人が電波法又は電波法に基づく命令に違反したときに，総務大臣から受けることがある処分に該当しないものはどれか．電波法（第76条第1項）の規定に照らし，下の1から4までのうちから一つ選べ．

1 無線局の免許の取消しの処分
2 期間を定めて行われる無線局の運用許容時間の制限の処分
3 3月以内の期間を定めて行われる無線局の運用の停止の処分
4 期間を定めて行われる無線局の周波数又は空中線電力の制限の処分

 「電波法に基づく命令」は，運用規則などの総務省令のことだよ．

次の記述は，無線局（登録局を除く.）の免許の取消し等について述べたものである．電波法（第76条）の規定に照らし，□□□内に入れるべき最も適切な字句の組合せを下の1から5までのうちから一つ選べ．なお，同じ記号の□□□内には，同じ字句が入るものとする．

① 総務大臣は，免許人が電波法，放送法若しくはこれらの法律に基づく命令又はこれらに基づく処分に違反したときは，□A□以内の期間を定めて無線局の運用の停止を命じ，又は期間を定めて運用許容時間，□B□を制限することができる.

② 総務大臣は，免許人（包括免許人を除く.）が次の（1）から（4）のいずれかに該当するときは，その免許を取り消すことができる.

（1）正当な理由がないのに，無線局の運用を引き続き□C□以上休止したとき.

（2）不正な手段により，無線局の免許若しくは電波法第17条（変更等の許可）の許可を受け，又は電波法第19条（申請による周波数等の変更）の規定による指定の変更を行わせたとき.

（3）①の規定による無線局の運用の停止の命令又は運用許容時間，□B□の制限に従わないとき.

（4）免許人が電波法又は放送法に規定する罪を犯し□D□に処せられ，その執行を終わり，又はその執行を受けることがなくなった日から2年を経過しない者に該当するに至ったとき.

	A	B	C	D
1	3月	周波数若しくは空中線電力	6月	罰金以上の刑
2	6月	電波の型式，周波数若しくは空中線電力	1年	懲役
3	3月	電波の型式，周波数若しくは空中線電力	1年	懲役
4	6月	周波数若しくは空中線電力	6月	罰金以上の刑
5	3月	電波の型式，周波数若しくは空中線電力	6月	罰金以上の刑

問353　2　総務大臣は，地震，台風，洪水，津波，雪害，火災，暴動その他非常の事態が発生し，又は発生するおそれがある**場合においては**，人命の救助，災害の救援，**交通通信の確保**又は秩序の維持のために必要な通信を無線局に行わせることができる.

ミニ解説

問354　総務大臣は，免許人等が電波法，放送法若しくはこれらの法律に基く命令又はこれらに基く処分に違反したときは，**3月以内の期間を定めて**無線局の**運用の停止**を命じ，又は**期間を定めて運用許容時間，周波数若しくは空中線電力を制限することができる.**

次に掲げる事項のうち，電波法（第 79 条）の規定に照らし，無線従事者が電波法若しくは電波法に基づく命令又はこれらに基づく処分に違反したときに総務大臣から受けることがある処分に該当するものを 1，これに該当しないものを 2 として解答せよ．

ア　無線従事者の免許の取消しの処分
イ　期間を定めて行うその無線従事者が従事する無線局の運用を停止する処分
ウ　3 箇月以内の期間を定めて行う無線従事者が無線設備を操作する範囲を制限する処分
エ　3 箇月以内の期間を定めて行う無線従事者がその業務に従事することを停止する処分
オ　期間を定めて行うその無線従事者が従事する無線局の周波数又は空中線電力を制限する処分

注意　電波法違反のとき，無線局の免許は取消しがないけど，無線従事者の免許は取消しがあるよ．

総務大臣に対する報告に関する次の記述のうち，電波法（第 80 条及び第 81 条）の規定に照らし，これらの規定に定めるところに適合しないものはどれか．下の 1 から 4 までのうちから一つ選べ．

1　無線局の免許人は，電波法又は電波法に基づく命令の規定に違反して運用した無線局を認めたときは，総務省令で定める手続により，総務大臣に報告しなければならない．
2　無線局の免許人は，電波法第 74 条に規定する非常の場合の無線通信の訓練のための通信を行ったときは，総務省令で定める手続により，総務大臣に報告しなければならない．
3　無線局の免許人は，遭難通信，緊急通信，安全通信又は非常通信を行ったときは，総務省令で定める手続により，総務大臣に報告しなければならない．
4　総務大臣は，無線通信の秩序の維持その他無線局の適正な運用を確保するため必要があると認めるときは，免許人に対し，無線局に関し報告を求めることができる．

▼解答

問 358　　　　　　　　　　　　　正解 □　完璧 □　✎ 直前 CHECK □

　次の記述は，基準不適合設備について述べたものである．電波法（第102条の11）の規定に照らし，□内に入れるべき最も適切な字句を下の1から10までのうちからそれぞれ一つ選べ．なお，同じ記号の□内には，同じ字句が入るものとする．

① 総務大臣は，無線局が他の無線局の運用を著しく阻害するような混信その他の妨害を与えた場合において，その妨害が電波法第3章（無線設備）に定める技術基準に適合しない設計に基づき製造され，又は改造された無線設備を使用したことにより生じたと認められ，かつ，当該設計と同一の設計又は当該設計と類似の設計であって当該技術基準に適合しないものに基づき製造され，又は改造された無線設備（以下「基準不適合設備」という．）が ア されることにより，当該基準不適合設備を使用する無線局が他の無線局の運用に イ を与えるおそれがあると認めるときは，無線通信の秩序の維持を図るために必要な限度において，当該基準不適合設備の ウ に対し，その事態を除去するために必要な措置を講ずべきことを エ することができる．

② 総務大臣は，①に記述する エ をした場合において，その エ を受けた者がその エ に従わないときは， オ ことができる．

1	広く利用	2	広く販売
3	重大な悪影響	4	継続的な混信
5	製造業者，輸入業者又は販売業者	6	利用者
7	命令	8	勧告
9	製造又は販売の中止を命ずる	10	その旨を公表する

解答 問355➡1　問356➡ア-1　イ-2　ウ-2　エ-1　オ-2　問357➡2

ミニ解説

問356　総務大臣は，無線従事者が次の各号の一に該当するときは，その**免許を取り消し**，又は3箇月以内の期間を定めてその業務に従事することを停止することができる．①電波法若しくは電波法に基く命令又はこれらに基く処分に違反したとき．②不正な手段により無線従事者の免許を受けたとき．③著しく心身に欠陥があって無線従事者たるに適しない者に該当するに至ったとき．

問357　無線局の免許人等は，次に掲げる場合は，総務省令で定める手続により，総務大臣に報告しなければならない．①遭難通信，緊急通信，安全通信又は非常通信を行ったとき．②電波法又は電波法に基く命令の規定に違反して運用した無線局を認めたとき．③無線局が外国において，あらかじめ総務大臣が告示した以外の運用の制限をされたとき．
　総務大臣は，無線通信の秩序の維持その他無線局の適正な運用を確保するため必要があると認めるときは，免許人等に対し，無線局に関し**報告**を求めることができる．

問 359　　　　　　　　正解 ☐　完璧 ☐　直前CHECK ☐

次の記述は，伝搬障害防止区域の指定について述べたものである．電波法（第102条の2）の規定に照らし，____内に入れるべき最も適切な字句を下の1から10までのうちからそれぞれ一つ選べ．

①　総務大臣は，890メガヘルツ以上の周波数の電波による特定の固定地点間の無線通信で次の(1)から(6)までのいずれかに該当するもの（以下「重要無線通信」という．）の電波伝搬路における当該電波の伝搬障害を防止して，重要無線通信の確保を図るため必要があるときは，その必要の範囲内において，当該電波伝搬路の地上投影面に沿い，その中心線と認められる線の両側それぞれ　ア　以内の区域を伝搬障害防止区域として　イ　．

　(1) 電気通信業務の用に供する無線局の無線設備による無線通信

　(2) 放送の業務の用に供する無線局の無線設備による無線通信

　(3)　ウ　の用に供する無線設備による無線通信

　(4) 気象業務の用に供する無線設備による無線通信

　(5)　エ　無線設備による無線通信

　(6) 鉄道事業に係る列車の運行の業務の用に供する無線設備による無線通信

②　①の規定による伝搬障害防止区域の指定は，政令で定めるところにより告示をもって行わなければならない．

③　総務大臣は，政令で定めるところにより，②の告示に係る伝搬障害防止区域を表示した図面を　オ　の事務所に備え付け，一般の縦覧に供しなければならない．

④　総務大臣は，②の告示に係る伝搬障害防止区域について，①の規定による指定の理由が消滅したときは，遅滞なく，その指定を解除しなければならない．

1　100メートル　　　　　　　　2　50メートル

3　指定するものとする　　　　　4　指定することができる

5　船舶又は航空機の安全な運航　6　人命若しくは財産の保護又は治安の維持

7　ガス事業に係るガスの供給の業務の用に供する

8　電気事業に係る電気の供給の業務の用に供する

9　総務大臣の指定する団体　　　10　総務省及び関係地方公共団体

問 360 　　　　　　　　　　　正解 ☐ 完璧 ☐ ✎ 直前 CHECK ☐

　次の記述は，無線通信 (注) の秘密の保護について述べたものである．電波法 (第 59 条及び第 109 条) の規定に照らし，[＿＿＿]内に入れるべき最も適切な字句を下の 1 から 10 までのうちからそれぞれ一つ選べ．なお，同じ記号の[＿＿＿]内には，同じ字句が入るものとする．

> 注　電気通信事業法第 4 条 (秘密の保護) 第 1 項又は第 164 条 (適用除外等) 第 3 項の通信であるものを除く．

① 　何人も法律に別段の定めがある場合を除くほか，[ア]行われる[イ]を傍受してその存在若しくは内容を漏らし，又はこれを窃用してはならない．

② 　無線局の取扱中に係る[イ]の秘密を漏らし，又は窃用した者は，[ウ]に処する．

③ 　[エ]がその業務に関し知り得た②の秘密を漏らし，又は窃用したときは，[オ]に処する．

1　総務省令で定める周波数を使用して
2　特定の相手方に対して
3　無線通信
4　暗語による無線通信
5　1 年以下の懲役又は 100 万円以下の罰金
6　1 年以下の懲役又は 50 万円以下の罰金
7　無線通信の業務に従事する者
8　免許人又は無線従事者
9　2 年以下の懲役又は 100 万円以下の罰金
10　2 年以下の懲役又は 200 万円以下の罰金

> 秘密の保護に関する罰則は，1 年又は 50 万円か，2 年又は 100 万円だよ．
> 不法開設や運用に関する違反の場合などは，1 年又は 100 万円だよ．

解答
問358➡ア−2　イ−3　ウ−5　エ−8　オ−10
問359➡ア−1　イ−4　ウ−6　エ−8　オ−10
問360➡ア−2　イ−3　ウ−6　エ−7　オ−9

【著者紹介】

吉川忠久（よしかわ・ただひさ）

　　学　　歴　　東京理科大学物理学科卒業
　　職　　歴　　郵政省関東電気通信監理局
　　　　　　　　日本工学院八王子専門学校
　　　　　　　　中央大学理工学部兼任講師
　　　　　　　　明星大学理工学部非常勤講師

合格精選 360 題
第一級陸上無線技術士試験問題集　第 4 集

2020 年 2 月 28 日　第 1 版 1 刷発行　　　　　ISBN 978-4-501-33370-6 C3055
2023 年 4 月 20 日　第 1 版 2 刷発行

著　者　吉川忠久
　　　　© Yoshikawa Tadahisa 2020

発行所　学校法人 東京電機大学　〒120-8551　東京都足立区千住旭町 5 番
　　　　東京電機大学出版局　　　Tel. 03-5284-5386（営業）03-5284-5385（編集）
　　　　　　　　　　　　　　　　Fax. 03-5284-5387　振替口座 00160-5-71715
　　　　　　　　　　　　　　　　https://www.tdupress.jp/

編集：(株)QCQ 企画　　キャラクターデザイン：いちはらまなみ
印刷・製本：三美印刷(株)　　装丁：齋藤由美子
落丁・乱丁本はお取り替えいたします。　　　　　　　　Printed in Japan

無線技士関連書籍

一総通・二総通・一陸技・二陸技・一陸特・一アマ対応
無線従事者試験のための数学基礎 【第2版】

加藤昌弘著　　A5判　176頁

無線従事者国家試験の上級資格の計算問題を丁寧に解説。第2部では過去問題から多くの計算問題を掲載。実際の試験に役立つ。

第一級アマチュア無線技士国家試験
計算問題突破塾

吉村和昭著　　A5判　208頁

「無線工学」の計算問題について，詳細な計算過程とともに，複雑な計算を効率よく行うためのノウハウとテクニックを凝縮。

第二級アマチュア無線技士国家試験
計算問題突破塾

QCQ企画編著　　A5判　160頁

一番苦労する「無線工学」の計算問題を徹底的にやさしく解説。できるだけ四則演算の計算だけで解けるように工夫し，むずかしい計算問題を克服。

第一級陸上特殊無線技士試験 集中ゼミ 【第3版】

吉川忠久著　　A5判　432頁

近年の出題傾向に合わせた内容の見直しと著者による詳しい解説を掲載し，練習問題も刷新。短期間で国家試験に合格できることをめざしてまとめた。

第1級ハム　集中ゼミ

吉川忠久著　　A5判　416頁

一アマの出題傾向分析に基づいた構成。出題のポイントを絞り込み，項目ごとにわかりやすく解説。頻出問題を中心にして，練習問題を豊富に収録。

第2級ハム　集中ゼミ

吉川忠久著　　A5判　400頁

二アマの出題傾向分析に基づいた構成。出題のポイントを絞り込み，項目ごとにわかりやすく解説。頻出問題を中心にして，練習問題を豊富に収録。

第3級ハム　集中ゼミ

吉川忠久著　　A5判　264頁

三アマの出題傾向分析に基づいた構成。出題のポイントを絞り込み，項目ごとにわかりやすく解説。頻出問題を中心にして，練習問題を豊富に収録。

第4級ハム　集中ゼミ

吉川忠久著　　A5判　272頁

四アマの出題傾向分析に基づいた構成。出題のポイントを絞り込み，項目ごとにわかりやすく解説。頻出問題を中心にして，練習問題を豊富に収録。

＊定価，図書目録のお問い合わせ・ご要望は出版局までお願いいたします。
URL　https://www.tdupress.jp/